JN113682

作りながら覚える

SUBSTANCE PAINTERの教科書

鬼木拓実、玉ノ井彰祥、大澤龍一、黒澤徹太郎、留目貴央 著

本書のダウンロードデータと書籍情報について

本書に掲載したサンプルのダウンロードデータは、ボーンデジタルのウェブサイトの本書の書籍ページ、または書籍のサポートページからダウンロードいただけます。

https://www.borndigital.co.jp/book/

また、本書のウェブページでは、発売日以降に判明した正誤情報やその他の更新情報を掲載しています。本書に関するお問い合わせの際は、一度当ページをご確認ください。

株式会社ボーンデジタルでは、日本国内の代理店として Substance 製品を取り扱っています。以下の Web ページでは、製品の機能や特徴、動作環境、購入方法、体験版へのリンクなどの情報がまとめられています。Substance 製品をご利用の際は、ぜひ詳細をご確認ください。

・Substance by Adobe
https://www.borndigital.co.jp/software/maker/allegorithmic

また、ソフトウェアのサポート情報も公開しています。バージョンごとのリリースノートや FAQ などがありますので、お困りの際には、ぜひご一読ください。

・Born Digital サポート> Substance
https://support.borndigital.co.jp/hc/ja/categories/204349408-Substance

はじめに

はじめまして！本書をメインで執筆させていただいた鬼木 拓実と申します！

本書は大きく分けて、Substance Painterの基本的な使い方、応用的なテクスチャリングのテクニック、さまざまなモチーフの作例という内容で構成されています。

筆者は、普段フリーランスのキャラクターモデラーとして、さまざまなテイストのコンシューマーゲーム案件をメインにお仕事をさせていただいているのですが、その中でもSubstance Painterと言えば、モデラーにとってゲーム制作の仕事道具としてはなくてはならないモノです。

ぜひ本書を一通り読んでみて、実践し身につけて欲しいと思います！！

さて、そんなことを言っておきながら、ここで筆者から1つ注意点があるのですが、この本に書かれていることが唯一の正解ではないということです。

もちろん、できるだけ間違いがないように丹念に調べて検証はしていますが、あくまで私が仕事をしていくうちに身につけていった独自のテクニックも入っています。

世の中には、もっと効率的でスマートな表現方法などもあるでしょう。
読者のみなさんの可能性を狭めないためにも、本書に書かれていることはあくまで手法の1つとして捉え、より効率的な方法を模索してみてください。

CGには、完成までの正解がないことも魅力の1つです。
初心者のみなさんは、まずこの本でSubstance Painterの“型”を取得し、それぞれの発想と経験で自分なりのテクスチャリングを目指してみてください！

本書には幅広い内容が含まれているので、読み終えるのが大変かもしれませんが、最後までお付き合いいただけると幸いです。

最後に、本書を作るにあたって作例編で寄稿してくださった素晴らしいアーティストのみなさま。本書を編集し、発行してくださったボーンデジタルの方々に感謝を。

著者を代表して　鬼木 拓実

C O N T E N T S

準備編 [014]

入門編 [021]

作例編 [169]

COLUMN

本書での設定と使用する作例について

本書は、「Substance Painter」の概要や機能、そしてテクスチャ作成の操作方法や、クオリティを上げるためのポイントを解説した書籍です。作例として、Substance Painterに最初から含まれているサンプルや、著者が本書の学習用として用意したモデルを使って、各機能を実際に操作して作りながら、学んでいけるように構成しました。また、実務の現場で役立つように、著者の作品制作でのTipsなども盛り込まれています。

0-1 本書で使用しているバージョン

本書の執筆を始めたのがバージョン「2020.1.3」の頃のため、「入門編」「応用編」ともにそのバージョンでの機能解説となっています。

2020年10月時点の最新バージョン「2020.2.2」では一部機能の追加がありますが、本書の解説はよく使われる定番の機能を押さえたものなので、最新版で本書を読み進めても、仕事や作品制作に当たっては問題なく習得することが可能です。

なお今後、バージョン「2021」などのメジャーバージョンアップが行われた場合には、一部の機能変更などが行われる可能性がありますので、最新版での差分はSubstanceの公式Webページなどをご確認ください。

0-2 Substance Painterの初期設定

ここでは、Substance Painterを使うに当たり、初期設定として確認しておきたい項目を解説します。

▶言語設定

Substance Painterは、英語や日本語などのUI表示の言語を選択することができます。上部のメニューから「編集→Settings」を押してください。設定画面が開くので、「Language」のプルダウンから選択してください。なお、本書では基本的に「日本語UI」で解説を行っています。

また、Settingsのダイアログ画面では、ショートカットなどのほかの設定項目もあるので、Substance Painterに慣れたら、使いやすい設定に変更してもよいでしょう。

> **Note**
>
> 「Language」のプルダウンが「Default」の場合は、恐らくパソコン自体の言語設定を拾っているようです。つまり、OS の設定が日本語の場合は、Substance Painter の UI も日本語になります。

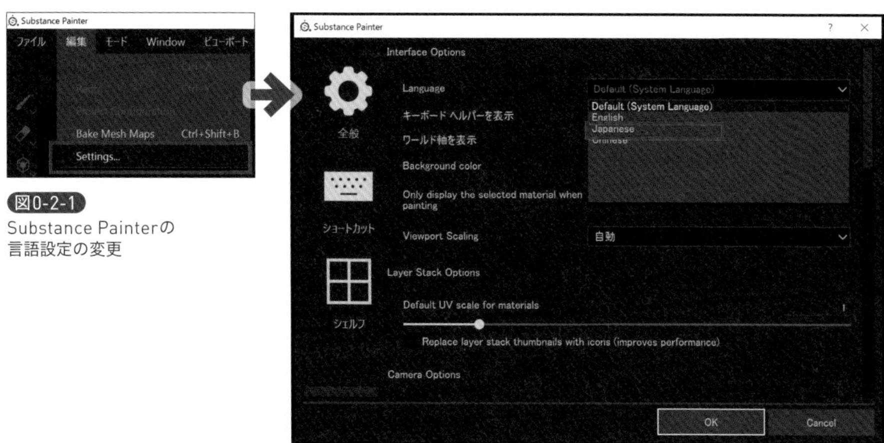

図0-2-1 Substance Painterの言語設定の変更

作業画面の設定

本書では、入門編 3 章の最初にあるようなデフォルトの作業画面をもとに解説を行っています。各エリアの大きさや配置は自由に変更できますが、本書の画面の解説どおりに操作を進めたい場合は、上部メニューの「Window → UI をリセット」で初期位置に戻すことができます。

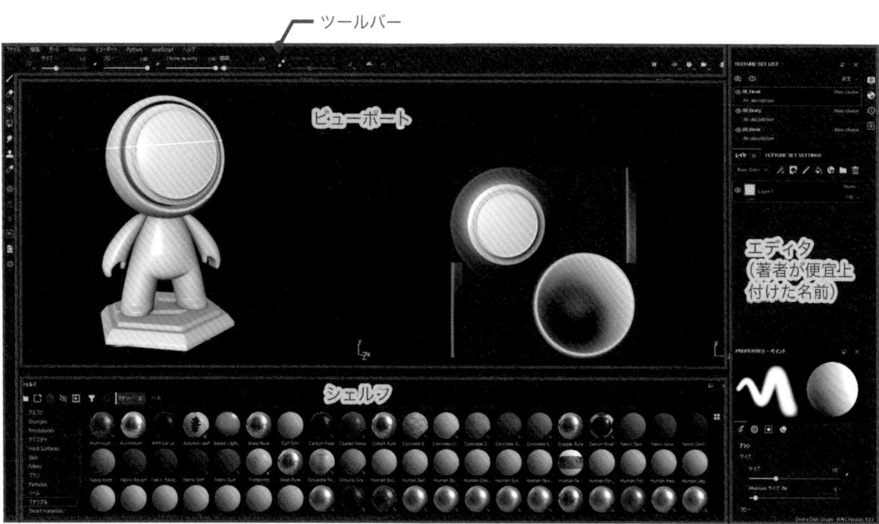

図0-2-2 Substance Painterのデフォルトの作業画面

0-3 本書で使用するサンプルデータの読み込み方法

本書の冒頭（2 ページ）にも掲載していますがボーンデジタルの Web ページより、本書で使用するサンプルファイルのダウンロードが行えます。ファイルは ZIP 形式で圧縮されているので、解凍してお使いください。

なお、これらのサンプルファイルは、本書の学習用途として作成したものです。サンプルファイルの詳しい使用規定は、ダウンロードファイルに付属の readme.txt にありますので、必ずご確認の上、ご利用をお願いします。

- 本書の Web ページ（ボーンデジタル）
  https://www.borndigital.co.jp/book/20613.html

入門編のサンプルデータ

本書の入門編では、機能解説を進めるに当たって Sustance Painter に最初から格納されているサンプルモデルを使用します（ダウンロードデータには含まれていません）。以下の方法で、サンプルデータを読み込んでください。

上部のメニューの「ファイル→ Open Sample」をクリックします。4 つのサンプルデータが格納されているフォルダが開かれるので、上から 2 番目の「MeetMat」を開きます。

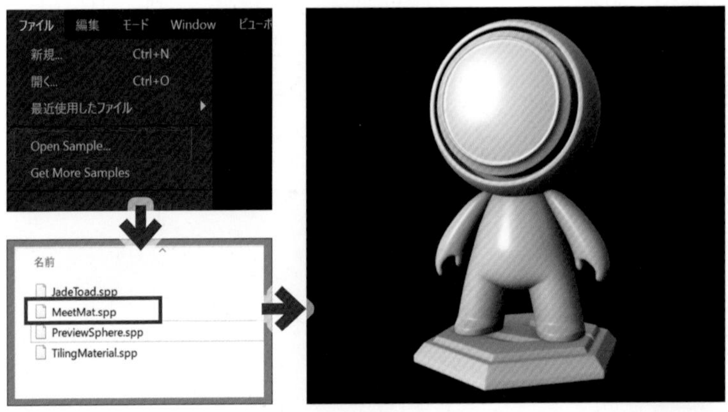

図0-3-1 入門編のサンプルの読み込み

応用編のサンプルデータ

応用編は、次ページの 2 つを作例として使用します。また、本文中のベイクの解説で使っているテスト用のデータも用意しました。

本書での設定と使用する作例について

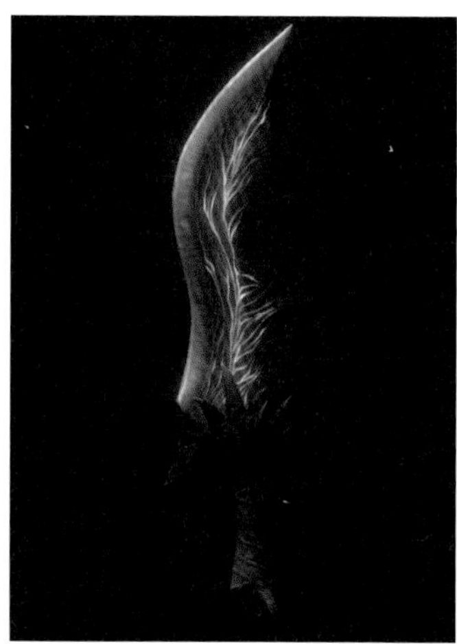

図0-3-2 「剣」の完成画像

図0-3-3 「サイ」の完成画像

準備編

▶Weapon フォルダ（「剣」の作例）

表0-3-1 Weaponフォルダの内容

フォルダ	ファイル名	説明
配布データ／HighModel	sword_All_highobj.OBJ	ベイク用のHighモデルデータ
配布データ／sourceimages	sword_ao.tge sword_curvature.tga sword_nrm.tga 補足.txt	AOマップ curvatureマップ Normalマップ 上記3つのファイルは、テクスチャのインポートがうまくいかない場合に使用する予備のファイル
substance	weapon.fbx weapon.spp	「剣」のモデルデータ 「剣」の完成時のSubstance Painterのデータ
配布データ	weapon_design.jpg	完成イメージを描いたイラスト
完成画像	sword_01.jpg sword_02.jpg sword_03.jpg	レンダリング後の完成画像のサンプル1 レンダリング後の完成画像のサンプル2 レンダリング後の完成画像のサンプル3

▶Rhino フォルダ（「サイ」の作例）

表0-3-2 Rhinoフォルダの内容

フォルダ	ファイル名	説明
配布データ／sourceimages	body_AO.tge body_curvature.tga body_Normal.tga other_AO.tga other_curvature.tga other_Normal.tga	ボディのAOマップ ボディのcurvatureマップ ボディのNormalマップ ボディ以外のAOマップ ボディ以外のcurvatureマップ ボディ以外のNormalマップ
substance	Rhino.spp Rhino_7_finish.spp	「サイ」のモデル読み込み時のSubstance Painterのデータ 「サイ」の完成時のSubstance Painterのデータ
配布データ	Rhino_SP.fbx	「サイ」のモデルデータ
完成画像	rhino_01.jpg rhino_02.jpg	レンダリング後の完成画像のサンプル1 レンダリング後の完成画像のサンプル2

▶BakeTest フォルダ（ベイク用のテストデータ）

表0-3-3 BakeTestフォルダの内容

ファイル名	説明
TestHigh.fbx	ハイポリモデル
TestLow.fbx	ローポリモデル

▶作例編のサンプルデータ

作例編では、各章でそれぞれ違った作例を取り上げています。なお、版権などの関係で、モデルデータが含まれていない章もあります。

▶1 章：VTuber を例にした NPR ペイント

和風バーチャル Youtuber の御来屋 久遠（みくりや くおん）さんの版権物のため、ダウンロードデータはありません。この章で解説している手法は、NPR（Non-Photorealistic Rendering：非写実的レンダリング）のキャラクターのテクスチャ作成の際に活用できます。

図0-3-4
1章の作例：バーチャルYoutuber
「御来屋 久遠」

▶2 章：AKM ライフルを作例にした「ハードサーフェス」「メカ系」のペイント

表0-3-4 ファイルの内容

ファイル名	説明
AKM_Finish.spp	完成時のSubstance Painterのデータ
AKM_low.fbx	LowモデルのFbxファイル
AKM_Start.spp	開始時のSubstance Painterのデータ

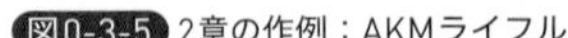

図0-3-5 2章の作例：AKMライフル

▶3章：アンティークランプの作成とMayaでのテクスチャセット

ダウンロードデータはありませんので、本書の解説に沿って操作をしたい場合は、似たようなモデルデータを探してチャレンジしてください。

▶4章：チームを前提にしたゲームの背景作成

表0-3-5 ファイルの内容

ファイル名	説明
Door.spp	完成時のSubstance Painterのデータ
Door_Sart.spp	開始時のSubstance Painterのデータ

▶5章：さまざまなイメージのロボットを仕上げる

表0-3-6 ファイルの内容

ファイル名	説明
machine_for_SPBook.fbx	モデルのFbxデータ

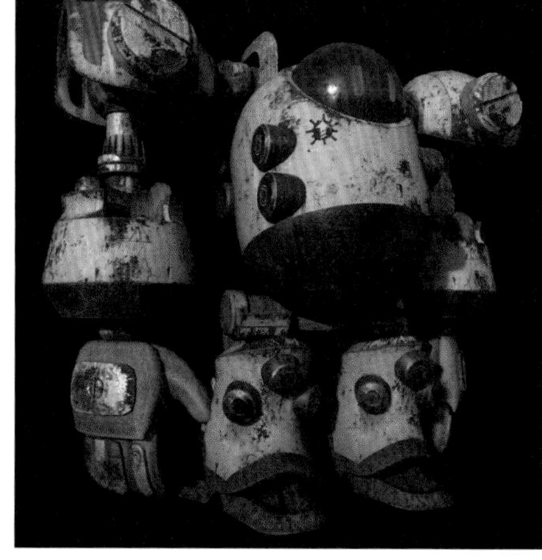

図0-3-8 5章の作例：ロボット

図0-3-6
3章の作例：アンティークランプ

図0-3-7 4章の作例：ゲームの背景を想定した壁と扉

準備編

Substance Painter に含まれるサンプル

本書の入門編では、付属サンプルの「MeetMat」を使っていますが、それ以外の 3 つの付属サンプルも簡単に紹介しておきます。モデルデータが準備できない場合などに、これらのサンプルを使って機能の確認や操作の復習を行ってみてもよいでしょう。

・JadeToad

カエルの石像のようなサンプルデータです。

・PreviewSphere

入門編で取り上げる「MeetMat」の頭だけを取り出したようなサンプルデータです。

・TilingMaterial

このサンプルデータは、Height マップを使ってただの板ポリを凸凹させ立体感をつけたものです。

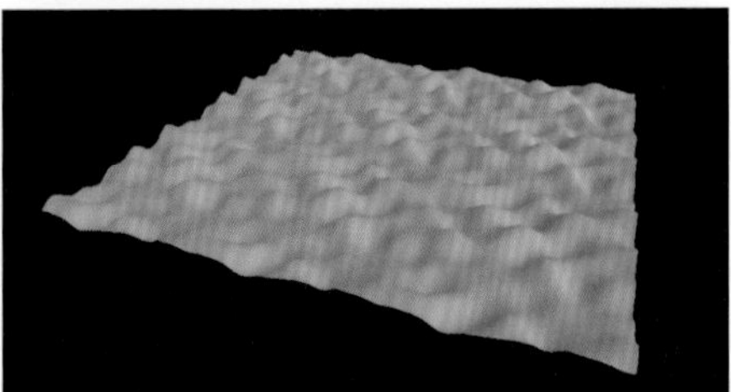

入門編

鬼木 拓実［解説］

Substance Painterの特徴

鬼木 拓実［解説］

Substance Painterの機能や操作を学んで行く前に、Substance Painterがどのようなアプリケーションなのか、その特徴を把握しておきましょう。何年か前の3Dモデルのテクスチャ作成は、Photoshopなどを使って2Dベースで行われることが多かったのですが、現場で求められるクオリティやスケジュールに対応するために、次第に「3Dペイント」が多く使われるようになってきました。その代表的なソフトが、主にゲーム業界や映像業界でのシェアが高い「Substance Painter」です。

1-1 3Dペイントとは

本書で解説するSubstance Painterは、近年のゲームや映画などでテクスチャを作成する際に、よく使われている「3Dペイントソフト」です。

そもそも3Dペイントソフトがどういうものかを説明すると、簡単に言うと3DCGモデルに対して、フィギュアの塗装をするかのように、直接ペイントできるソフトです。

Substance Painterでは、モデルを読み込んで、さまざまな機能でテクスチャを直接描ける

図1-1-1 3Dペイントソフトは、モデルに直接色を塗ることができる

従来は、Photoshopなどで2Dで平面上のUV情報にテクスチャを描き込んで、仕上がりを想像しながら進める方法が主流でしたが、描きたい場所にうまく描けなかったり、UVの切れ目でテクスチャが途切れてしまったりと、なかなかコツのいる作業でした。

Photoshopでモデルの情報を読み込み、
2Dでテクスチャを描く

図1-1-2 従来は2Dペイントソフトで、テクスチャを描いていた

3Dペイントが主流になった恩恵で、UVのつなぎ目を気にせず描けるようになったり、直観的にペイントできるようになりましたが、UVが適当でもよいというわけではありません。

たとえば、Substance Painterに読み込む3DモデルのUVの大きさが適切でないとペイントしてもぼけてしまうし、直線の模様が入る予定のUVを斜めに配置すればキレイな直線が表現できない原因にもなるので、UVの適切な大きさ、配置というのは未だに重要です。

以下の例を見てください。上の画像は適切なUVの大きさと配置ですが、下の画像は小さ過ぎるUVの大きさや好ましくない斜めの直線UV配置といった具合です。

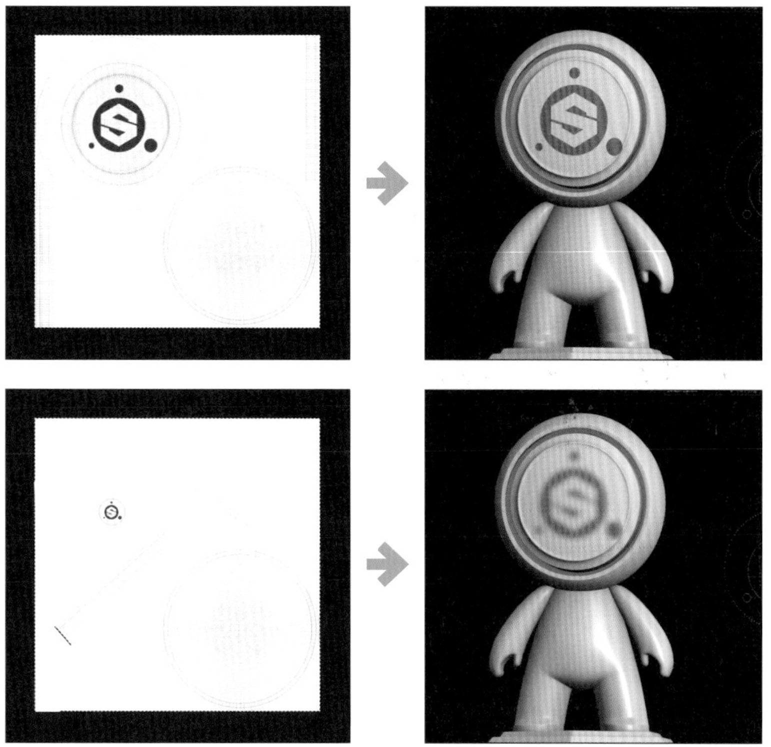

図1-1-3 Substance Painterでも、UV情報が適切でないときれいなペイントは行えない

1-2 Substance Painter を利用するメリット

まず、Substance Painter を学習するにあたって、どのようなメリットがあるのかを確認していきましょう。

PBR 用のテクスチャを容易に作成することができる

PBR（Physical Based Rendering）とは、物理ベースのレンダリングで、フォトリアルな CG で使われます。例として、本書の応用編で紹介しているサイのモデルをペイントした際に作成したテクスチャデータをお見せします。

Base Color

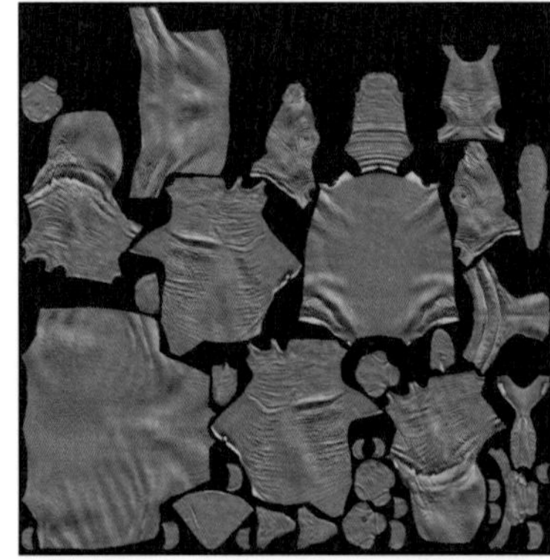
Normal

Metalness

Roughness

図1-2-1 応用編のサンプル「サイ」のテクスチャデータ

従来の Photoshop などの 2D ペイントでのワークフローであれば、PBR テクスチャを作成する際にベースカラーのマップから色調補正や色味の変換などを行い、ラフネスマップやメタルネスマップを作成するような、少し手間で非効率な時代もありました。

ですが Substance Painter を使えば、ベースカラー、ラフネス、メタルネスなどのテクスチャマップを同時進行で作業を進めることができ、大幅な時間の短縮につながります。

パラメーターを変更するだけで、後から修正ができる非破壊性

Substance Painterでは、パラメーターを調整することでメッキ塗装のはげ具合などを簡単に変更することができます。使い方は後の章で解説しますが、図にあるようにスライダーを動かして、仕上がりを確認しながら調整が可能です。

この機能により、特にCG制作の現場において修正指示が発生した場合でも、素早く修正対応することが可能になり、結果的に短時間でクオリティを詰めることができます。

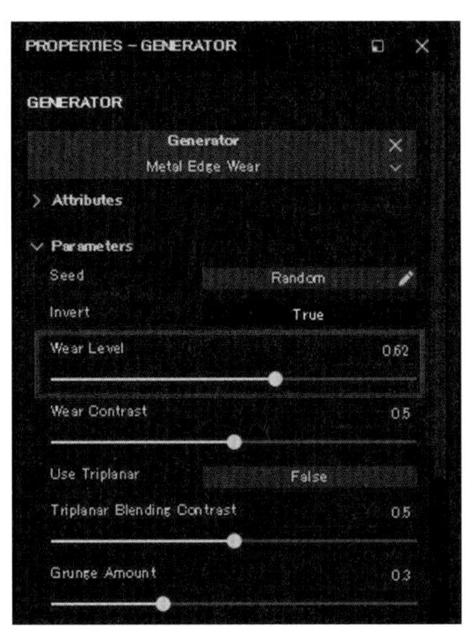

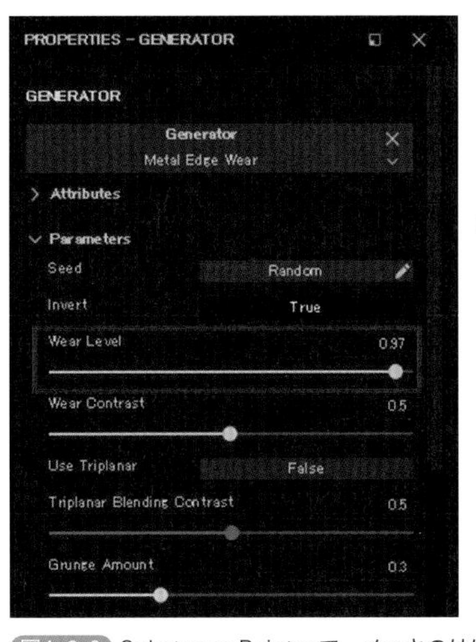

図1-2-2 Substance Painterで、メッキのはげ具合を調整する例

アーティストによるテイストの差が生まれづらい

Substance Painterでは、材質を数値で表現できるため、テンプレートを作って「この材質にはこのパラメーター」などとプロジェクトで決めてしまえば、アーティストの感性の違いによるテイストの差が広がりづらく、統一感のあるアセット制作が可能になります。

もちろん細かい仕上げのクオリティに関しては、アーティストの経験の差が出てしまうのですが、PBR ワークフロー以前のときに比べると、アーティストによる差異がかなり縮まって、効率化が進んだのではないかと思います。

ベイク機能を搭載

Substance Painter にはベイク機能が搭載されているので、ほかのソフトを経由しなくてもノーマルマップなどをベイクすることが可能です。

細かいベイクの設定などで言えば、ほかのベイクに特化したソフトと比べると劣る点もありますが、計算もかなり速く高品質なので、ゲーム会社などでも Substance Painter のベイク機能が使われています。

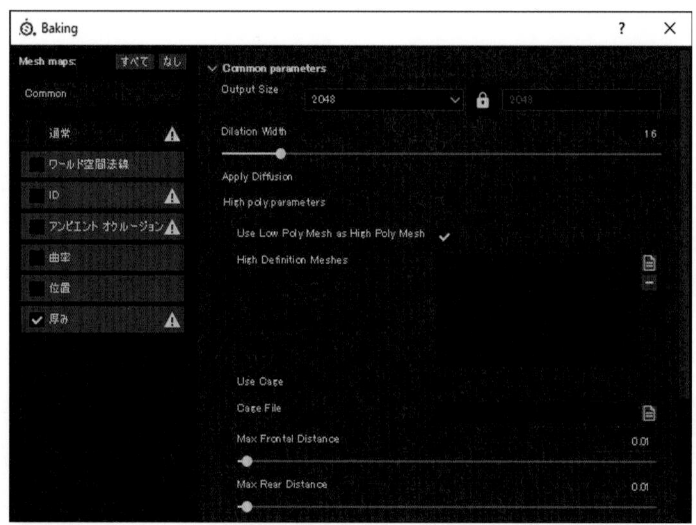

図1-2-3 Substance Painterのベイク設定画面

UV を変更しても、後から差し替えることが可能

テクスチャを描いてるときに解像度が足りず、もう少しこの部分の UV を大きく確保すればよかったな…、などと後から思うときもあると思います。

そんなとき Substance Painter であれば、UV 調整をしたモデルに差し替えたときに、すでに作成していたテクスチャをある程度維持して引き継ぐことができます(くわしくは、3 章で解説します)。

1-3 PBR 用テクスチャマップの紹介

前節でも簡単に解説しましたが、先ほどから登場している「PBR」は、正式名称はPhysically Based Rendering(フィジカリーベースドレンダリング)と言い、頭文字をとってPBR と呼ばれています。

要は、物理的に正しい数値をベースとして計算したレンダリング方式ということです。近年のゲームやCG 映像でフォトリアルなテイストの作品は、このPBR が主流となっています。以降では、Substance で使えるPBR 用の主なテクスチャを紹介します。

BaseColor テクスチャ

物体表面の色を表しているテクスチャです。

PBR では基本的に色だけで、ハイライトや影は描きこまない前提です。ですが特にゲーム系のCG ではデータを軽くするために、影と軽めのハイライトをベースカラーに含めて描き込むことが多いです。

図1-3-1 BaseColorテクスチャの例

Normal テクスチャ

物体表面の疑似的な凹凸を表現しているテクスチャです。

主に、Zbrush などで作成されたスカルプトモデルをもとにベイクすることで、疑似的にしわや布の繊維などを表現することができます。Substance Painter では、ノーマルマップの凹凸を感知して汚れなどを自動生成できます。

図1-3-2 Normalテクスチャの例

Metallic テクスチャ

物体表面の金属度合いを表しているテクスチャです。

0～1のグレースケールで指定することで、金属度合いを調整することができます。0（黒）に近いほど非金属で、1（白）に近いほど金属ということになります。メタルネスとも言います。

図1-3-3 Metallicテクスチャの例

Roughness テクスチャ

物体表面のザラ付き具合を表現しているテクスチャです。

0～1のグレースケールで指定することで、表面の粗さを調整することができます。0（黒）に近いほど光沢のあるツルツルで、1（白）に近いほどマットなザラザラということになります。

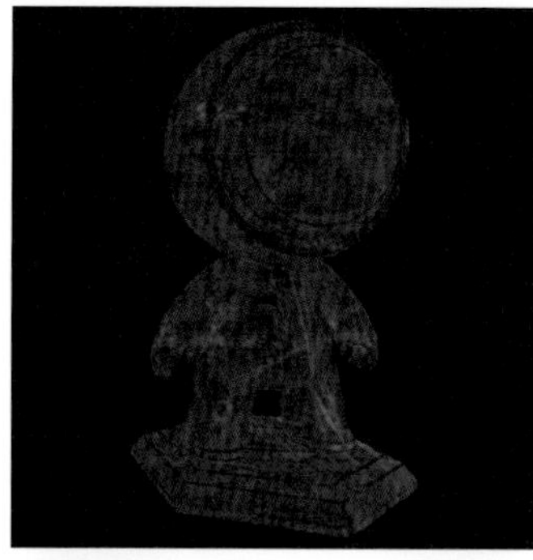
図1-3-4 Roughnessテクスチャの例

Ambient Occlusion テクスチャ

物体表面の光が当たりづらい入り組んだ隙間などの影を強調するテクスチャです。

このマップを使うことで、より立体感が際立ちます（単体で使ったり、ベースカラーに乗算で重ねたりします）。Ambient Occlusion（アンビエントオクルージョン）の頭文字をとって「AO マップ」とよく呼ばれています。

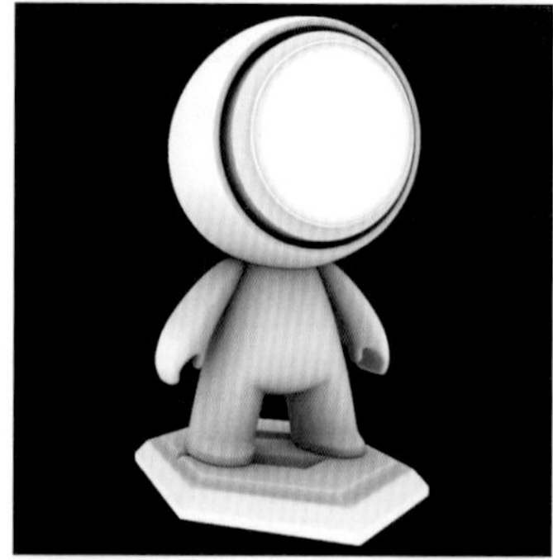
図1-3-5 Ambient Occlusionテクスチャの例

Curvature テクスチャ

物体表面の曲率を表しているテクスチャです。

図を見てもらうとわかるとおり、角やフチに白い線が入ることで角ばっている部分を表しています。Substance Painter では、この Curvature（カーバチュア）マップを使うことで、角からメッキ塗装がはげていくなどの表現が自動で生成されます。

図1-3-6 Curvatureテクスチャの例

Thickness テクスチャ

0～1のグレースケールで、物体の厚さが表現されています。

0（黒）に近いほど薄く、1（白）に近いほど厚みがあるということになります。Substance Painter では、疑似的にSSS（Subsurface Scattering：サブサーフェイススキャッタリング）などの半透明な物体の光の透過表現をしたいときなどによく使います。

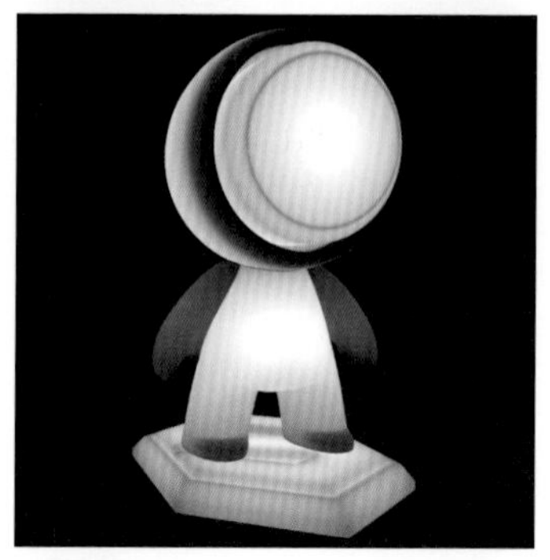
図1-3-7 Thicknessテクスチャの例

ID テクスチャ

マスクを作りやすくするためのテクスチャです。

このマップを使うことで、質感を分けたい部分をマスクで選択しやすくして、作業の効率化を図ることができます。

図1-3-8 IDテクスチャ

すべてのテクスチャを組み合わせた作例

前述のテクスチャマップを組み合わせることで、図のような結果が表示されました。

メタルネスでは、白が多かったので金属質な見た目になり、ラフネスは黒っぽい色だったため、全体的に光沢の強い見た目になりました。また、ベースカラーは明るめの水色でしたがメタルネスを金属質に設定したため、結果としては暗めの印象になっています。

図1-3-9 テクスチャを組み合わせて作例の完成

このように、PBR では複数の要素が絡み合い表現されるので、最初は難しく感じるかもしれませんが、本書を読めば的確に PBR 用テクスチャのワークフローを理解できると思います。

Substance Painter の導入

この章では、Substance Painter のライセンス形態や必要なスペックについて解説します。特にライセンスは、個人で使用する場合でも、さまざまな形態が用意されているので、自身の使用パターンや目的に合わせて選択してください。また、公式サイトでの販売だけでなく、「Steam」（ゲーム販売プラットホーム）でも購入が可能ですが、制限などもあるため、そちらも把握しておきましょう。なお、この章の情報は、2021 年 1 月現在のものであるため、変更される可能性があります。

2-1 Substance Painter のライセンス形態

Substance の公式サイトから、「Substance Painter」を選択すると、いくつかの契約プランが示されます。

- Substance Painter のライセンスの種類と申し込み
  https://substance3d.com/subscribe/

図2-1-1 Substance公式サイトのライセンスの種類（※Google 翻訳にて、翻訳した画面）

本書の対象読者として多いと思われる個人使用の場合で紹介すると、大多数の方が年間 10 万ドル未満の収益だと思うので、画面左の「インディーライセンス」プランを契約して、Substance Painter を使用することになると思います。

月額約 20 ドルのサブスクリプションですが、年間プランで契約すると約 220 ドルなので 1 年間通しで契約する場合は、月毎に契約するよりも 20 ドルほどお得になるようです。

なお、購入前に試してみたい場合は、30 日間使用できる体験版も用意されています。

- Substance 製品の体験版のダウンロード
  https://www.substance3d.com/download/

Note

学生向けに無料のプランもあります。

普段、大学や専門学校で Substance Painter を使用しているけれども、自宅でも作品制作用に使いたいとのことであれば、無料ライセンスを取得してみてはいかがでしょうか。

Substance Painter の公式ページのログイン画面で会員登録後、ログインを行い、「Students & Teachers」で申請を行います。

また、公式サイトでは現在「サブスクリプションプラン」しかありませんが、ゲーム会社の Valve Corporation が運営するゲーム販売プラットフォーム「Steam」では、月額ではなく買い切りの「永久ライセンス」を購入することが可能です。Steam では、ゲーム以外にも CG 系のツールなどが低価格で販売されています。

Steam 版は買い切りで、1 万 5,900 円（2020 年 10 月現在）とお安めなので、手は出しやすい価格かと思います。

- Steam での永久ライセンス（買い切り）の購入
  https://store.steampowered.com/app/1194110/Substance_Painter_2020/?l=japanese

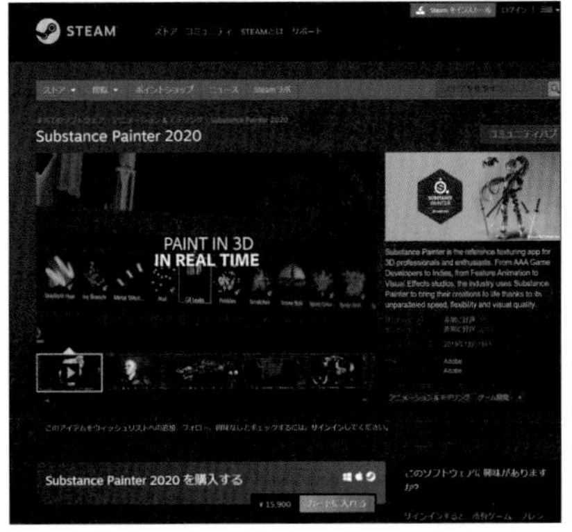

図2-1-2 Steamでの購入（※Google翻訳にて、翻訳した画面）

Note

ただしデメリットとして重要な点があるので、しっかり検討してみてください。

- **メジャーアップデートをサポートしていない**

  つまり「Substance Painter 2020」→「Substance Painter 2021」のように、新しい機能が追加されたりするメジャーバージョンを手に入れるには、再度購入する必要があります。

- **Substance Source という公式が用意してくれているマテリアルライブラリが使用できません**

  Substance Source は、公式のサブスクリプションプランでしか使用できません。

2-2 Substance Painter を使用する上での必要スペック

Substance Painter は、大容量のデータを扱う処理が重めのソフトのため、動作に問題なく使用するにはそれなりのパソコンのスペックが必要になってきます（特に GPU）。

どのくらいのスペックのパソコンを用意すればいいのかを、公式のサイトからの情報（2020 年 10 月現在）をもとに紹介するので、参考にしてみてください。

表2-2-1 サポートされているOS

OS	最小必要システム	推奨システム
Windows	バージョン：Windows 8（64bit） メモリー：8GB RAM グラフィック：2GB VRAM	バージョン：Windows 10（64bit） メモリー：16GB RAM グラフィック：4GB VRAM
Mac OS	バージョン：10.12（Sierra） メモリー：8GB RAM グラフィック：2GB VRAM	バージョン：10.15（Catalina） メモリー：16GB RAM グラフィック：4GB VRAM
Linux	バージョン：Cent OS 7.0／Ubuntu 16.04（Steam only） メモリー：8GB RAM グラフィック：2GB VRAM	バージョン：Cent OS 7.6／Ubuntu 18.04（Steam only） メモリー：16GB RAM グラフィック：4GB VRAM

表2-2-2 サポートされているGPU

GPU	種類
NVIDIA	NVIDIA GeForce GTX 900以上 NVIDIA Quadro M2000以上
AMD	AMD Radeon HD 7700、R7 260、R9 290以上 AMD Radeon Pro WX-2000／Pro Duo以上 AMD FirePro W5000以上

なお、UDIM 機能（応用編の 1 章で解説）を使用する場合には、以下の環境が望ましいです。

- 32GB のメモリー（RAM）
- 8GB の VRAM を搭載した GPU
- プロジェクトとアプリケーション両方のキャッシュを保存する SSD

Substance Source の利用

公式ライブラリ「Substance Source」は、サブスクリプションプランの場合に利用できますが、ダウンロード数には制限があります。1 契約につきダウンロードは、毎月「30」回までとなります。ただし、使用しない回数は積み上がっていくので、契約期間が長いほどダウンロードできる素材は増えていきます。

ボーンデジタルでのSubstance製品の取り扱い（2021年1月現在）

株式会社ボーンデジタルでは、日本国内の代理店としてSubstance製品を取り扱っています。エンタープライズライセンスは、Adobe国内代理店でも取り扱っていますが、「INDIE版」「PRO版」に関しては、現時点ではボーンデジタルでのご購入が可能です。

Substance公式サイトからの購入は「ドル建て」となりますが、ボーンデジタルでは「円建て」での取り扱いとなります。また、メーカーサポートに加えて、ボーンデジタルでの日本語のサポートが受けられることがメリットです。

製品のご購入は、個人、法人とも受け付けております。以下のWebサイトにて直接購入できるほか、営業担当よりご連絡をさせていただくことも可能です。Substance製品の詳細やご購入に関しては、以下のWebサイトおよびmailアドレスにて承っています。お気軽にお問い合わせください。

- GGiN
  https://cgin.jp/
- BORN DIGITAL Store
  https://gogo3d.borndigital.jp/
- お問い合わせ mail アドレス
  sales@borndigital.co.jp

図 CGiNでの購入（上：新規、下：更新）

図 BORN DIGITAL Storeでの購入

入門編 CHAPTER 3

Substance Painter のユーザーインターフェイス

Substance Painter の特徴が理解できたところで、より具体的にどんな機能がどの場所にあるのかを見ていきます。作例を使った具体的な操作は、以降の章で解説していますので、ここではどういった画面で、どのような機能があるのかを把握しましょう。この章では、付属のサンプルを使って解説していますので、実際に機能を試したい場合は、冒頭の「本書での設定と使用する作例について」を参照してください。

3-1 作業画面の構成

Substance Painter の作業画面は主に、4 つのエリアに別れています。それぞれのエリアには役割がありますので、まずはそれを把握しておきましょう。なお、「エディター」は著者が便宜上付けた名前です。

❶ツールバー：メニューやシンメトリの設定など各種ツールがあります。
❷ビューポート：3D モデルを表示してペイントする場所です。
❸シェルフ：マテリアルやテクスチャなどが格納されています。
❹エディター：レイヤーやマテリアルの質感などを管理する場所です。

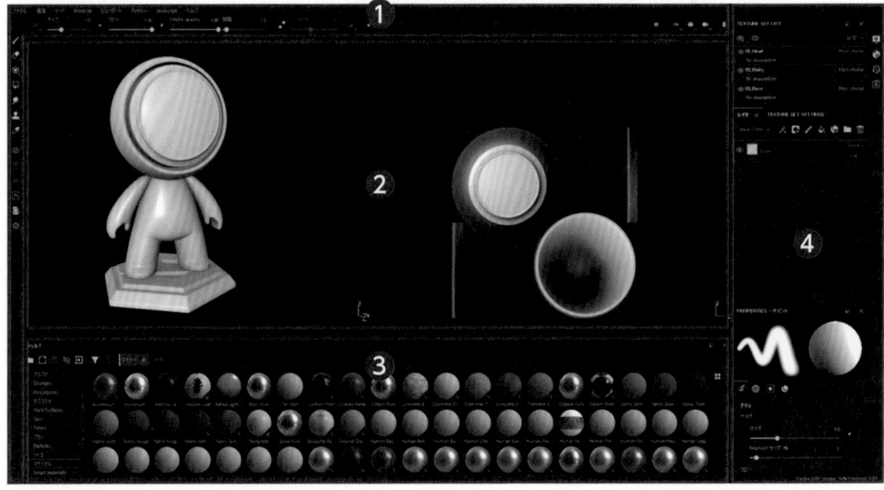

図3-1-1 Substance Painterの画面構成

3-2 ビューポートの機能と操作

まずは、「ビューポート」から解説していきます。画面の左の 3D モデルが表示されているのが「3D ビュー」で、右の UV が表示されているのが「2D ビュー」です。

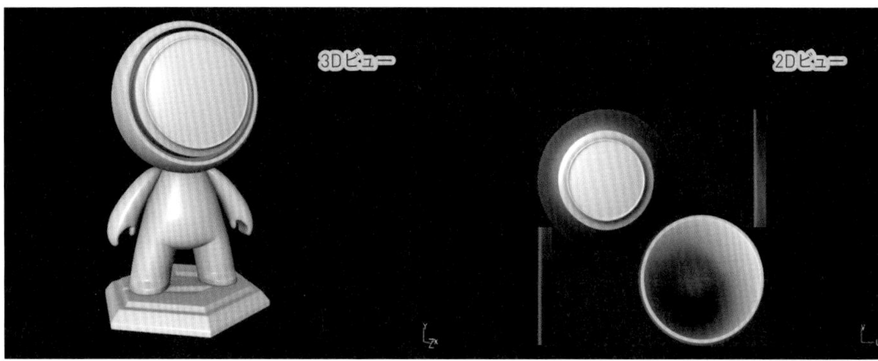

図3-2-1 ビューポートの表示

ビューは 2 つとも表示、もしくはどちらか 1 つだけを表示することもできます。ショートカットを覚えておくと、便利です。

表3-2-1 ビューポートのショートカット

キー	機能
F1	3Dビュー／2Dビュー両方表示
F2	3Dビューのみ表示
F3	2Dビューのみ表示
F4	3Dビューと2Dビューの切り替え

表3-2-2 ビューポートのカメラ操作

操作	機能
Alt+左ドラッグ	カメラの回転
Alt+中ボタンスクロール	カメラのスケール
Alt+右ドラッグ	カメラのスケール
Alt+中ドラッグ	カメラの移動

カメラの操作に関しては、Mayaと似ており、上の表の操作で行います。「Shift+右ドラッグ」で光源を回転することもできます。ペイントしやすいように回転させてみてください。

図3-2-2 「Shift+右ドラッグ」で光源を回転させた例

3-3 ツールバー（左側）の機能と操作

ツールバーの左側の上から順に、各機能を解説していきます。

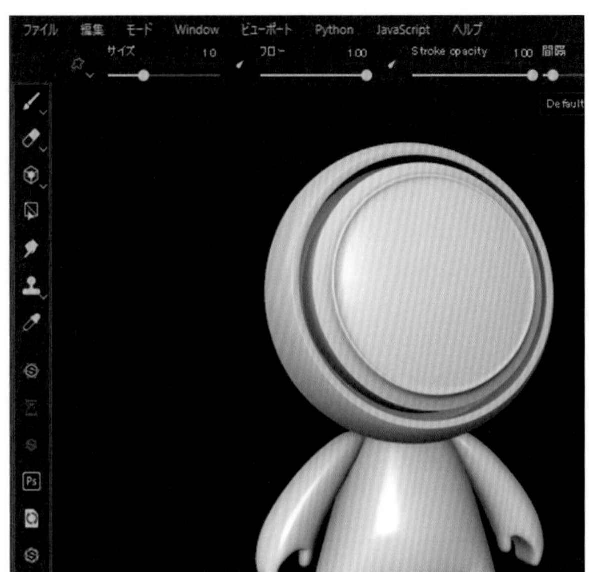

図3-3-1 ツールバー（左側）

▶ペイントブラシ

ペイントするためのブラシです。長押しすると、パーティクルブラシを選択できます。パーティクルについては5章で紹介しています。

▶消しゴムブラシ

ペイントを消去するための消しゴムです。長押しすると、パーティクル消しゴムブラシを選択できます。

▶投影モード

写真や画像などを3Dモデルに転写することができます。長押しすると、パーティクル投影モードになります。

操作手順を解説しておきます。投影モードを押すと、ビューが白く囲われます。画像を外部から読み込むか（応用編の8章で解説）、最初からSubstance Painter内にあるテクスチャをプロパティーのBase Colorにドラッグします。

すると、ビュー上に画像が表示されます。これが投影モードで、写真や画像などを3Dモデルに転写することができます。

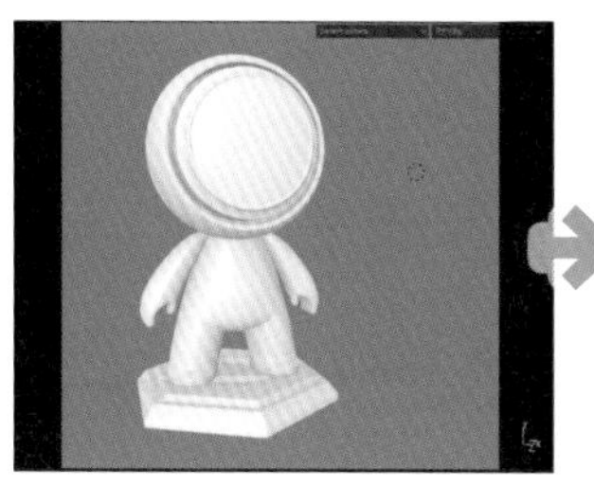

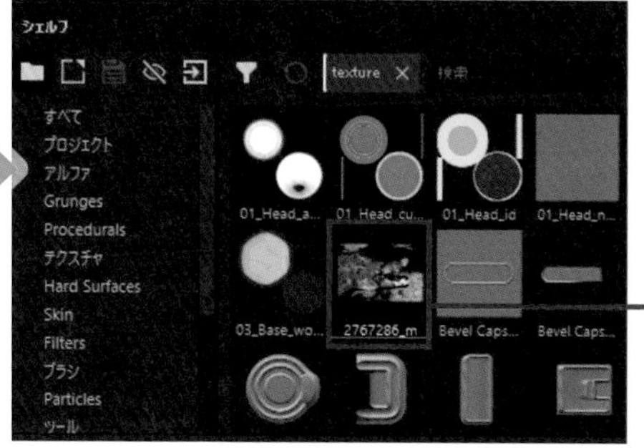

図3-3-2 投影モードの操作

カメラを動かして、塗りたい部分と重なるように配置します。この状態でペイントすると、画像を転写することができます。

実際の実務では、デザイン画を転写して模様のアタリをとったりするのによく活用している便利な機能です。

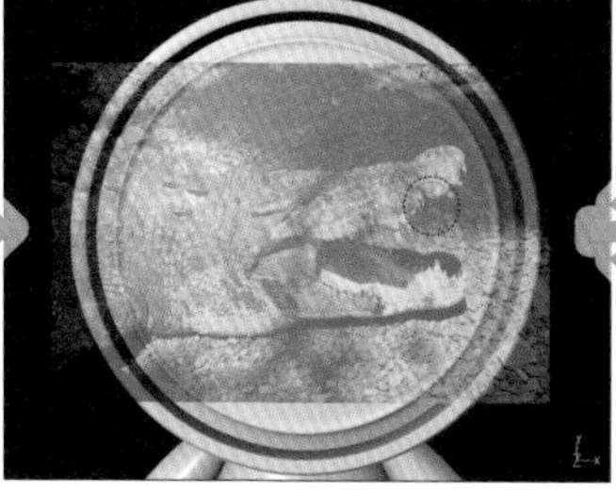

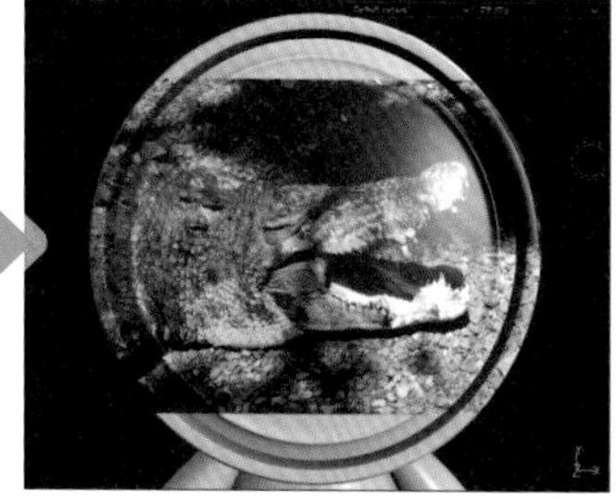

図3-3-3 画像の位置を調整して、ペイント

Polygon Fill ボタン

「三角ポリゴン」「四角ポリゴン」「メッシュ」「UV シェル」の4つの方法でポリゴンを塗りつぶすことができます。主に、マスク作成用途で使うことが多いです。詳しい使い方については、入門編の4章で解説しています。

Smudge ボタン

なぞるとペイントやマスクに対して、指でこすったような効果をかけることができます。

Clone ツール

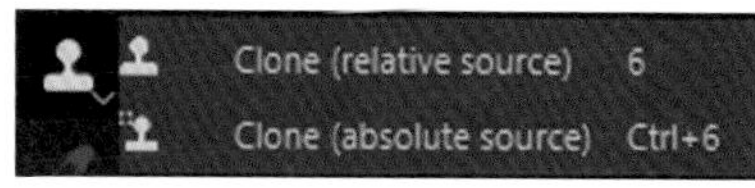

V キーで任意の場所にソースの場所を指定し、ドラッグしてソース位置の情報をコピーして描画することができます。

操作手順を解説します。たとえば「S」と描かれていてこれをコピーする場合は、V キーを押しながら「S」の部分をクリックしてコピー開始位置を指定します。そして、別の場所で V キーを離してペイントすると、ソースの範囲をコピーすることができました！

図3-3-4 Cloneツールの操作

Clone ツールは同じレイヤー内でしかコピーすることはできませんが、レイヤーモードを「Passthrough」することで別レイヤーからもコピーすることができます。

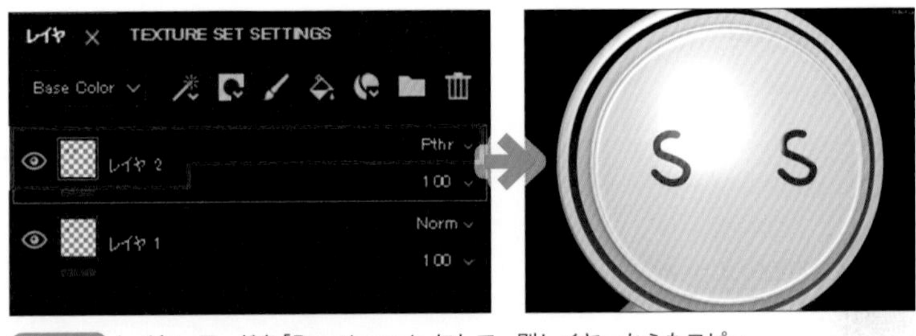

図3-3-5 レイヤーモードを「Passthrough」にして、別レイヤーからもコピー

マテリアルピッカー

色だけでなく、クリックした場所のラフネス、メタルネスなどの情報も読み取ることができます。

Substance Share へのアクセスボタン

Substance Share というサイトにアクセスするボタンです。ユーザーが作成したサブスタンス素材が無償でダウンロードできるサイトが開きます。モデルデータもあるので、練習用にダウンロードしてみてはいかがでしょうか？

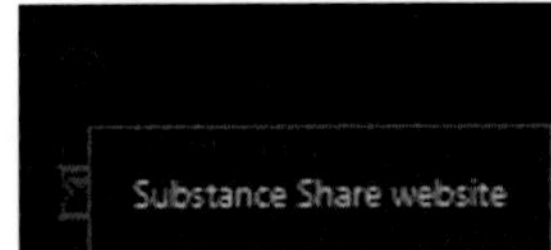

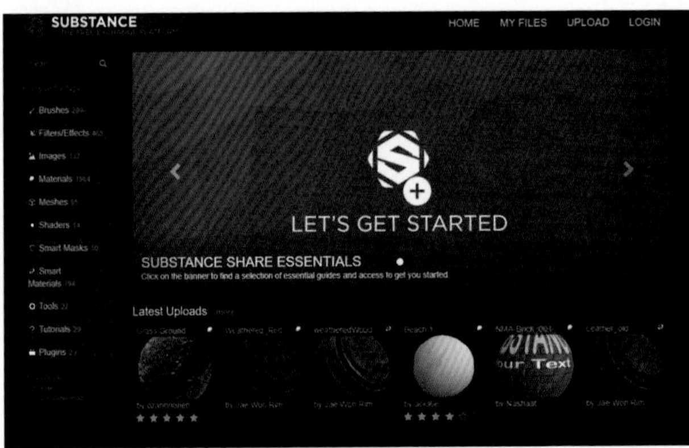

図3-3-6 Substance Shareサイト

Photoshop エクスポート

Substance Painter で作成したレイヤー情報をなるべく保ったまま、PSD ファイルとして Photoshop に転送することができます。

Substance Painter を使用していない会社がチラホラあった何年か前は、データのやりとりのために使用されるケースがありましたが、最近は Substance 製品の普及が進んだため、使用するケースはあまりないかもしれません。

Resources Update

アルファテクスチャを使用した際など、後からでも容易にリソースを変更することができます。

たとえば、何か適当なアルファテクスチャをスタンプしていたとします。この状態で Resources Updater をオンにすると専用のウィンドウが開きます。

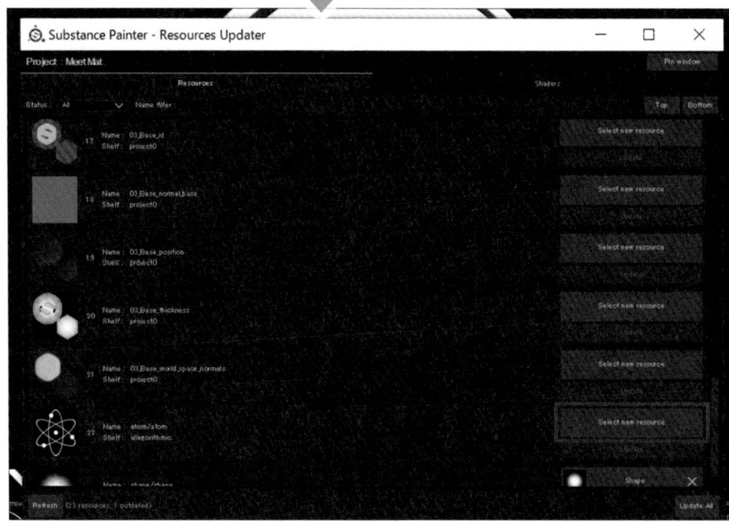

図3-3-7 Resources Updateの画面

先ほどスタンプしていたアルファテクチャの枠で、「Select New Resouces」ボタンを押すと、アルファ選択画面が開くので、別のアルファテクスチャを選択してみましょう。新しく差し替えるアルファテクスチャがセットされたので、最後に「Update All」を押します。これで、簡単に新しいアルファテクスチャに差し替えることができました。

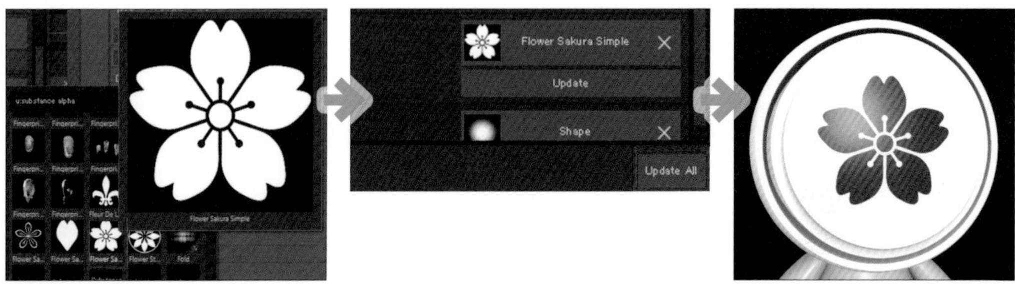

図3-3-8 アルファテクスチャの差し替えの操作

Substance Source へのアクセス

Substance Share 同様に素材のダウンロードサイトにアクセスすることができるのですが、こちらは公式から配布されている高品質なデータとなります。

注意 Steam で購入したライセンスでは「Substance Source」が使用できません。Substance Source を使用したい場合は、公式のサブスクリプションプランを契約しましょう。

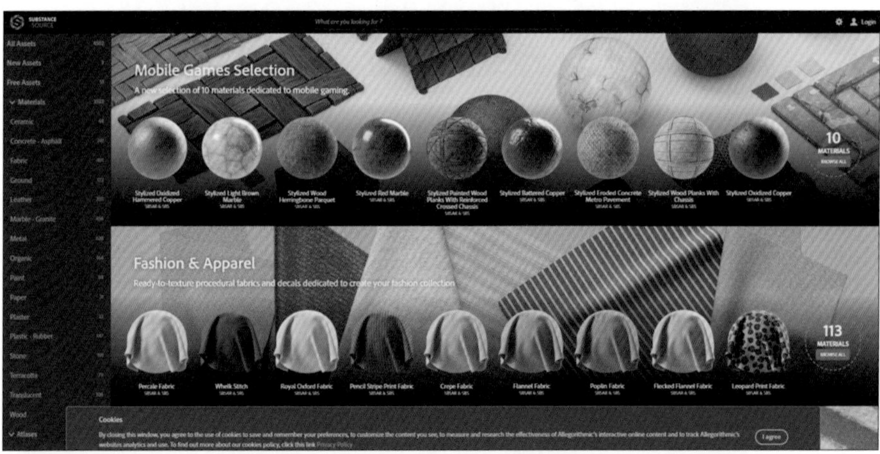

図3-3-9 Substance Sourceの画面

3-4 ツールバー（上側）の機能と操作

ツールバーの上側の左から順に、各機能を解説していきます。

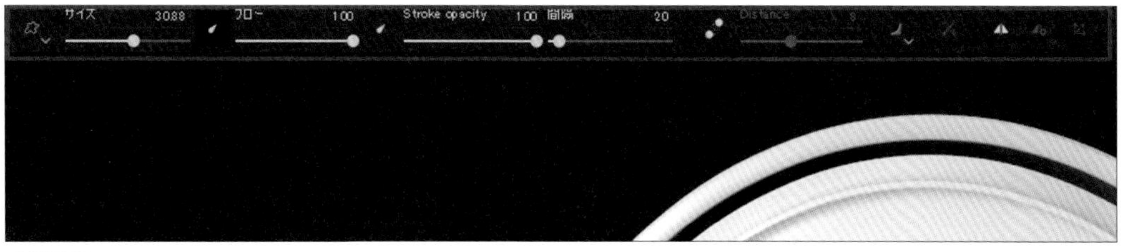

図3-4-1 ツールバー（上側）

マウスポインターの表示

マウスポインターの表示を 3 種類から選択することができます。

サイズ 30.88
Full Preview Cursor
Brush Outline Cursor
Crosshair Cursor

ブラシのサイズ

ブラシのサイズを変更することができます（プロパティーにあるものと同じ）。なお、ショートカットで"「"、"」"を押すと、ブラシサイズを微調整することもできます。

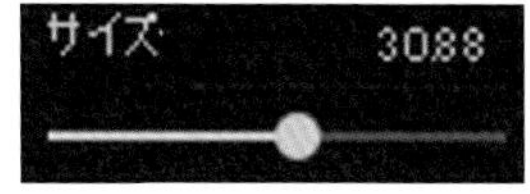

ブラシのフロー

ブラシのフローを変更することができます（プロパティーにあるものと同じ）。左の枠をオン・オフすることで、筆圧感知のオン・オフができます。

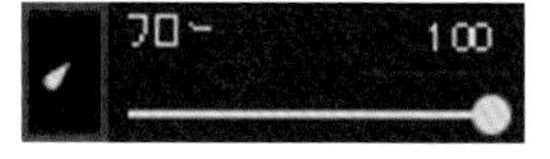

フローを下げることでペイント量が薄くなり、筆圧によってブラシの太さが変わります。

ブラシの不透明度

ブラシの不透明度を変更することができます（プロパティーにあるものと同じ）。左の枠をオン・オフすることで、筆圧感知のオン・オフができます。

Stroke opacity 1.00

不透明度を下げることで全体的に薄くなり、筆圧によって太さは変わりませんが濃さが変わります。

ブラシストロークの間隔

ブラシストロークの間隔を変更することができます（プロパティーにあるものと同じ）。

レイジーマウス

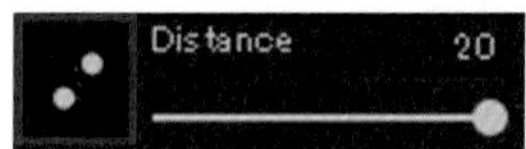

レイジーマウスという「手ブレ補正機能」です。左の枠をオンにすると使用することができ、右のスライダーで強度を調整できます。

カーブを描く場合は、フリーハンドだとキレイに描けないので、レイジーマウスを使っていきましょう。ちなみに、直線をキレイに描きたい場合は、いったん始点をクリックして「Shift」を押すと点線が表示されるので、再度クリックすると間を補完して直線を引くことができます。

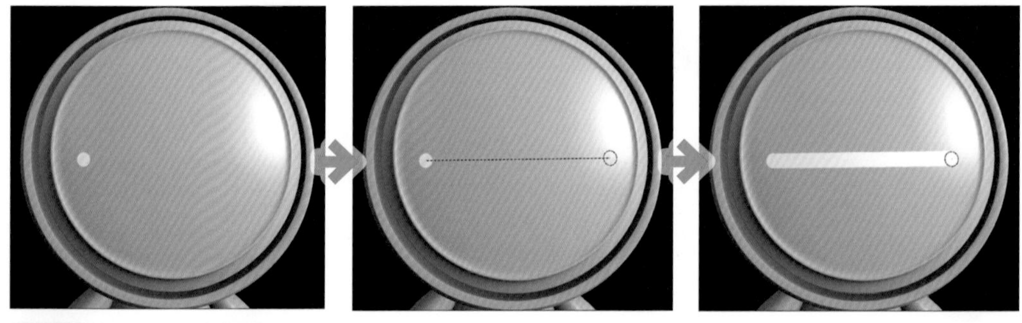

図3-4-2 「Shift」キーで直線を描く

シンメトリー機能

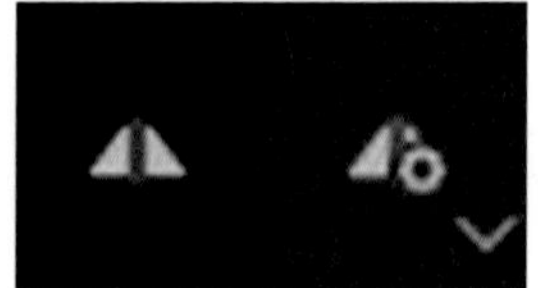

オンにすると軸に対称に同時にペイントすることができます。左右対称のモデルは、基本的にオンにしておいたほうが効率がよいでしょう。右のボタンを押すと詳細設定が開き、どの軸を基準にするかなどを設定できます。

なお、シンメトリー機能をオンにすると、図 3-4-3 にあるように、軸に沿って「赤い線」が表示されます。

図3-4-3 左右対称での描画

図3-4-4 シンメトリーの詳細設定画面

3-5 ビューポートの操作アイコンの機能

ツールバーの右側でTEXTURE SET LISTの隣にあるアイコンの各機能を解説していきます。これらのアイコンでは、ビューポートに関する設定を切り替えることができます。

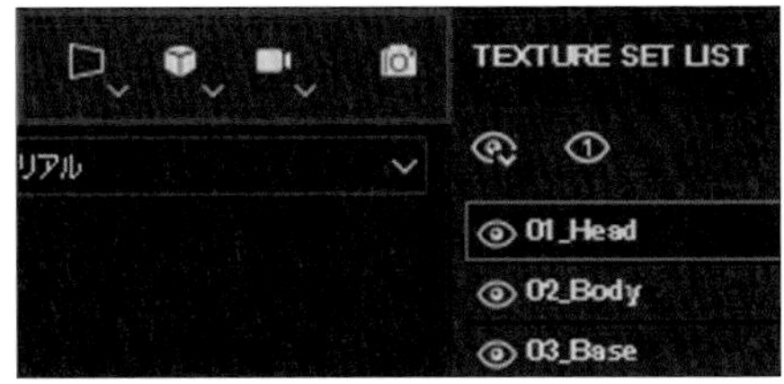

図3-5-1 ツールバー右側のアイコン

ビューの表示

ビューの表示を切り替えることができます。こちらは前述したように、ショートカットを覚えたほうがよいでしょう。

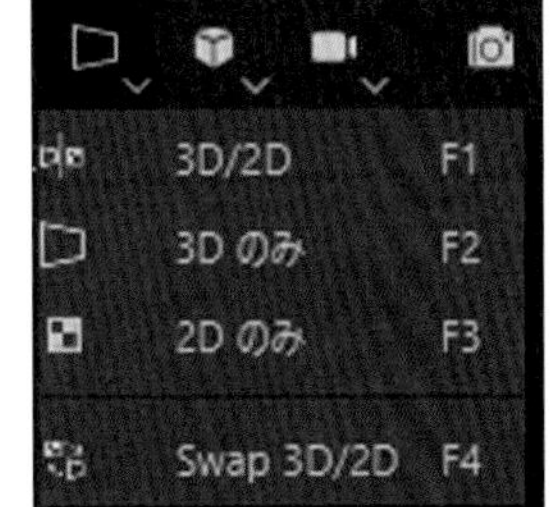

ビューの表示モード

ビューの表示を「パースペクティブビュー」にするか、「正投影」にするかを選択できます。

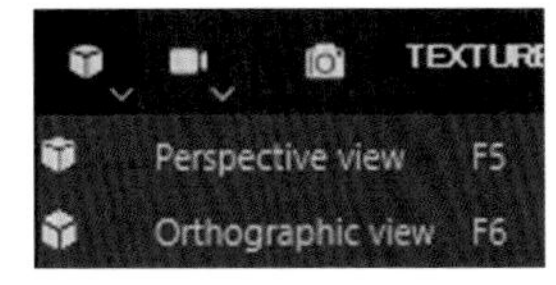

ビューのカメラの回転

ビューのカメラ回転を「フリー回転」にするか「コンストレイン回転」にするかを選択できます。フリー回転は制御が困難なので、基本的にはデフォルトの設定になっているコンストレイン回転でよいと思います。

Iray ボタン

このボタンを押すと、「Iray」というレンダラーを使った高品質なレンダリングができます。再度押すと、レンダリングが解除されます。

図3-5-2 Irayによる高品質なレンダリング

入門編

1 2 3 4 5 6 7 8 9 10

3-6 シェルフの機能と操作

「シェルフ」は画面に左下にあり、Substance Painter 内に組み込まれているマテリアルやテクスチャなどのアセットを管理する場所です。外部から読み込んだデータなども、こちらに保管されます。

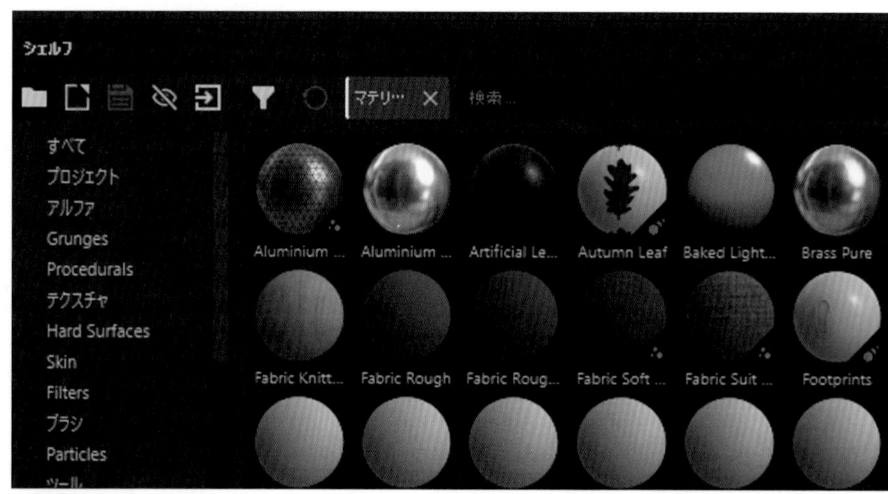

図3-6-1 シェルフの画面

表3-6-1 シェルフのリスト内容

シェルフの項目	リストの内容
すべて	すべてのリソースを管理
プロジェクト	ベイクしたテクスチャを管理
アルファ	模様などに使えるアルファを管理
Grunge	汚れ系のテクスチャがピックアップされて管理
Proceduals	Grungeも含めパラメーター調整できるテクスチャを管理
テクスチャ	「プロジェクト」のテクスチャに加えてインポートしたテクスチャを管理
Hard Surfaces	ハードサーフェス向けのノーマルマップを管理
Skin	肌表現に向いたマテリアルを管理
Filters	フィルターを管理
ブラシ	ブラシを管理
Particles	パーティクルブラシを管理
ツール	特殊な表現のツールを管理
マテリアル	マテリアルを管理
Smart materials	スマートマテリアルを管理
Smart masks	レイヤーにドラッグすると自動で追加されるマスクを管理
環境	ビューに使われている画像を管理
Color profiles	カラープロファイルを管理

3-7 エディターの機能と操作

「エディター」は、画面右側にあるレイヤーやテクスチャの質感の制御などを管理するウィンドウが集まっている場所です。Substance Painterの設定や操作を行う重要な場所で、エディターという呼び方でいいのかはわかりませんが、便宜上そのように明記します。

❶ TEXTURE SET LIST

Mayaなどで作成したモデルデータを、部位ごとに違うマテリアルで割り当てておいたり、UDIM形式でUVを分けて書き出すと、Substance Painterに読み込んだ際に分割されて、それぞれが干渉しないように設定できます。

❷レイヤー

テクスチャを管理する場所です。TEXTURE SET LISTごとに別のレイヤーとして管理できます。

❸ PROPERTIES

ブラシの性質やテクスチャの質感を調整することができます。ビューを右クリックしても呼び出すことができます。

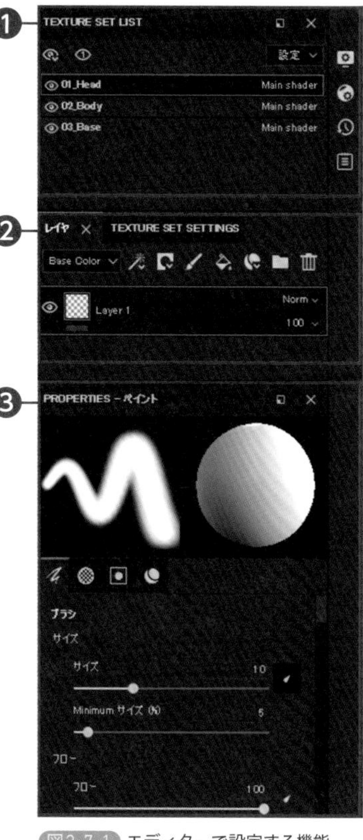

図3-7-1 エディターで設定する機能

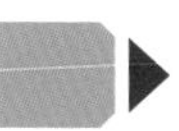

TEXTURE SET LISTの詳細

Base ColorやRoughnessなど多様なチャンネルを増減して管理でき、ベイクも行える場所です。ここで作業するテクスチャのサイズも、好きなタイミングで変更することができます。

パソコンが重い場合は作業中はテクスチャサイズを下げておいて、確認するときだけ元に戻す、といった方法もアリだと思います。

図3-7-2 TEXTURE SET LISTの画面

TEXTURE SET LIST の右隣りにあるアイコンも、上から順に解説していきます。

図3-7-3 TEXTURE SET LISTの操作

DISPLAY SETTINGS

このウィンドウではカメラの画角やポストエフェクトなど描画に関わる設定を行います。

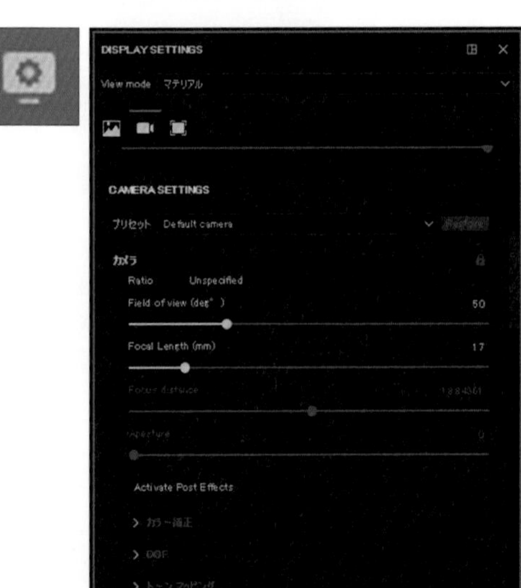

SHADER SETTINGS

マテリアルの描画の性質を変更することができます。

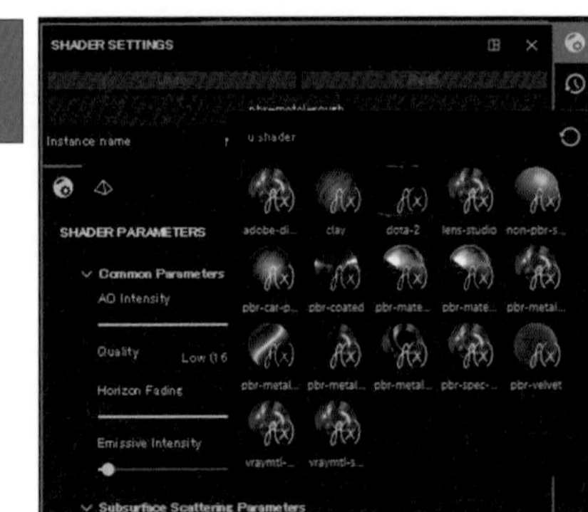

HISTORY

作業履歴が記録されていきます。

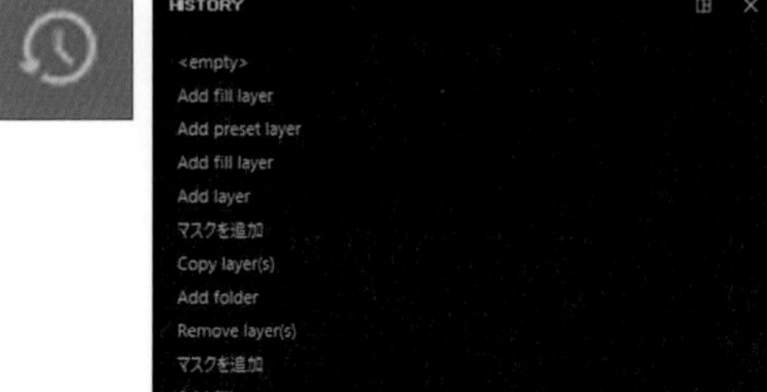

ログ

エラーメッセージなどが表示されます。

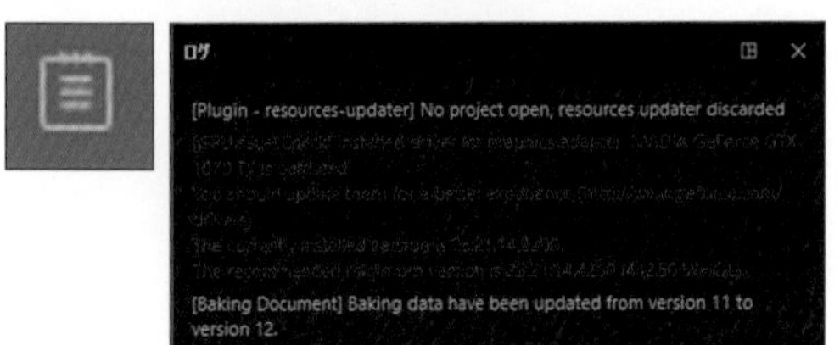

3-8 画面上部メニューでのUV展開調整後の差しかえ

最後に画面上部のメニューについて、簡単に解説しておきます。

「編集」メニューにある「Settings→ショートカット」では、あらかじめ設定されているキーボードショートカットを確認できます。また、ショートカットを編集してカスタマイズすることも可能です。

「Window」メニューには、本書冒頭の「本書での設定と使用する作例について」で解説したように、「UIをリセット」メニューがありますので、デフォルトの作業画面に戻したいときには、こちらを使用してください。

さらに、「ファイル」メニューには、「Save And Compact」「Clean」という項目がありますが、これらはプロジェクトに含まれる未使用のリソースを取り除き、プロジェクトのファイルサイズを縮小する際に使用するものです。

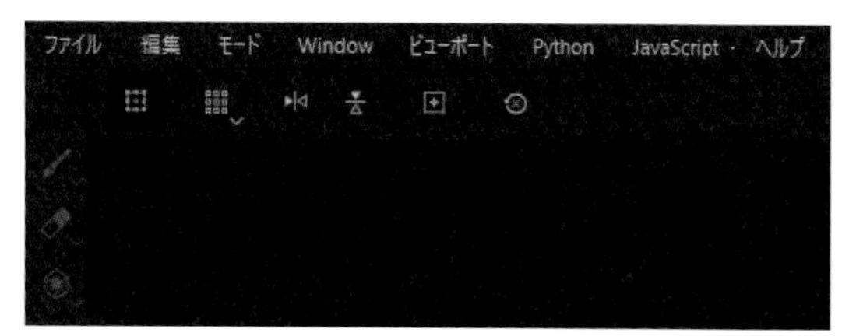

図3-8-1 画面上部のメニュー

そのほかのメニューについては、特に重要なところを触れておきます。ゲームの仕事だと特に多いのですが、テクスチャを描く段階になって、思ったよりもUVの解像度が確保できておらず模様などがボケるケースがあると思います。

今回は例として、画面のモデルのUVを差し替える想定でワークフローを紹介します。

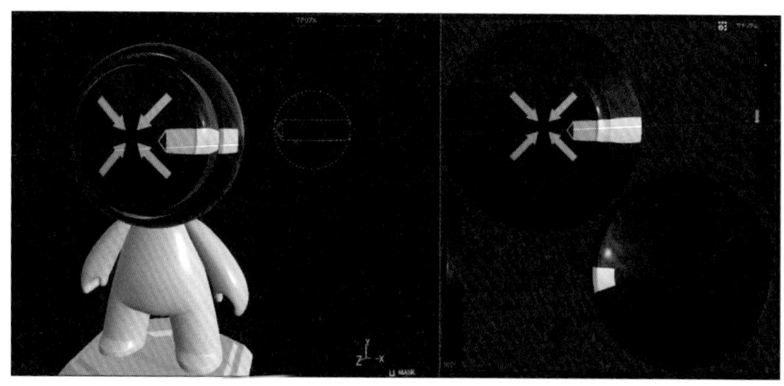

図3-8-2 UV設定されたモデル

画面上部のメニューから、「編集→Project Configuration」を選択してください。すると「プロジェクト構成」という画面が開くので、「選択」を押して編集したUVを持つモデルデータを読み込んで差し替えましょう。

UVの位置を変更したモデルデータに、無事差し替えることができました。次ページの画面右のように自動で対応するUVにペイントが更新されています。

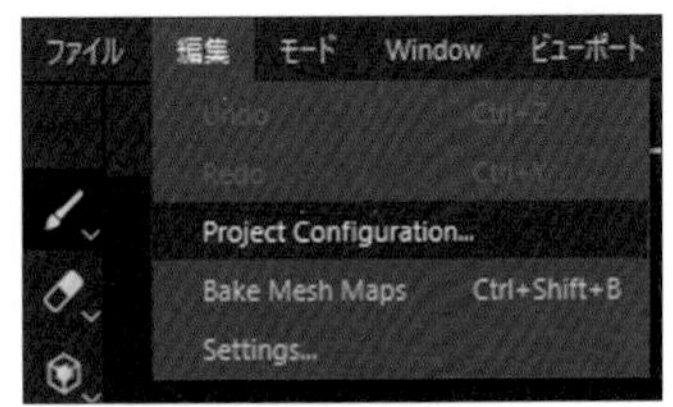

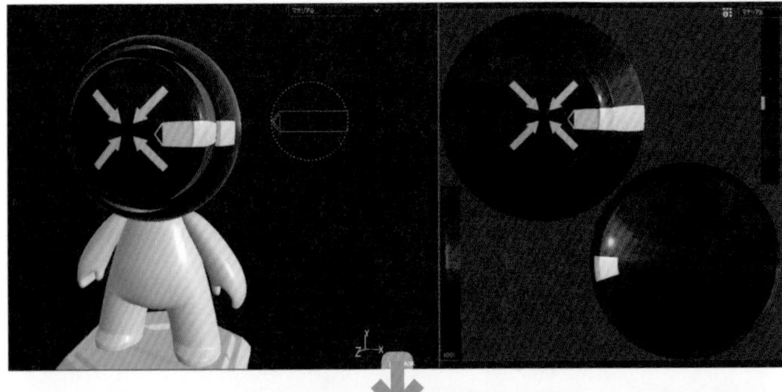

図3-8-3 UVの差し替え

モデルの差し替えを行う上での注意点

UV を変更したモデルの差し替えを行う場合は、Maya などで書き出す際に設定しておいたマテリアルを変更しないようにしましょう。

名前などを変えたりすると連携がうまくいかず、新規でペイントするハメになってしまうので気を付けてください！

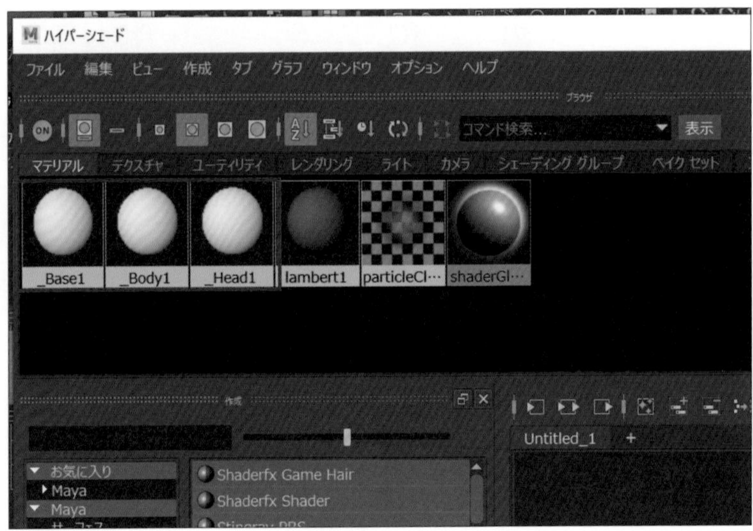

図3-8-4 書き出す際のマテリアル名は変更しない

モデルのインポート時の UV がはみ出さないように！

モデルの新規インポートについては、応用編の「1 章 モデルのインポート」で触れていますが、このコラムで少し補足しておきます。

外部から UV 展開済みのデータを使用して読み込む際には、必ず UV が枠からはみ出ないように展開して読み込みましょう。

たとえば、図のような Maya で用意したシンプルなボックスのモデルがあります。UV がしっかりと枠内に収まっていれば問題なくインポートできますが、少しでもはみ出してしまうと読み込みエラーが起こってしまいます。

成功例

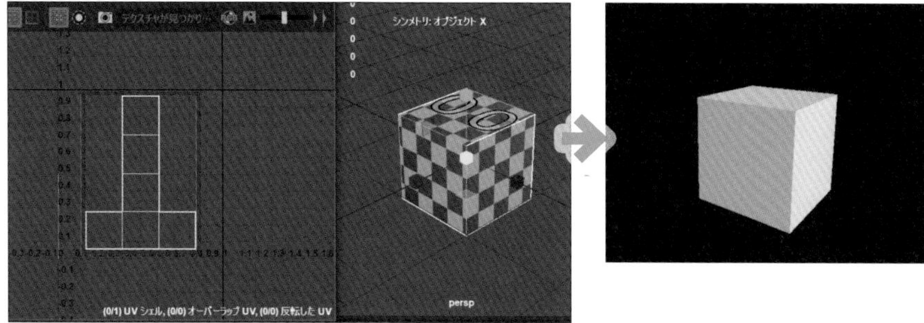

失敗例

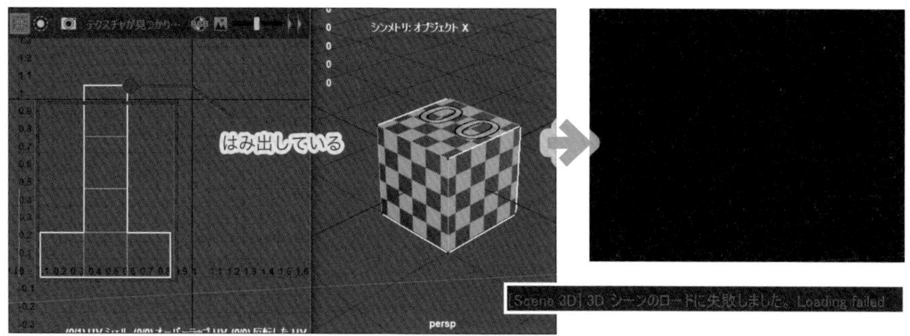

図 UVが枠からはみ出していると読み込みエラーが起きる

読み込みエラーが起こった際は、たいてい UV 周りのミスのケースが多いので、不具合があったときはチェックしてみてください。

レイヤーとマスクの機能

Photoshop などのペイントソフトを活用しているユーザーであれば、「レイヤー」と「マスク」はよく使用する機能かと思います。Substance Painter でも、この 2 つの機能の操作と理解は非常に重要です。特に「塗りつぶしレイヤー」と「空のレイヤー」は、どのような作品を作る際にも頻繁に使われる機能なので、使いどころと操作とを確実に覚えましょう。後の章で作例を作っていく際にも頻繁に出てくるので、操作に迷ってしまったり、不明点があればこちらに戻ってきてください。

4-1 レイヤー内 UI の概要

ここでは、レイヤー内 UI を解説していきます。詳しい説明は後ほどしていくので、とりあえず今は軽く名前をおさらいする程度で大丈夫です！

図4-1-1 Substance Painterのレイヤー UI

レイヤーアイコン

まずはレイヤーのアイコンの説明をしていきます。

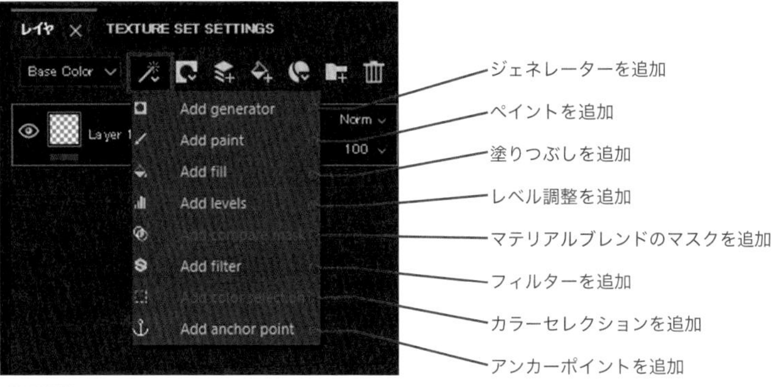

図4-1-2 レイヤーアイコンの機能

マスクの追加

左から２番目のアイコンをクリックすると、各種マスクを追加することができます（図4-1-3）。

ちなみに先ほどのエフェクトの追加やマスクの追加は、レイヤーを選択して右クリックを押すとまとまった状態で出てくるので、個人的にはこちらの手法で呼び出すほうが好みです（図4-1-4）。

図4-1-3 各種マスクの追加

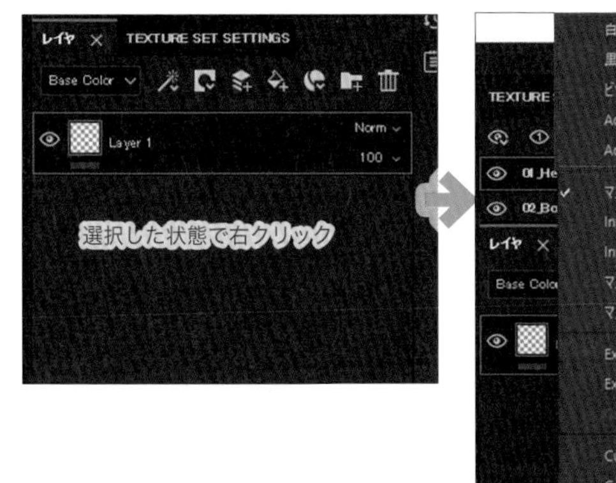

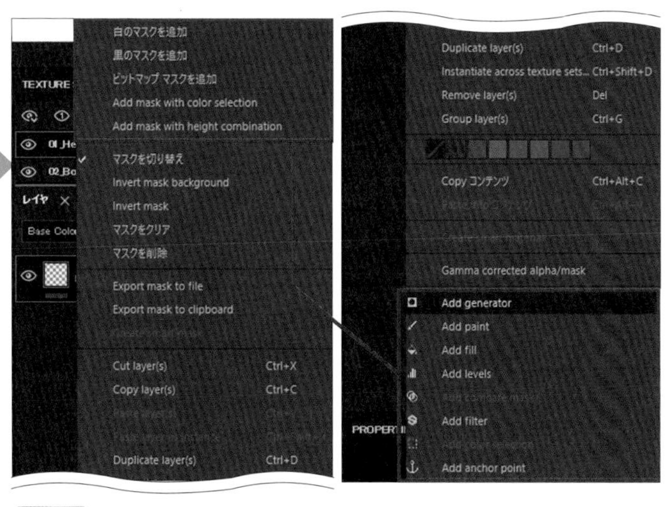

図4-1-4 レイヤーの右クリックで、コンテキストメニューを表示

空のレイヤーの追加

左から３番目のアイコンをクリックすると、空のレイヤーを追加することができます。

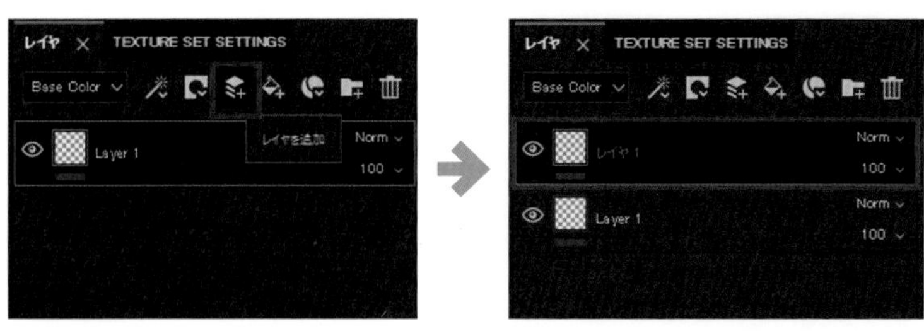

図4-1-5 空のレイヤーの追加

塗りつぶしレイヤーの追加

左から4番目のアイコンをクリックすると、塗りつぶしレイヤーを追加することができます。

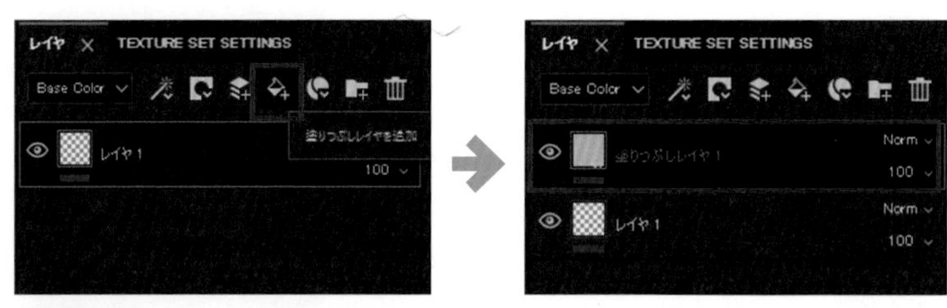

図4-1-6 塗りつぶしレイヤーの追加

スマートマテリアルの追加

左から5番目のアイコンをクリックすると、スマートマテリアルというマテリアルのプリセットを追加することができます。Substance Painter では、1からマテリアルを構築していくこともできますが、こちらのスマートマテリアルから表現したい質感と近いものを選んで、カスタマイズしていくことが多いです。

Note

次の5章で詳細は解説していますが、「スマートマテリアル」とは、Substance Painter にデフォルトで搭載されているいろいろな材質を集めたプリセットです。

テクスチャ作成をしていく際には、自分が求めている質感と似たプリセットを選択して、より細かくカスタマイズしていく、といった方法が主流です。本文でも解説したように、ゼロからテクスチャを組み立てていくことも可能ですが、使えるものは使って時短を図るとよいでしょう。

ちなみに、「Substance Source」という公式サイトで高品質なスマートマテリアルが追加配布されているので（サブスクリプション購入者のみ使用可能)、興味があればよりピッタリくるスマートマテリアルを探してみてください！

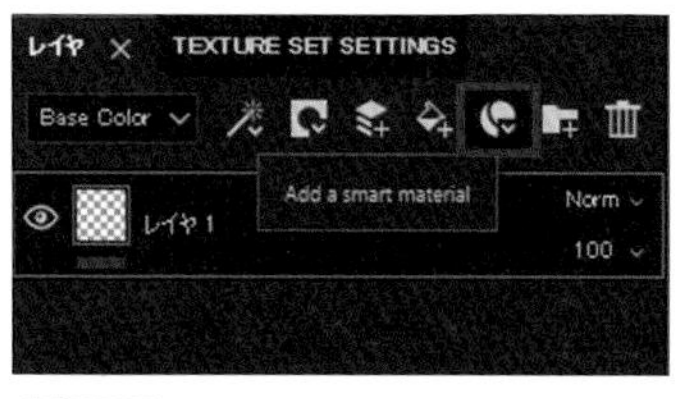

図4-1-7 スマートマテリアルの追加

フォルダ追加

左から６番目のアイコンをクリックすると空のフォルダを追加することができます。レイヤーをフォルダにドラッグするとまとめることができるので、レイヤーの数が増えてきたら適度にまとめるとスッキリして作業しやすくなります。

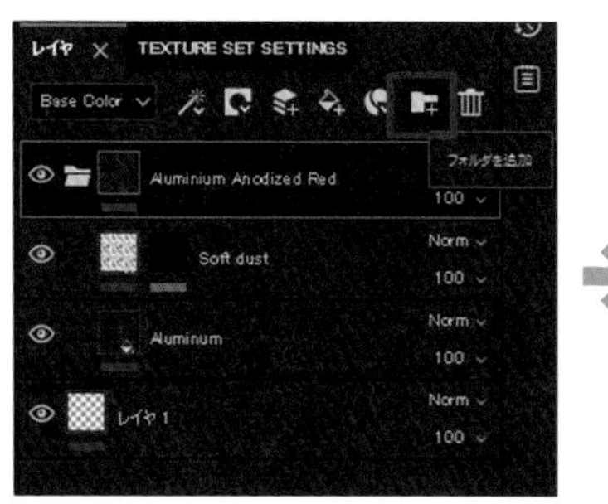

図4-1-8 フォルダを追加してレイヤーを管理

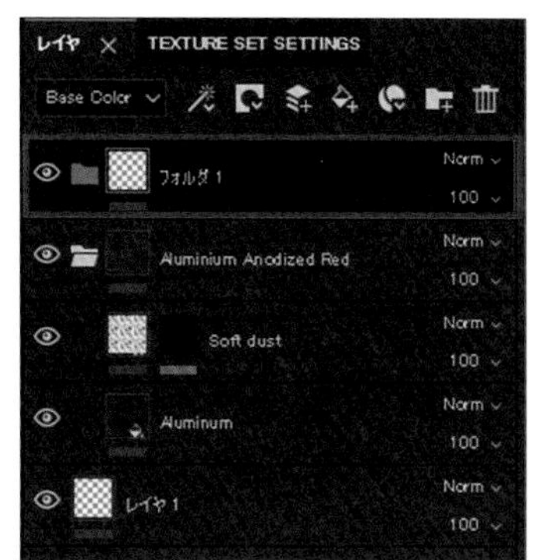

レイヤーの削除

左から７番目のアイコンをクリックすると、選択したレイヤーやフォルダを削除することができます。また、レイヤーを選択後、キーボードのDeleteでも削除できます。

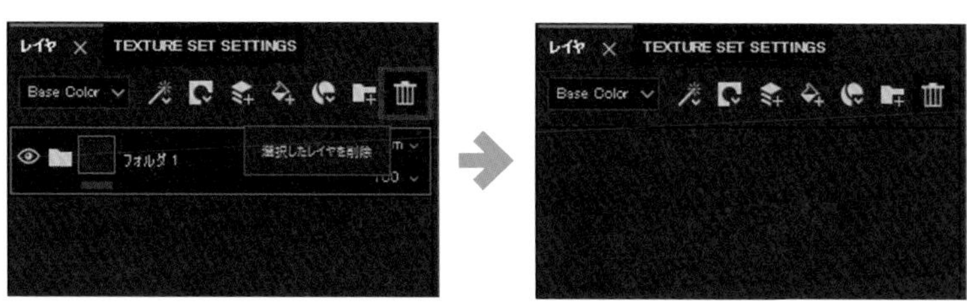

図4-1-9 選択したレイヤーを削除

4-2 レイヤーとマスクの概念

レイヤーとマスクの概念について解説していきます。Substance Painter には、「空のレイヤー」と「塗りつぶしレイヤー」の 2 つがありますが、まずこれらがどう違うのかを理解する必要があります。

空のレイヤーの使いどころ

例として、空のレイヤーに対して色が白のままペイントしてみました。次にプロパティーの BaseColor をクリックし、色を赤に変更します。レイヤーを増やすことなく、追加で赤色のペイントをすることができました。

ただし、空レイヤーを使うデメリットとして、塗る色や質感は後で変更できず、塗る前に考えておかなければいけないので少し使いづらいところがあります。つまり、空のレイヤーを使ってペイントした場合、それを修正する際には、消しゴムで消して再度ペイントするか、そのレイヤーを削除して、新規レイヤーを作り再度ペイントすることになります。

個人的には、いちいち色を変更するのが面倒な場合のレタッチ用のレイヤーとして使うことが多いです。

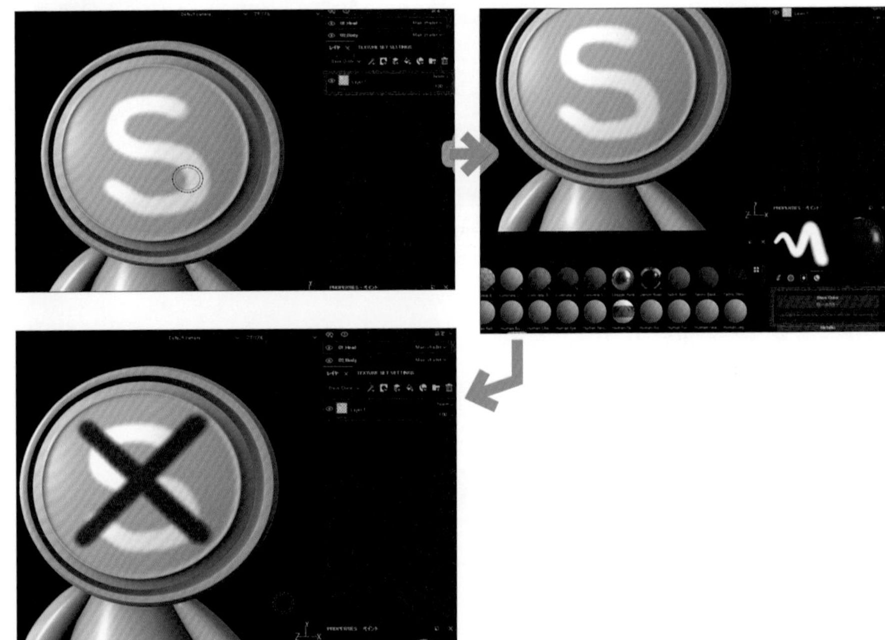

図4-2-1 空のレイヤーの使用例

塗りつぶしレイヤーの使いどころ

次に塗りつぶしレイヤーについて解説していきます。塗りつぶしレイヤーはデフォルトで色がグレーになっていますが、後からいつでも色や質感を変更することができます。後からの修正に強くなるので、基本は塗りつぶしレイヤーを使うほうがよいでしょう。

図4-2-2 塗りつぶしレイヤーの使用例

Substance Painterでは、塗りつぶしレイヤーに対してマスクを使い描画範囲を指定することで、テクスチャを構築していくことが多いです。

たとえば、塗りつぶしレイヤー上で右クリックから、「黒のマスクを追加」をクリックして黒マスクを追加してみます。すると、先ほど指定した赤色が消えてグレー表示になったと思います。これは消えたわけではなく、黒いマスクを全体にかけることで一時的に非表示にしているだけです。この概念をしっかり理解しましょう。

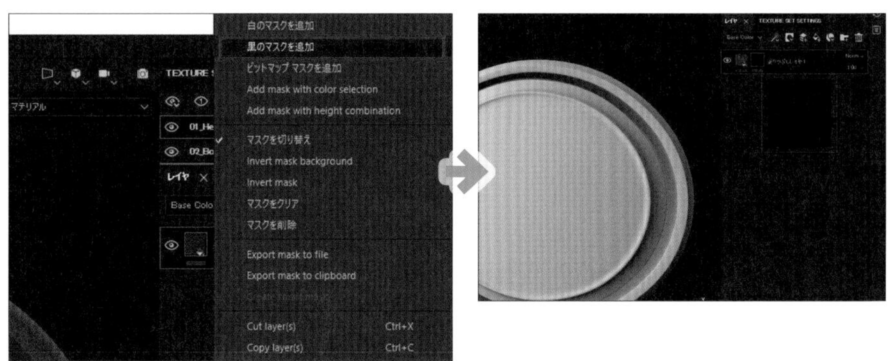

図4-2-3 マスクを追加することで、表示を変更する

引き続き、マスクを選択している状態で、プロパティーのグレースケールが白になっているのを確認します。これでペイントすると黒マスクに白マスクでペイントすることになります。白マスクでペイントした部分がもともと設定した赤で表示されました。

ちなみに、マスクの部分を「Alt+ クリック」するとマスク表示になるので、マスクの描画範囲がどこなのかがわかりやすくなります。なお、元の表示に戻すときは、隣の赤い枠（設定カラーで変わる）をクリックしてください。

図4-2-5 マスクの概念

図4-2-4 白マスクでペイントした部分が表示される

マスク機能は非常によく使う機能なので、白マスクの部分が表示され、黒マスクの部分は表示されない、ということをしっかり覚えておきましょう。

マスクの利用例

マスクは、塗りつぶしレイヤー以外でも使えるので、たとえばスマートマテリアルに使ってみても、同じようにマスクで描画範囲を調整できます。

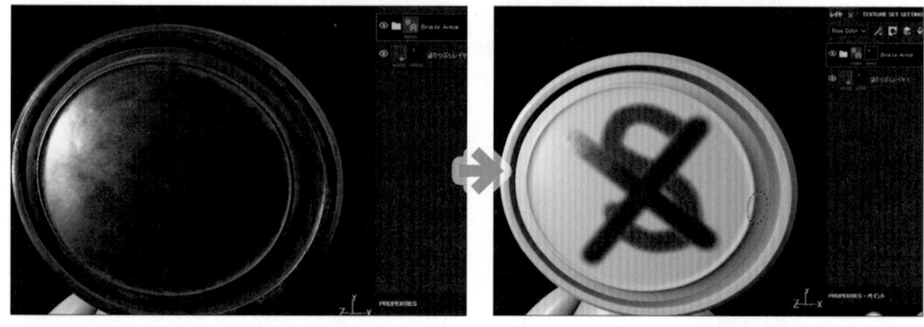

図4-2-6 図4-2-4にスマートマテリアルを適用し、黒マスクを追加後、白マスクで「×」を描く

ちなみにグレースケールを黒に設定した場合は、黒マスクで塗っているわけなので表示部分が消えていきます。

このように、消しゴムツールのような感覚で白マスク、黒マスクを使い分けていくとよいでしょう。スライダーで変更してもよいですが、キーボードの「X」キーを押すと、白と黒が瞬時に切り替わるので、慣れたらショートカットを使っていきましょう。

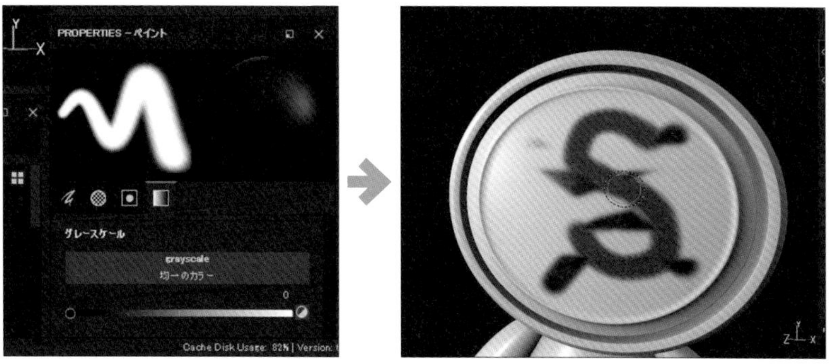

図4-2-7 黒マスクでペイントした場合の例

マスクは狭い範囲であれば、先ほどのようにブラシで塗って調整していっても構いませんが、範囲が広くなってくると塗り残しをしやすくなってしまいます。そういった場合は左端にある Polygon Fill というアイコンを押しましょう。

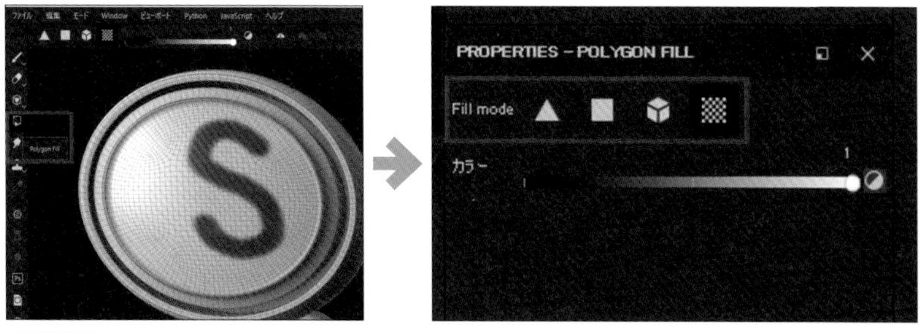

図4-2-8 Polygon Fillでのマスクの作成

この機能を使うとプロパティーの表示が変わり、左から「三角ポリゴン単位」「四角ポリゴン単位」「メッシュ単位」「UV 単位」で機械的にペイントすることができるため、キレイに塗り分けることができます。

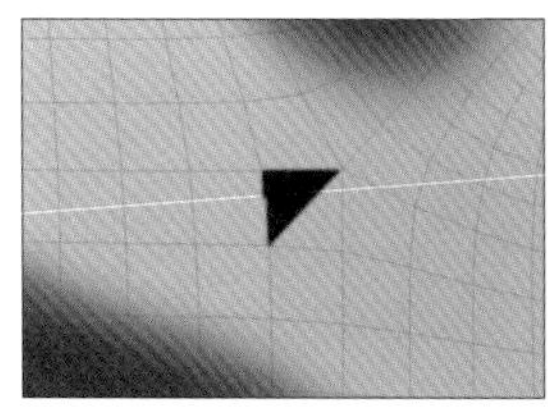

三角ポリゴン単位

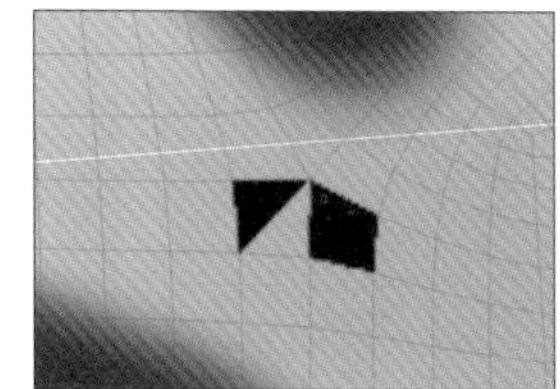

四角ポリゴン単位

メッシュ単位

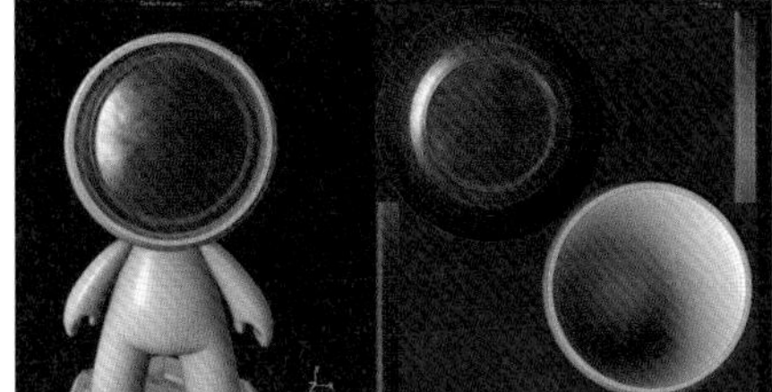

UV単位

図4-2-9 ポリゴンやメッシュなどの単位でマスクする

入門編 CHAPTER 5

ブラシとマテリアルの機能

Substance Painter には、非常に豊富で高品質な「ブラシ」と「マテリアル」がビルトインで用意されていることが大きな魅力の 1 つです。この章では、誌面の関係でそのうちのいくつかしか紹介できませんが、ご自身でもいろいろ試してみると、今後の作品作りのインスピレーションも湧くでしょう。また、「スマートマテリアル」や「パーティクルブラシ」などの独自機能もあり、簡単な操作で効率よく質感を向上させることができます。

5-1 ブラシの概要

Substance Painter は、デフォルトで図 5-1-1 にある丸いブラシが設定されています。この丸ブラシは、よく使うので「ソフトブラシ」と「ハードブラシ」の切り替え方を覚えておいてください。図のように、プロパティーの Hardness のスライダーで変更できます。

ソフトブラシ

ハードブラシ

図5-1-1 丸ブラシの設定

Substance Painter では「丸ブラシ」だけでなく、画面下の「シェルフ→ブラシ」で多様なブラシを使うことができるので、何点か紹介しておきます。

まずは下準備として、塗りつぶしレイヤーを追加して黒マスクを追加します。そして、暗めのベースカラーを設定します。

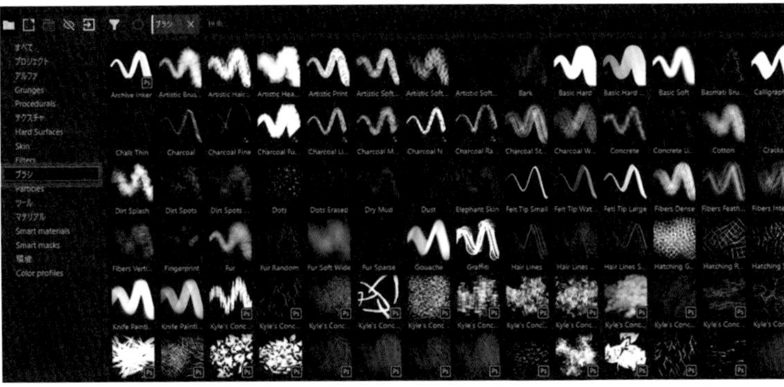

図5-1-2 「シェルフ→ブラシ」にあるさまざまブラシ

図5-1-3
塗りつぶしレイヤーに黒マスクを追加

図の 4 種類ブラシを使って、マスクに描いてみました。ほかにも多くのブラシがあるので、一通り試してみることをオススメします。

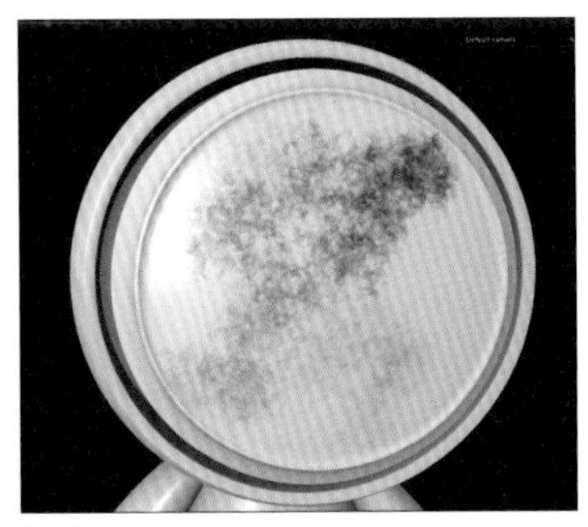

Dirt1

Stitches1

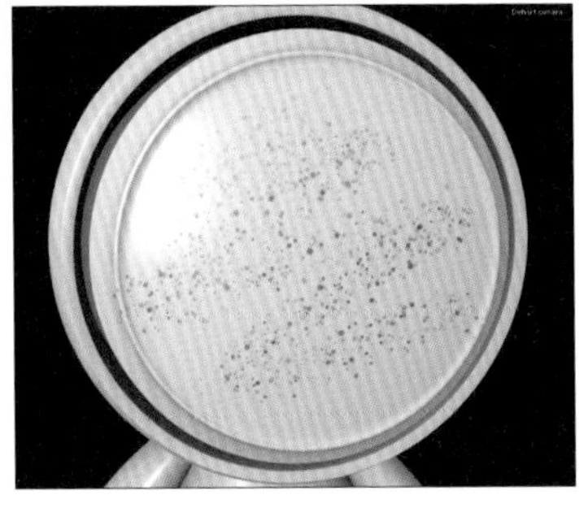

Dots

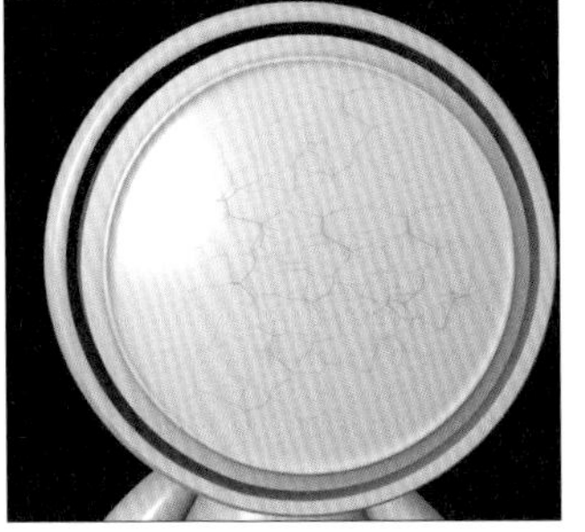

Cracks

図5-1-4 各種ブラシの描画例

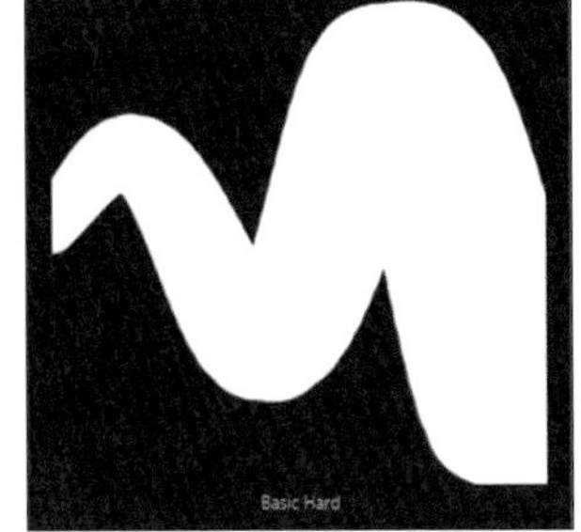

図5-1-5
デフォルトの丸ブラシは「Basic Hard」

デフォルトの丸ブラシに戻りたい場合は、「Basic Hard」を選択してください。

5-2 塗りつぶしレイヤーの質感変更

まずはいつものように、塗りつぶしレイヤーを追加して黒マスクを追加しました。赤い色にして「S」と描いてみます。

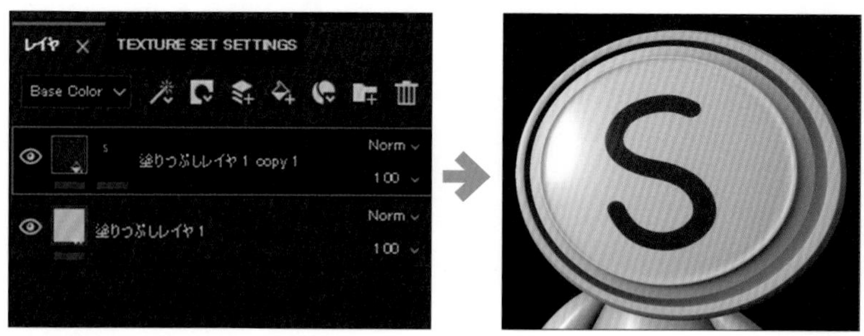

図5-2-1 黒マスクを設定し、文字を描く

プロパティーのマテリアルの項目で、質感の設定を変更することができるので、それぞれどのように作用するのかを解説していきます。

図5-2-2 マテリアルのプロパティーの設定

図5-2-3に4つのパターンを紹介しましたが、基本的にほとんどの質感はメタリックとラフネスのパラメーターの数値を調整した組み合わせで表現することができます。

図5-2-3
マテリアルの質感の設定例

「メタリック：0／ラフネス：0」の状態（光沢のある非金属）

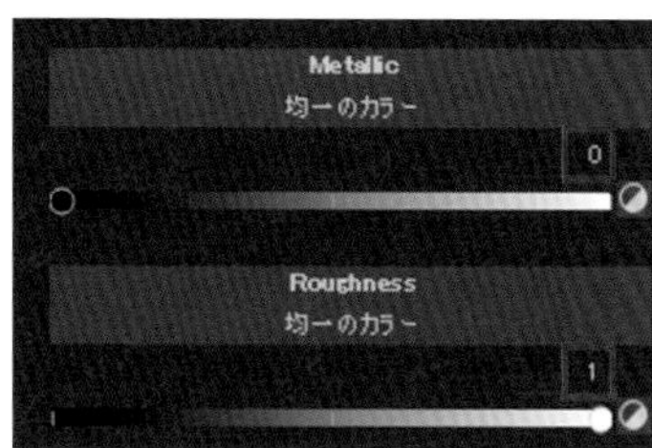

「メタリック：1／ラフネス：0」の状態（光沢のある金属）

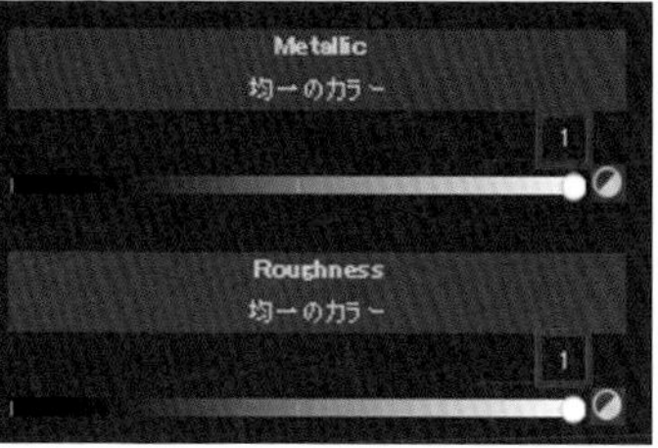

「メタリック：0／ラフネス：1」の状態（光沢のない非金属）

「メタリック：1／ラフネス：1」の状態（光沢のない金属）

メタリックとラフネスの白黒どちらに偏ると、どのような質感になるのかを頭に叩き込みましょう！

図5-2-4 白と黒の場合のメタリックとラフネス

ちなみにメタリックについては、金属でなくてもそれっぽく見えるのであれば、数値をある程度は上げてもいいと思います。金属値を上げると、ギラついた感じを出すことができます。

特にゲーム系のCGでは、処理負荷を軽減するべくある程度は、テクスチャでウソをついて質感表現する場合があります。

次に「Height」ですが「1」で凸、「－ 1」で凹になります（書き出し時にNormalマップになります）。ブラシと組み合わせて微妙に凹凸を作ると、情報量を増やすことができるのでディテール強化に便利です。

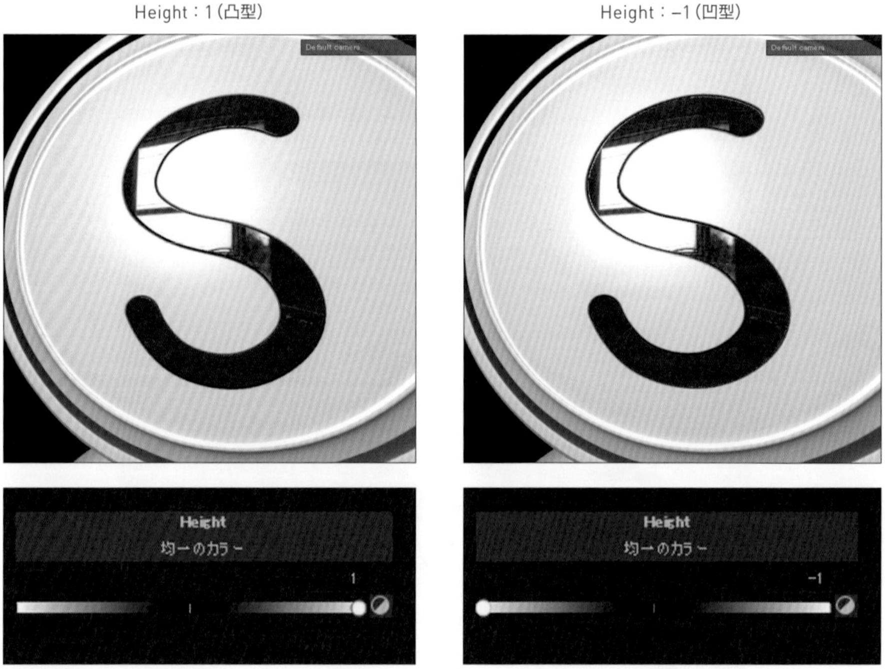

Height：1（凸型）

Height：–1（凹型）

図5-2-5 Heightの設定

5-3 スマートマテリアルの機能

次に Substance Painter で、とてもよく使う「スマートマテリアル」について解説していきます。Add a smart material を押すと、スマートマテリアルがズラリと出てくるので「Bronze Armor」を選んでください。

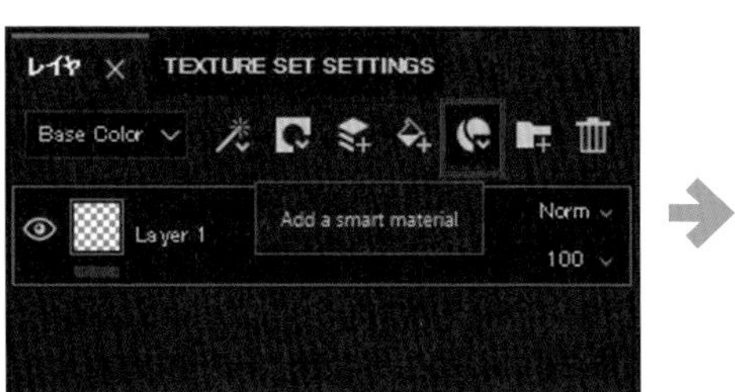

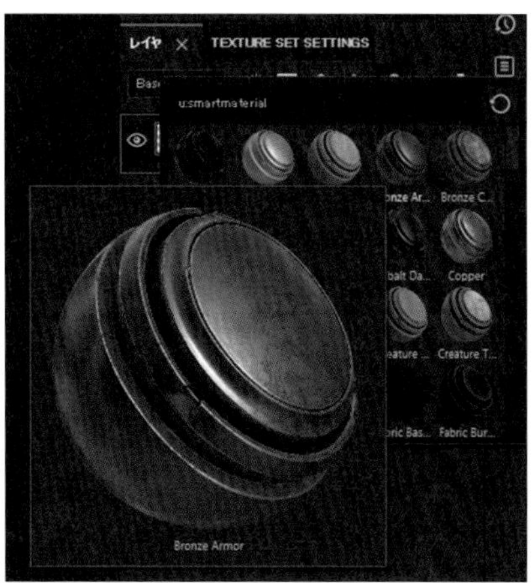

図5-3-1 スマートマテリアルの「Bronze Armor」を選択

スマートマテリアルはフォルダで構成されているので、まずはどのような要素でマテリアルが表現されているのかを観察しましょう。

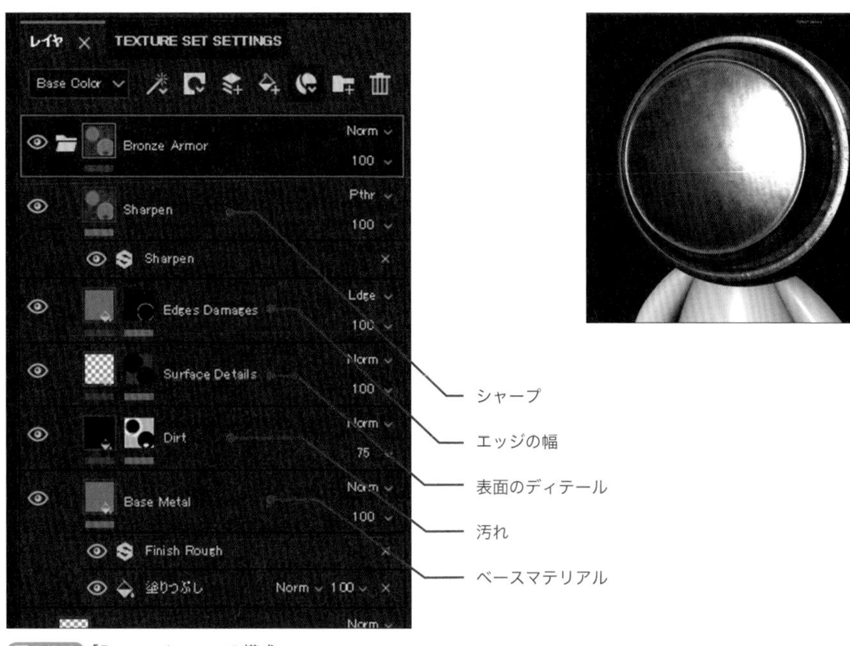

図5-3-2 「Bronze Armor」の構成

スマートマテリアルの質感設定

スマートマテリアルの一番下のレイヤーには、塗りつぶしレイヤーが使われているので、基本的な色味や質感を変更することができます。

たとえば、こんな感じで塗りつぶしレイヤーの色味を青に変更することで、青い金属になりました。

図5-3-3 スマートマテリアルの塗りつぶしレイヤー

ほかにも「Dirt レイヤー」のジェネレーター（6 章で解説）のスライダーを変更すると、汚れる範囲を自由に変更できます。このように自分が求めるマテリアルと近いスマートマテリアルを選び、その後好きなようにカスタマイズして欲しいテクスチャを組み立てていくのが、Substance Painter での基本的な作業の流れになります。

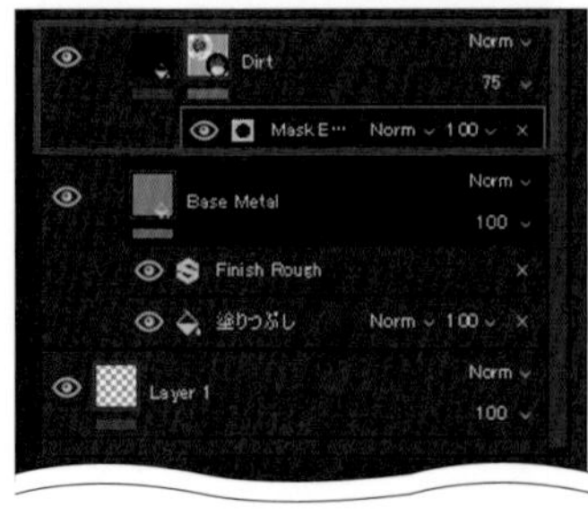

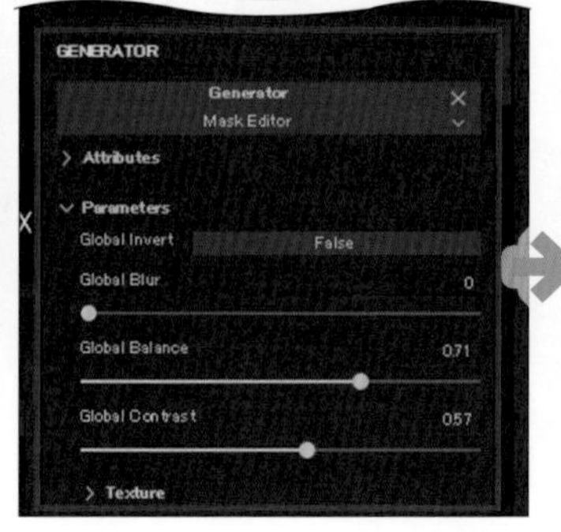

図5-3-4 ジェネレーターの設定を変更

スマートマテリアルのカスタマイズ

次に、カスタマイズしたスマートマテリアルを保存する方法を解説します。まずは、カスタマイズを行うために、塗りつぶしレイヤーを追加して黒マスクを追加します。

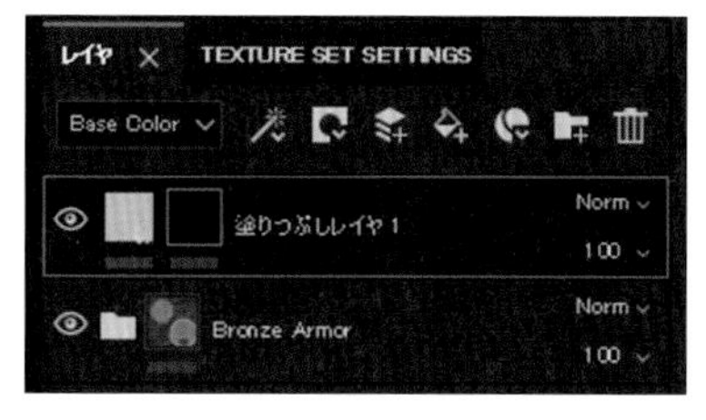

図5-3-5
「Bronze Armor」に塗りつぶしレイヤーを追加し、さらに黒マスクを追加

シェルフからアルファを選択し「Fingerprint Index」をクリックします。アルファは、模様や指紋など特定の表現に強いです。これで、金属面に指紋をべったりつけます。

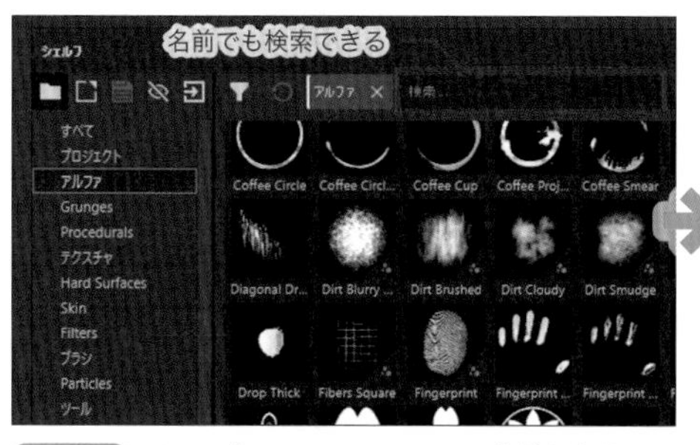

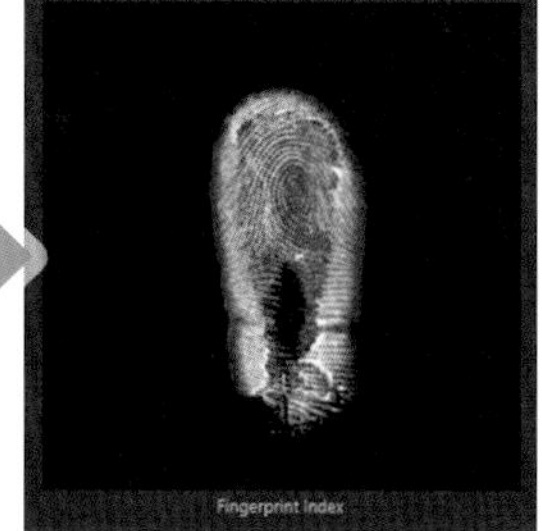

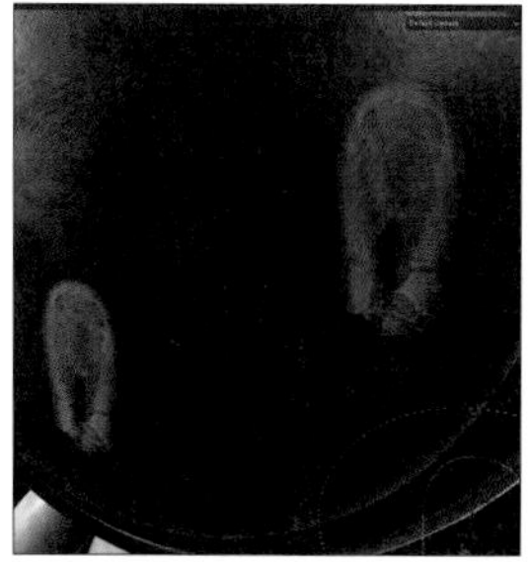

図5-3-6 アルファ「Fingerprint Index」で指紋を表現

次に、プロパティーで質感の調整をします。プロパティーはビュー内を右クリックでも呼び出せるので、慣れてきたらショートカットを使いましょう。

指紋にカラーは必要ないので(皮脂なので)、カラーだけクリックして非表示にしました。

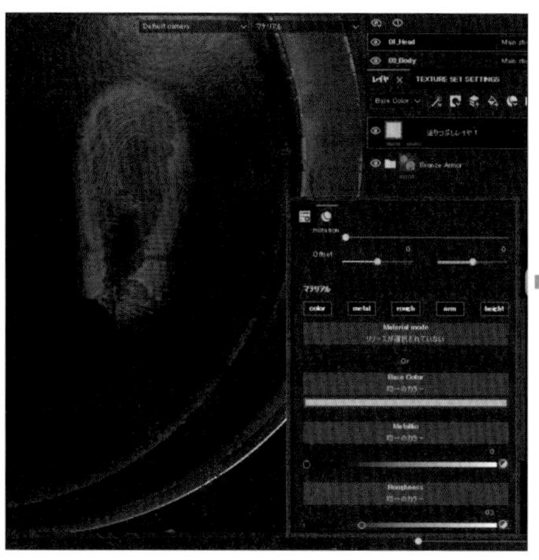

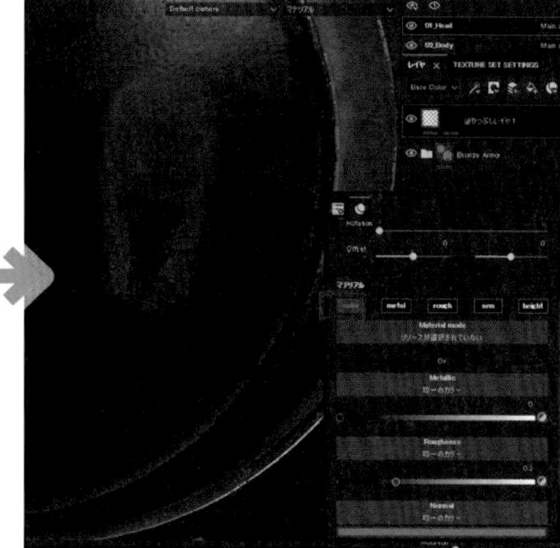

図5-3-7 アルファ「Fingerprint Index」のプロパティーで質感の調整

このように、ブラシやアルファのカラー情報は使わずに情報量を上げる手法は、リアリティを高めるためによく使うテクニックなので覚えておいてください（ガラス表面の傷、雨汚れなど）。

カスタマイズしたスマートマテリアルの保存

指紋の質感を調整し終わったら、次にそれを保存するためにフォルダを追加します。フォルダ内に「Bronze Armor」と「指紋」のレイヤーを入れます。Ctrl キー押しながらクリックすることで、複数選択ができます。

フォルダをダブルクリックして、名前を「AAA_test」に変更しました。これは、スマートマテリアルはアルファベット順に並んでおり、検索しやすくするためです。

図5-3-8 フォルダを追加し、素材をまとめる

フォルダの上で右クリックすると、いろいろな設定が出てきますが、「Create smart material」を選択してください。これにより、自分でカスタマイズしたスマートマテリアルを新たなスマートマテリアルとして登録することができます。

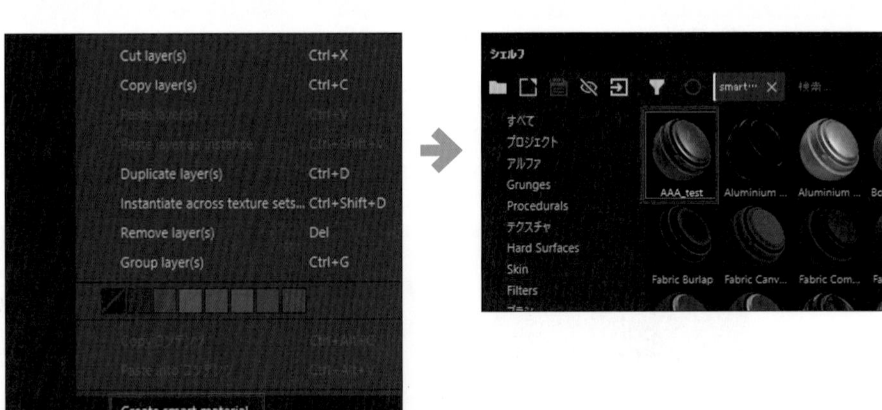

図5-3-9 カスタマイズしたスマートマテリアルの保存

カスタマイズしたスマートマテリアルの呼び出し

いったんレイヤーをすべて削除して、まっさらな状態にしましょう。スマートマテリアルを押すと、先ほど作成した「AAA_test」のスマートマテリアルが登録されているのでクリックします。これにより、先ほど作成したマテリアルを瞬時に呼び出すことができました。

図5-3-10 カスタマイズしたスマートマテリアルの呼び出し

ゲームグラフィック制作などで特にこの機能はよく使用されていて、異なるキャラクターにも金属の表現を同じような質感で統一させたいなどといった場合に重宝します。

5-4 マテリアルの機能

Substance Painter には、スマートマテリアルとはまた違った「マテリアル」というものもあります。例として、一番最初のマテリアルをオブジェクトに直接ドラッグ＆ドロップするか、レイヤーにドラッグ＆ドロップしてください。

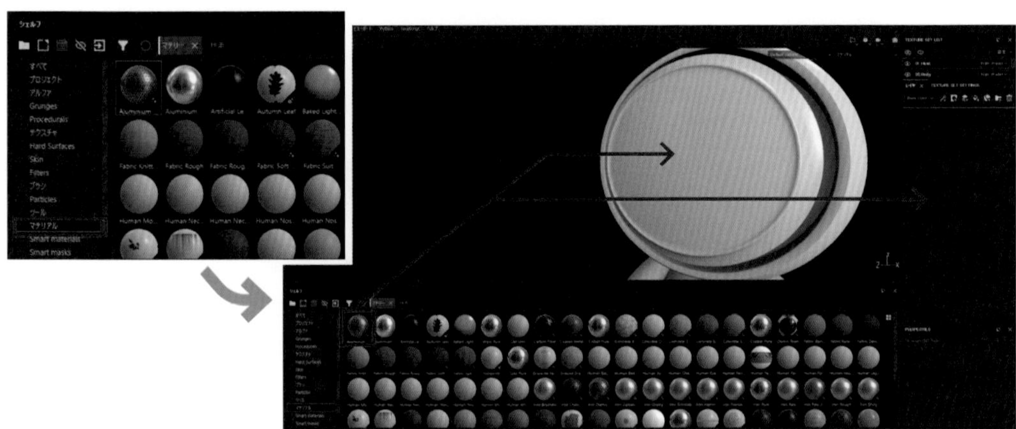

図5-4-1 マテリアルをドラッグ＆ドロップで設定

図 5-4-2 のような見た目になりました。スマートマテリアルとの違いは、フォルダではなく単一の特殊なレイヤーで表現されていることです。

オブジェクトのプロパティーで、スケールを変更することで模様を細かくしました。スケール変更については、スマートマテリアルなどでもできるので、いろいろと試してみてください。

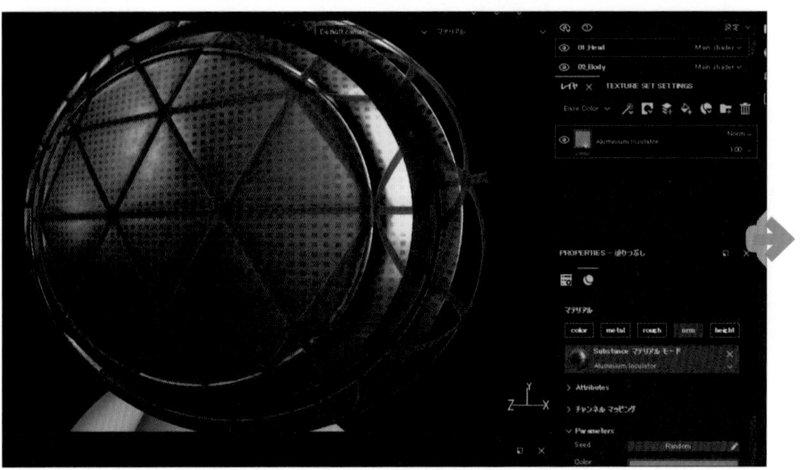

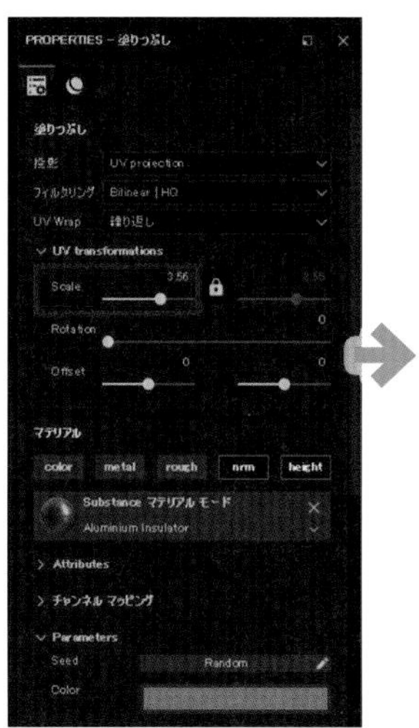

図5-4-2 オブジェクトにマテリアルを設定して調整

マテリアルもスマートマテリアルと同じように、カラー情報やラフネス情報などを非表示にできるので、布や革などの質感が欲しいときに凹凸情報だけを重ねることがよくあります。

不必要な情報は
オフにする

図5-4-3 マテリアルのプロパティーで質感を設定

Note

「マテリアル」は、木目や肌のシワなど模様やディテールが個性的なものが多いので、特定の表現に向いていると思います。逆に、前節で解説した「スマートマテリアル」は、鉄や革など汎用的なマテリアルが多く、そこから自分でカスタマイズがしやすいです。

どちらも一長一短なので、一通り試してみてください。

5-5 パーティクルブラシの機能

次に、「パーティクルブラシ」という特殊な機能を紹介します。ひとまず下準備として、いつものように塗りつぶしレイヤーを追加して、黒マスクを追加します。色を茶色系にしました。

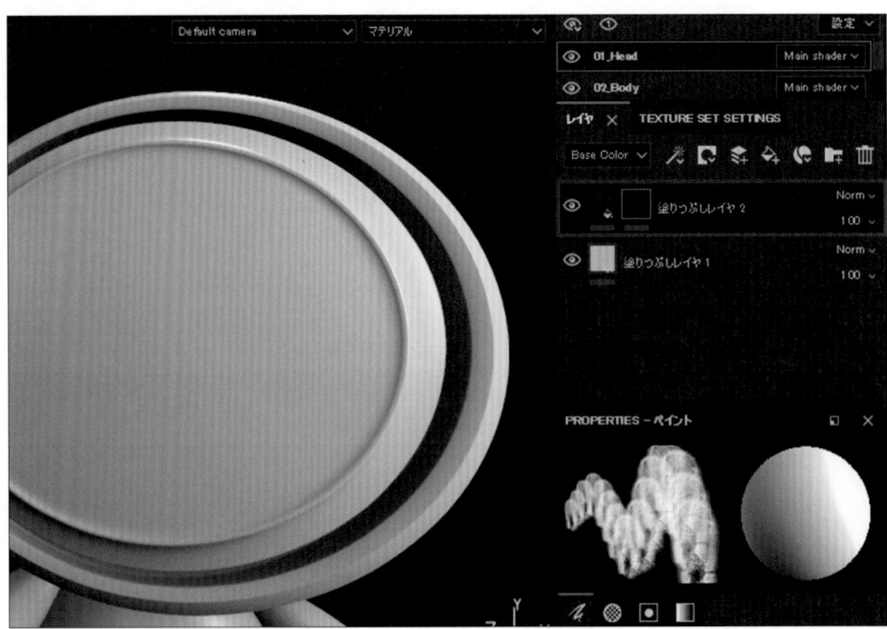

図5-5-1 塗りつぶしレイヤーを追加して、黒マスクを追加

シェルフの「Particles」をクリックしてください。パーティクル、つまり粒子の動きをシミュレートしたブラシを使うことができます。

ここでは、「Burn」というブラシを使ってみました。燃える様子をシミュレートして、オブジェクトの形状に沿ってペイントされたことがわかります。

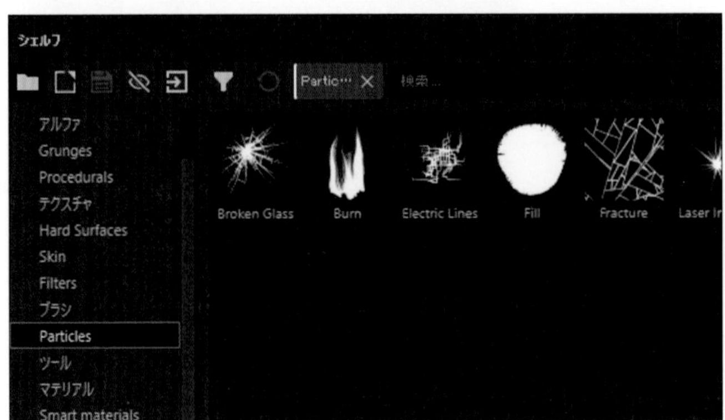

図5-5-2 シェルフの「Particles」から「Burn」ブラシを選択

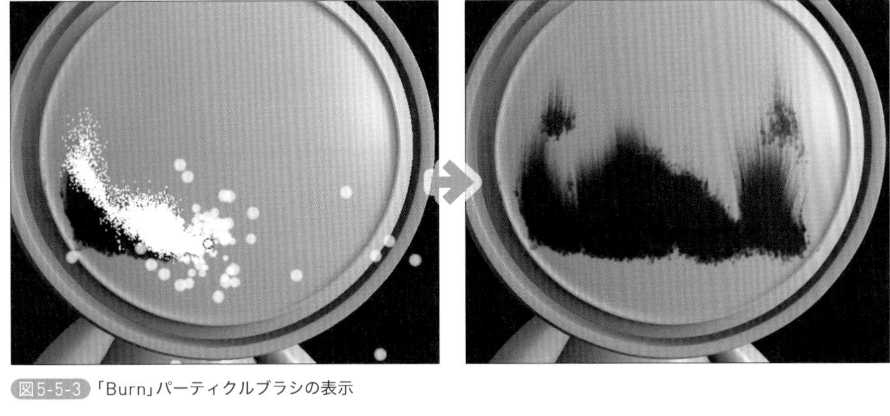

図5-5-3 「Burn」パーティクルブラシの表示

パーティクルブラシもほかのブラシ同様に質感の変更や、カラー情報を非表示にしたりできるのでいろいろと試してみましょう。

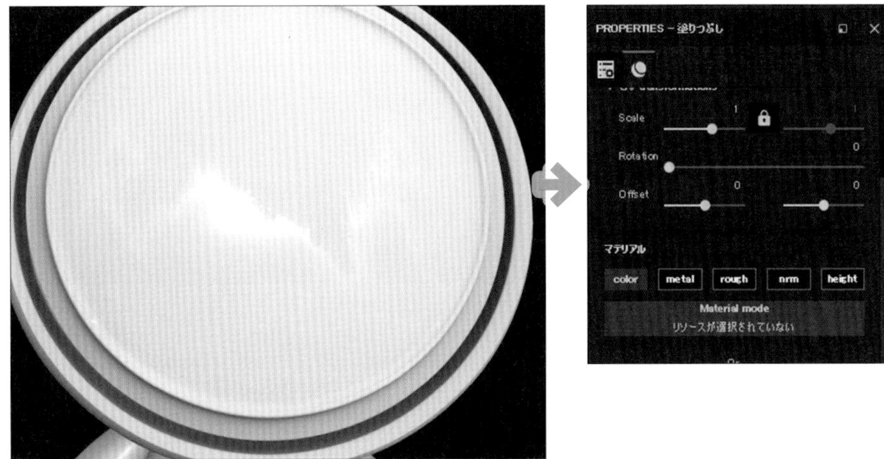

図5-4-4 パーティクルブラシのプロパティーの設定

ほかにも「Leaks（漏れ）」や「Rain（雨）」などの個性的なパーティクルブラシがあります。

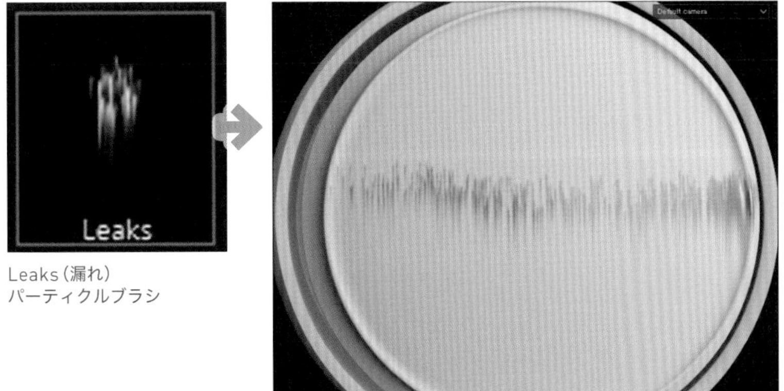

Leaks（漏れ）
パーティクルブラシ

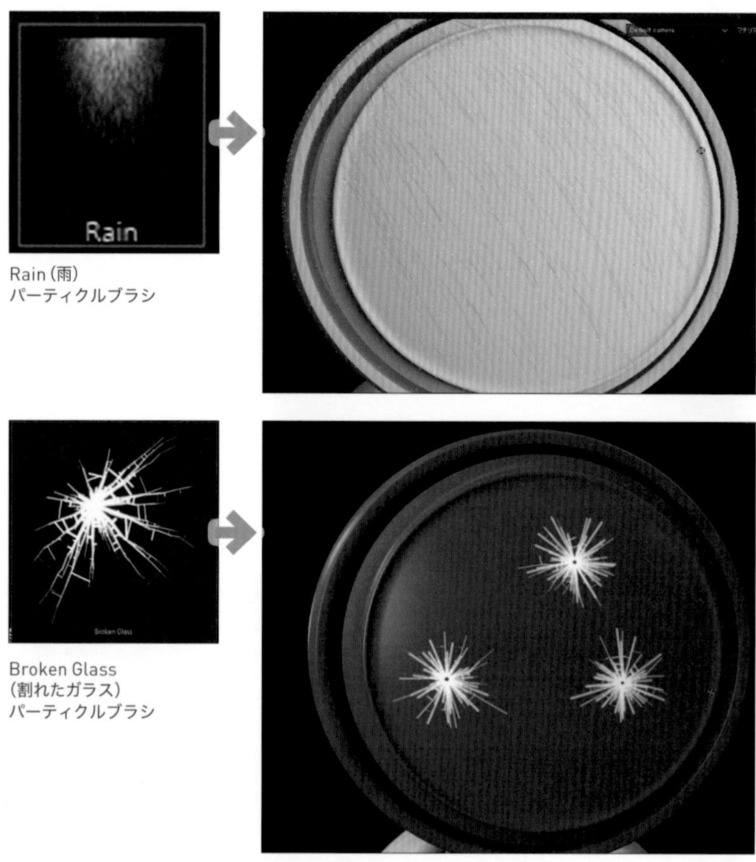

図5-4-5 さまざまなパーティクルブラシが用意されている

パーティクルブラシの見え方は、不透明度や物理パラメーターなどのプロパティーのパラメーターを変更することで、雰囲気がかなり変わりますので、試してみてください。

パーティクルブラシは、基本的にはクセの強いブラシなので、使う頻度はそんなに高くありませんが、ここぞというときに使ってみるとテクスチャの表現力がグッと上がるかもしれません。

表示チャンネルの変更

Substance Painter でペイント作業をする際に、常時ライトで照らされている状態だとペイントしづらいときもあると思います。そんなときは、キーボードの「C」を押して表示チャンネルを変えてみましょう。

設定したチャンネルの増減にもよりますが、「Base」「Color」「Metallic」「Roughness」…といった順に、繰り返し「C」を押すごとに表示が変化していきます。ちなみに、「M」を押すと元のマテリアル表示に戻ります。

ほかにも、チャンネル変更よりは使用頻度少ないかもしれませんが、キーボードの「B」を押すことでベイクしたメッシュマップを表示することができます。こちらも、「M」を押すことでマテリアル表示に戻すことができます。

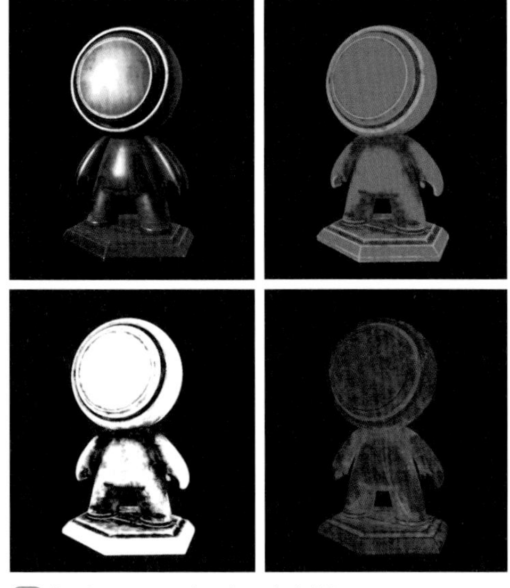

図 「C」キーでチャンネル表示の切り替え

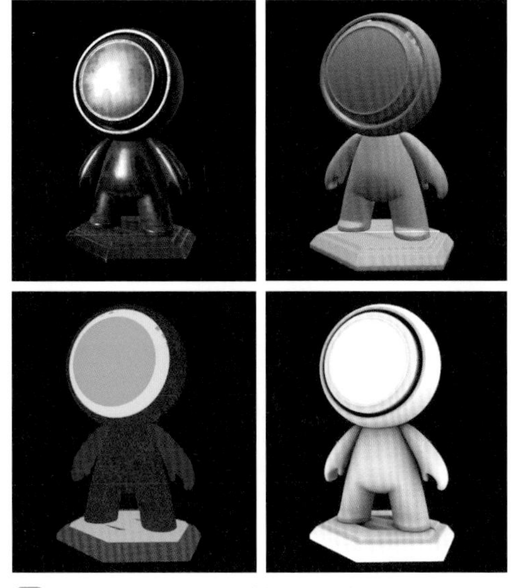

図 「B」キーでメッシュマップ表示の切り替え

入門編

1 2 3 4 5 6 7 8 9 10

ジェネレーターとフィルターの機能

前書の「ブラシ」や「マテリアル」を使いこなすことで、作品のクオリティをアップさせることができますが、Substance Painter には、さらに作品作りに役立つ機能が搭載されています。それは「ジェネレーター」と「フィルター」です。こちらも誌面の関係で、そのうちのいくつかしか紹介できませんが、実際に試してみることで、さまざまな効果を簡単に演出できることに驚くことでしょう。クオリティをさらに向上させるために、ぜひ覚えておきたい機能です。この章で操作を習得してください。

6-1 ジェネレーターとフィルターの特徴

Substance Painter では、代表的な便利な機能としてジェネレーターとフィルターがあります。

ジェネレーターの特徴

ジェネレーターは、オブジェクトの形状や Normal マップを参照して自動で汚れや傷などをつけてくれるのでリアルなテクスチャ制作が従来よりとても楽に、そして高品質になりました。

極端な例ですが、図のように画像のオブジェクトのフチの塗装がはげたようなテクスチャを手描きで描こうとしたら、こんな感じになると思います。手描きで描くと、どうしてもブラシで描いた感じが出てしまいますし、自然に描けたとしても、かなりの時間がかかってしまいます。

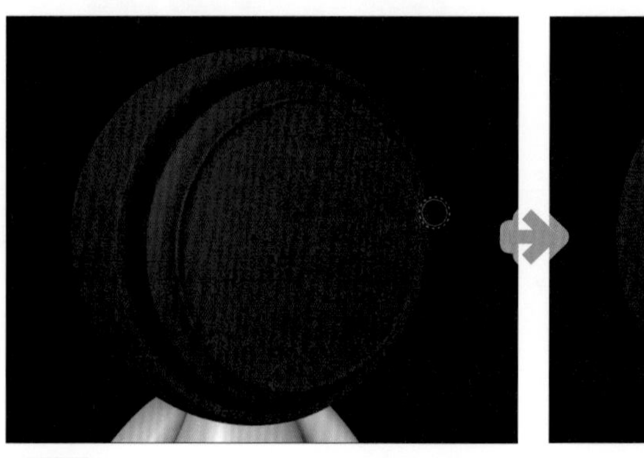

図6-1-1 オブジェクトに手描きで傷を書き込んだ例

そこで、Substance Painter に搭載されているジェネレーター機能を使うと、わずか数秒でこのような自然な仕上がりのテクスチャが表現できるようになります。

図6-1-2 オブジェクトにジェネレーターを適用した例

フィルターの特徴

ジェネレーターはかなり強力な機能ですが、ほかにも「フィルター」というテクスチャ表現の補佐となる機能もあります。

たとえば、図のようにペイントしたとします。ここにフィルターを適用させると、ブラーをかけたり、描いた部分が溝になったり、オイルペイント風にしたり、などが簡単に行えます。このように、ペイントしたものに対してフィルター効果を加える機能が多く用意されています。

図6-1-3 ペイントにフィルター効果を適用した例

ジェネレーターとフィルターのだいたいの機能やイメージがつかめたところで、以降ではそれぞれの機能の使い方と、私がよく使っている機能を何点か紹介していきたいと思います。

注意 ジェネレーターやフィルターを使うためには、事前準備として各種マップを「ベイク」する必要があります。なお、ベイクの詳細は、応用編の 2 章で解説します。

6-2 よく使うジェネレーター

それでは、まずジェネレーターの使い方を解説します。わかりやすくするために、黒系の塗りつぶしレイヤーの上に白の塗りつぶしレイヤーを作り、黒マスクを追加します。

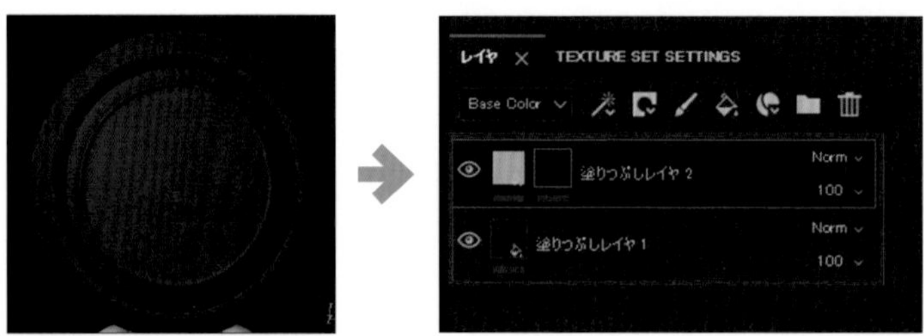

図6-2-1 ジェネレーター確認の準備

次に、マスクの上で右クリックを押し、「Add generator」をクリックします。これで、ジェネレーターが追加されました。プロパティーの「Generator」というボタンを押してください。

図6-2-2 ジェネレーターの追加

すると、図のようにジェネレーターの一覧が出てくるので、「Dirt」を選択してください。オブジェクト全体的にDirtジェネレーターが適用されました。

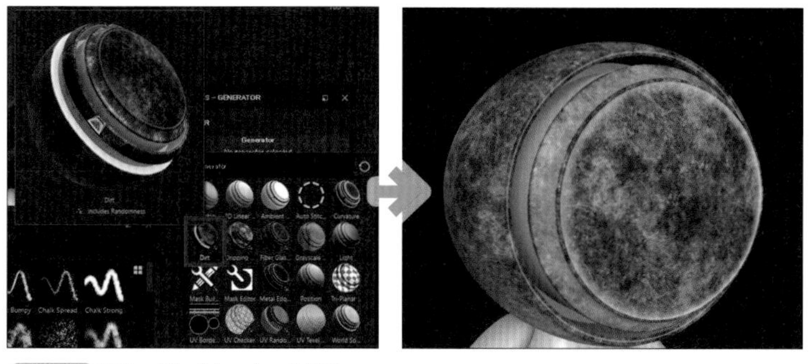

図6-2-3 「Dirt」ジェネレーターの適用

ただし、全体的に汚れがつき過ぎているのでパラメーターを少し調整してみます。スライダーを調整して、汚れのかかり具合を変更してみました。

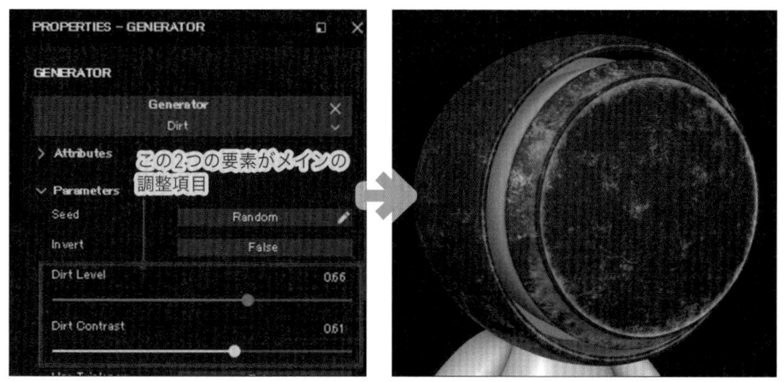

図6-2-4 「Dirt」ジェネレーターのパラメーターの調整

ほかのジェネレーターも紹介します。「Metal Edge Wear」を選択すると、以下の画面右のようなオブジェクトのエッジを検出して、自然にはげていく感じのテクスチャを作成することができます。

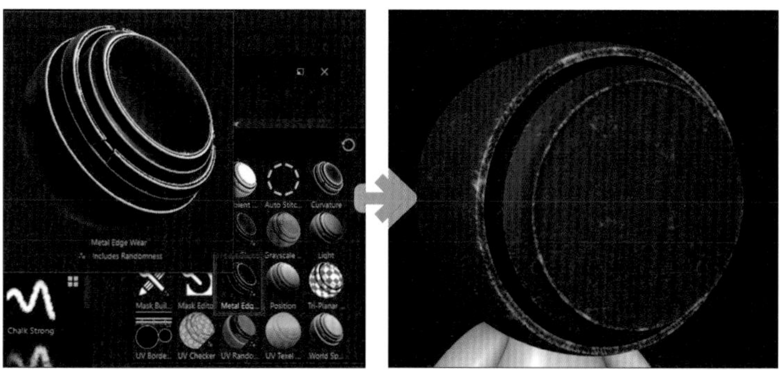

図6-2-5 「Metal Edge Wear」ジェネレーターの適用

もう１つジェネレーターを紹介します。「Dripping Rust」を選択すると、サビの表現が簡単にできます。少しHeightの値を上げて立体感を付けると、よりサビらしさが出るでしょう。

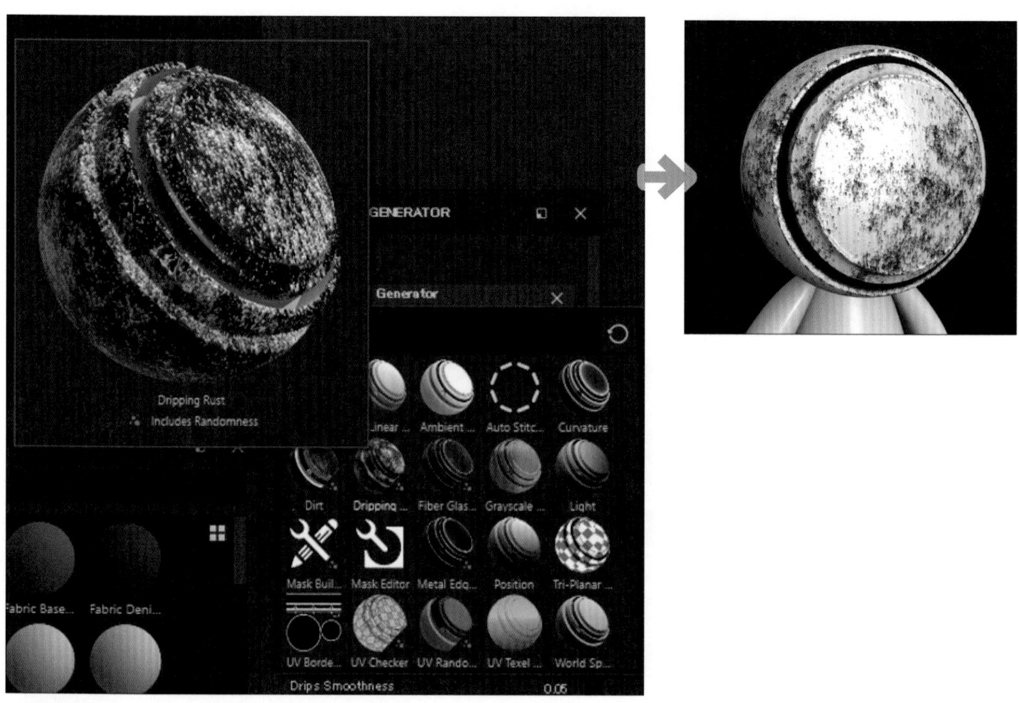

図6-2-6 「Dripping Rust」ジェネレーターの適用例

Substance Painterには、ほかにもいろいろなジェネレーターがあるので試してみてください！

6-3 よく使うフィルター

では、次にフィルターの使い方を解説します。わかりやすくするために、先ほどと同様に、黒系の塗りつぶしレイヤーの上に白の塗りつぶしレイヤーを作り、黒マスクを追加します。

シェルフのアルファから「Logo Painter」というアルファを選択しました。スタンプを押すように、ポンッとテクスチャを追加できました。これで準備は完了です。

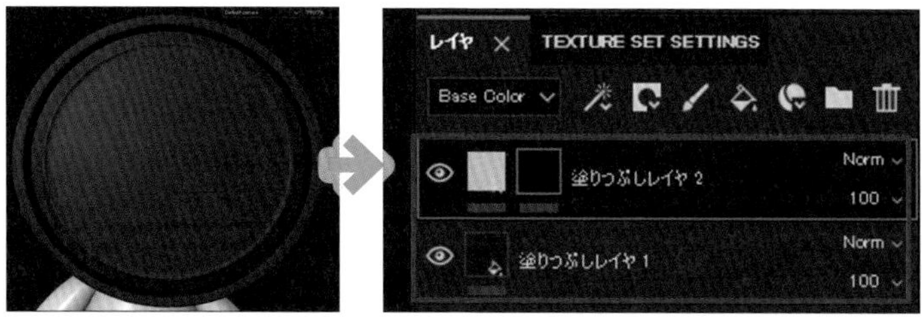

図6-3-1 フィルター確認の準備

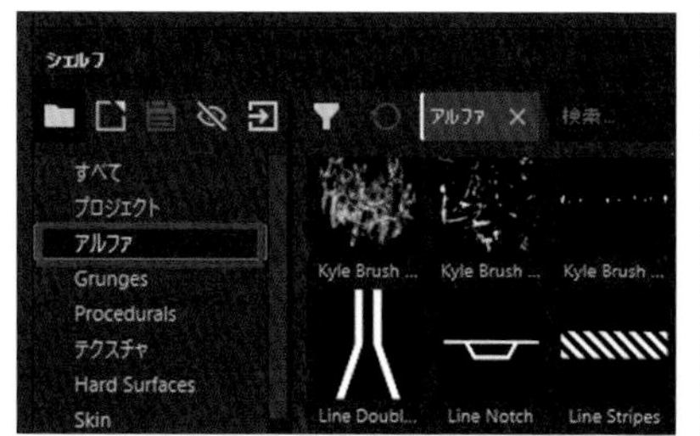

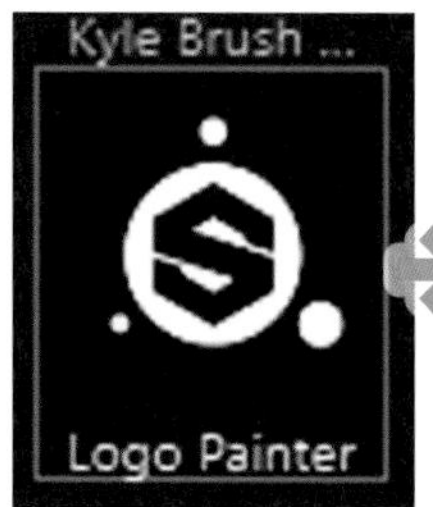

図6-3-2 アルファでロゴを追加して準備完了

ジェネレーターを追加したときと同じように、マスクを右クリックして、今度は「Add filter」を選択します。続いて、「フィルタ」のボタンを押すと、図のようにフィルターの一覧が表示されます。ここでは、「Blur」を選択しましょう。

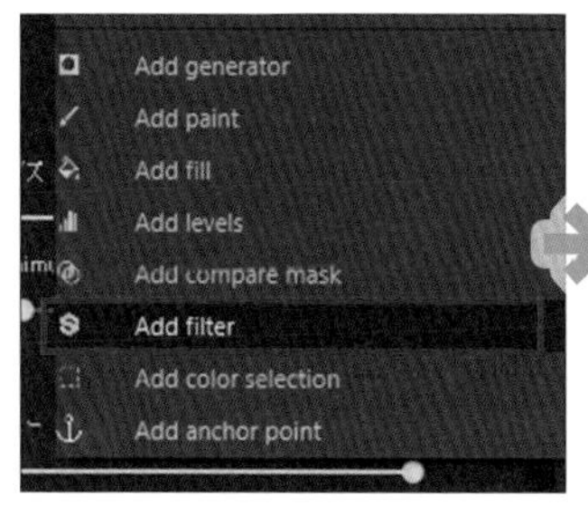

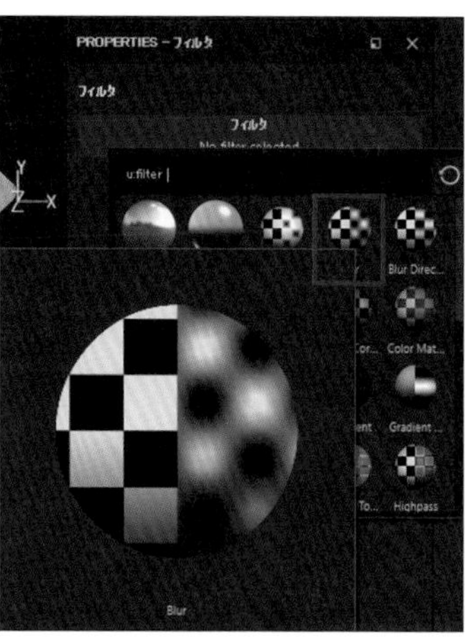

図6-3-3 「Blur」フィルターを適用

スライダーを調整して、ブラーのかかり具合が変更できました。

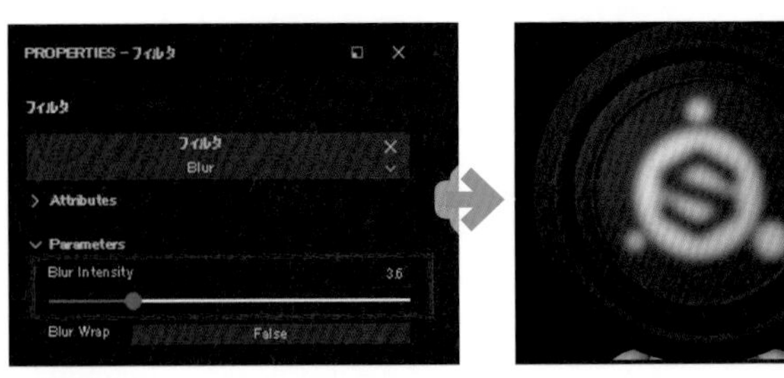

図6-3-4 ブラーのかかり具合の調整

ほかのフィルターも紹介していきます。準備として、先ほどのブラーと違い、今度は空のレイヤーを使って描いてください。

オブジェクト表面に線を描いてほしいのですが、直線を描くコツとして「クリックしたあとに、次の角になるところでShiftを押しながらクリックする」と、始点と終点を結ぶ直線を描くことができます。

図6-3-5 空のレイヤーを追加し、直線を描く

線を描き終わったらフィルターを追加して、「MatFx Shut Line」を選択します。このフィルターを適用すると、線を描いた部分を溝にしてくれるので、簡単なスジ彫りであればZbrushなどでスカルプトしなくても、Normalマップ変換ができるようになります。

図6-3-6 「MatFx Shut Line」フィルターを適用

もう１つフィルターを紹介します。空のレイヤーに対してフィルターを追加して、「MatFinish Powder Coated」を選択します。

このフィルターを含む「MatFinish ○○」のシリーズでは、Normal マップでディテールを作るフィルターなので「Normal」と「Height」以外は外しておきましょう。

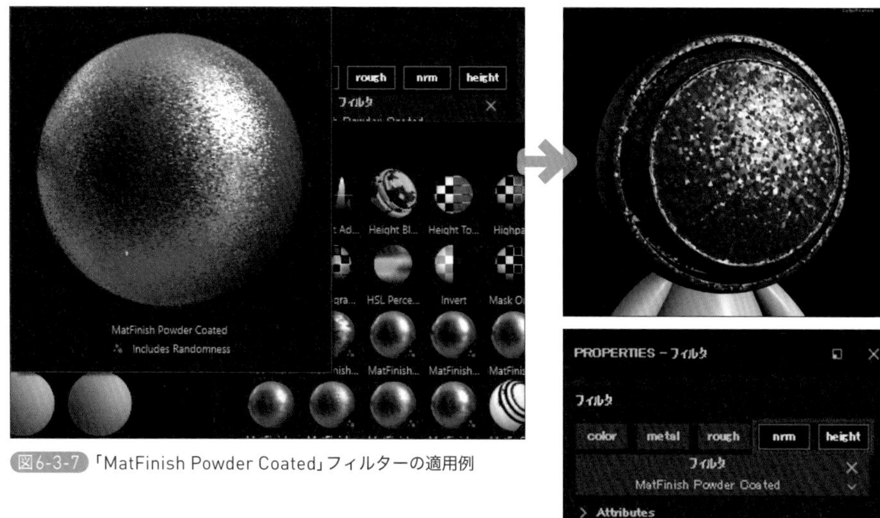

図6-3-7 「MatFinish Powder Coated」フィルターの適用例

スケールを調整することで、金属面に塗装されたパウダーコート風にペイントすることができ、表現力アップに一役買ってくれます。ほかにも「MatFinish ○○」シリーズは使い勝手がよいので、試してみるとよいでしょう。

Substance Painter には、ほかにもいろいろなフィルターがあるので試してみてください！ Photoshop を使ったことがあれば、ドロップシャドウやオイルブラシなどの馴染みのあるフィルター効果が多数見つかると思います。

図6-3-8
「MatFinish○○」フィルターで、さまざまな塗装の質感を表現できる

> **Note**
>
> 以下の点を覚えておきましょう。
>
> - **ジェネレーターは、黒マスクに適用する**
> - **フィルターは、基本的に空のレイヤーに適用する（ブラーなど例外も一部あり）**

IDマップとアンカーポイントの機能

入門編の最後に、ペイント操作をより効率よく行うための「IDマップ」と「アンカーポイント」について紹介しておきます。これで入門編は終わりになりますが、入門編で取り上げた機能をマスターするだけでも、これまで以上に高品質な作品を効率よく作り出せるようになります。自分が作ったモデルで入門編の操作を参照してトライ&エラーをしてみると、さらにSubstance Painterの理解が深まるでしょう。Substance Painterは奥が深いソフトなので、試行錯誤をしておくことが、現場での仕事でも役立ちます。

7-1 IDマップの使い方

Substance Painterでは、マスクをていねいに塗り分けるための機能として3章で解説した「Polygon Fill」のほかにも「IDマップ」という機能があります。ここでは、その使い方を解説します。

まずは、準備としていつものように、塗りつぶしレイヤーを用意して黒マスクを適用してください。

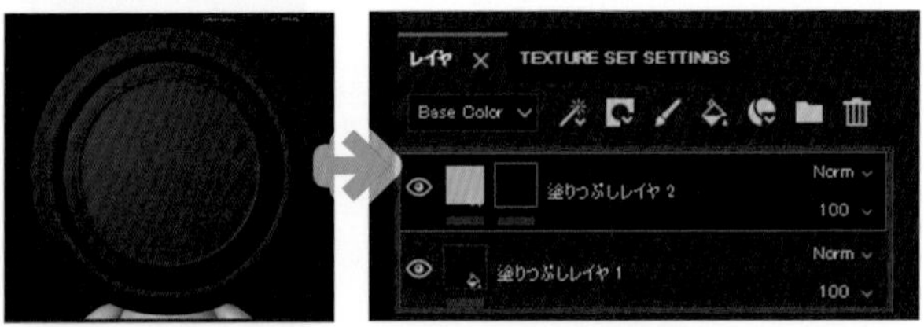

図7-1-1 塗りつぶしレイヤーを用意して黒マスクを適用

マスクの上で右クリックして、「Add color selection」を選択します。プロパティーの表示が図のように変わりました。「Pick color」を押すと、図の右のようになります。

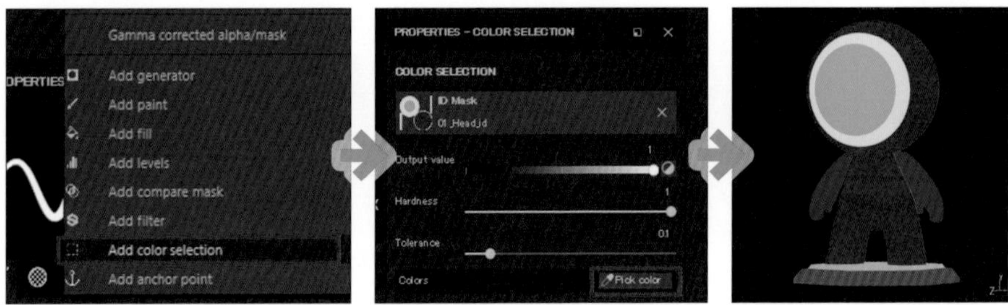

図7-1-2 「Add color selection」から「Pick color」を選択

事前にセットしておいたIDマップに沿って、オブジェクトがカラーで表示されました。自分がマスクとして選択したい範囲の色をクリックしましょう。今回は、例として緑色部分をクリックします。すると図のようにクリックした部分が、白マスクされて表示されました。

図7-1-3
色を選択すると、その部分に白マスクが適用される

注!意　IDマップ機能を使うためには、事前にTEXTURE SET SETTINGSで、IDマップをベイク、または外部からテクスチャを読み込んでセットしておく必要があります。なお、ベイクの詳細は、応用編の2章で解説します。

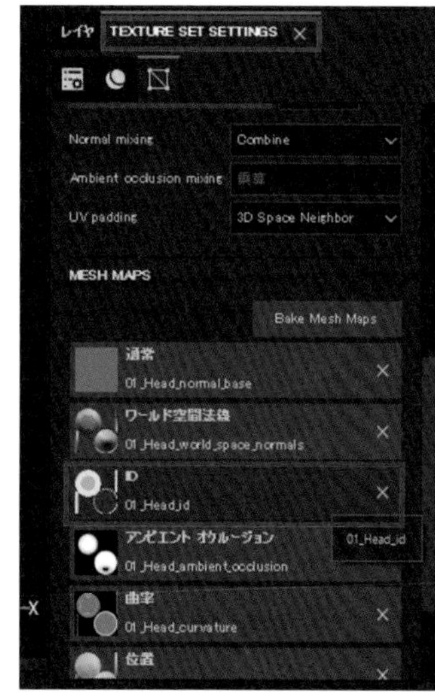

7-2 アンカーポイントを活用したジェネレーターの応用

アンカーポイントは、新規に追加したノーマルマップのスタンプに、ジェネレーターなどを適用したいときに便利な機能です。

解説のために、まずは「Steel Painted Rough Dameged」というスマートマテリアルを設定しました。

図7-2-1 オブジェクトに「Steel Painted Rough Dameged」スマートマテリアルを設定

「Steel Painted Rough Dameged」のフォルダを調べてみると、一番上の「Metallic Paint」というレイヤーでエッジのはげを制御していることがわかりました。

図7-2-2 「Steel Painted Rough Dameged」スマートマテリアルの構成を確認

エッジのはげを制御しているMetallic Paintレイヤーの下の階層に、新規レイヤーを追加します。さらに、新規レイヤーの上で右クリックし、「Add anchor point」をクリックしてアンカーを追加しましょう。

そしてプロパティーのNormalに、シェルフのHardSurfaceから何かドラッグしてきてください。

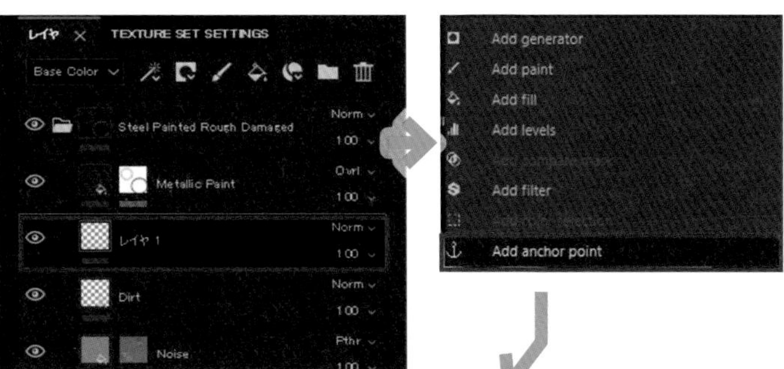

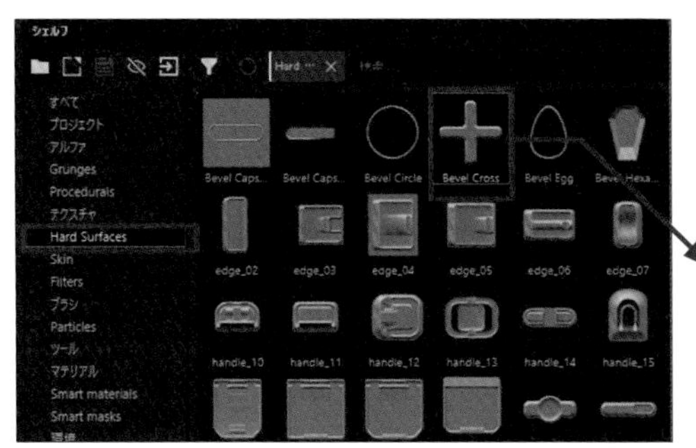

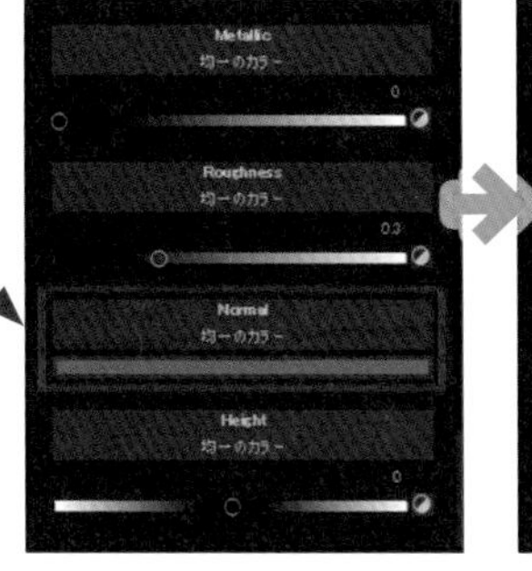

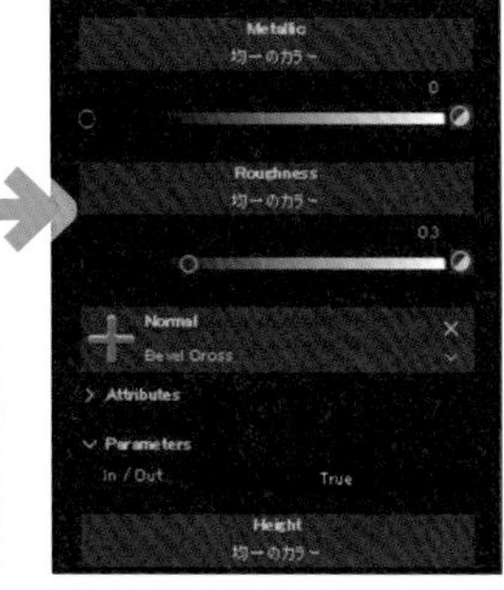

図7-2-3 新規レイヤーを追加し、そこにアンカーを追加

そのままオブジェクトにペイントしてみると、図の左のようになりました。ノーマル以外のチャンネルが邪魔なので、プロパティーでオフにしておきましょう。

不要なチャンネルをオフにして、再度ペイントし直してみると図の右のように、凹凸情報だけが追加されました。これで準備 OK です。

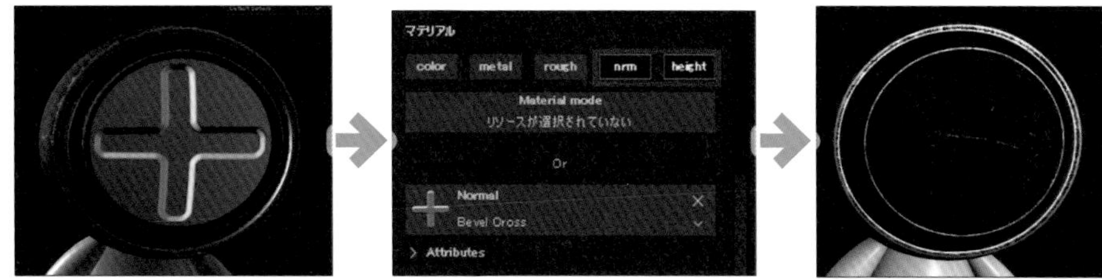

図7-2-4 プロパティーでノーマル以外をオフにして再度ペイント

エッジのはげを制御している Metallic Paint レイヤーの一番下にある「mg_mask」ジェネレーターを選択すると、プロパティー画面が図のように変わります。

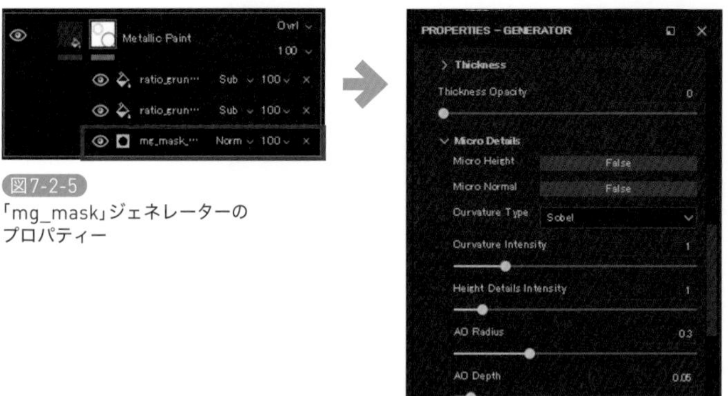

図7-2-5
「mg_mask」ジェネレーターのプロパティー

「Micro Details」という欄で「Micro Normal」をクリックしてTrueにしておいてください。これで、Normalマップに反応するようになります。さらに下にスクロールすると、「Micro Normal」という欄があるので、図の赤枠部分をクリックします。

図7-2-6
「mg_mask」ジェネレーターのプロパティーのノーマルの設定

リソースを選択する画面が開くので、タブの「ANCHOR POINTS」を選択すると、先ほど新規レイヤーで設定したアンカーポイントが表示されています。これを選択しましょう。これで、ジェネレーターと新規レイヤーのNomalが紐づきます。

最後にReferenced channelをBaseColorから「Normal」に変更しておきます。

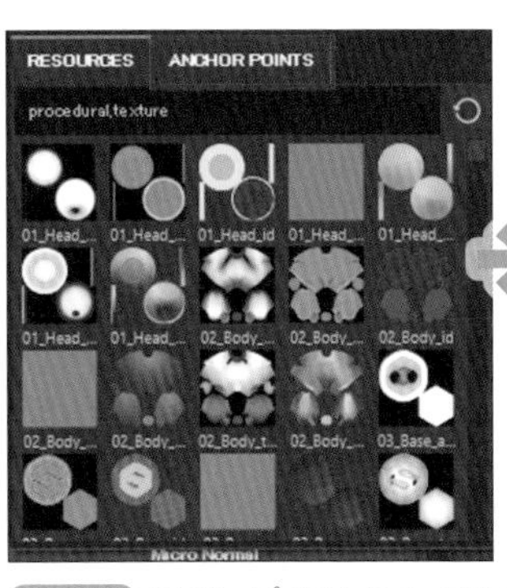

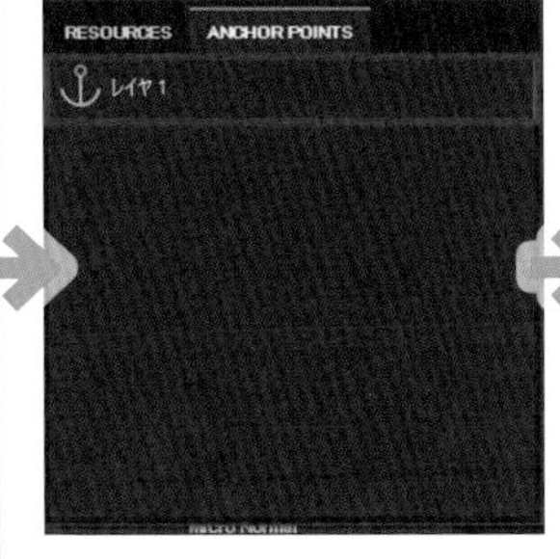

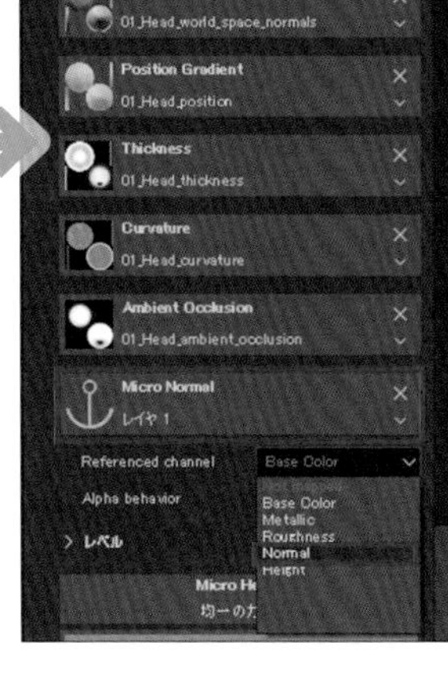

図7-2-7 アンカーポイントとノーマルの紐づけ

これで、手続きがすべて終了しました。次の図のように新しく追加した十字のNormalにもジェネレーターが適用されました。

少し手順が多く混乱したかもしれませんが、1つずつ設定していけば、Substance Painter上で追加したノーマルマップにもジェネレーターを適用することができるので、うまく活用していきましょう！

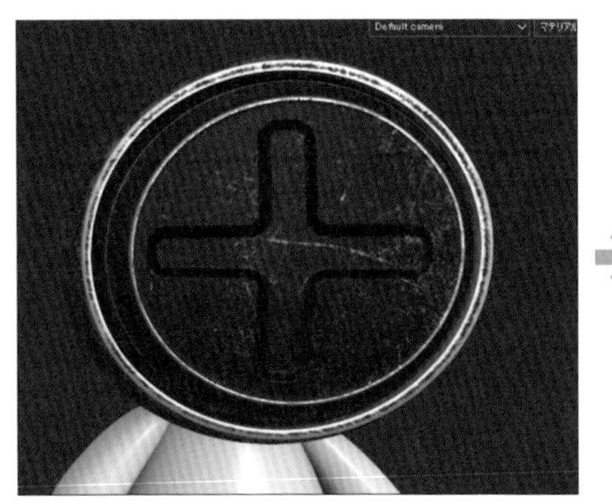

図7-2-8 追加したスタンプにも、ジェネレーターが適用された

応用編

鬼木 拓実［作例・解説］

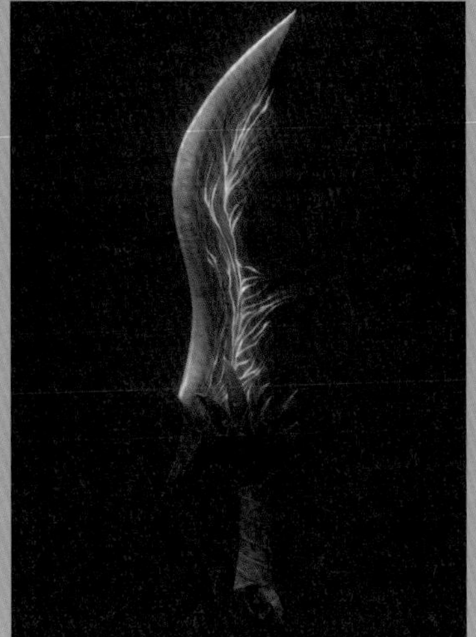

応用編 CHAPTER 1

モデルのインポート

入門編では、付属しているサンプルモデルを使って、機能の概要や操作を解説しました。Substance Painter は、3D モデルをペイントするソフトなので、実際には Maya などのモデリングソフトで作成したモデルデータを読み込む必要があります。この章では、Substance Painter で利用しやすくするためのモデルの準備の方法や、モデルデータのインポート時のさまざまなオプションの詳細を解説します。また、2020 2.0 バージョンから正式対応となった「UDIM」についても紹介します。

1-1 外部で作成したモデルの読み込み

まずは、ペイントするモデルデータを読み込むために、メニューから「ファイル→新規」を選択します。すると、右のような画面が開きます。各項目の機能は、以降で解説します。

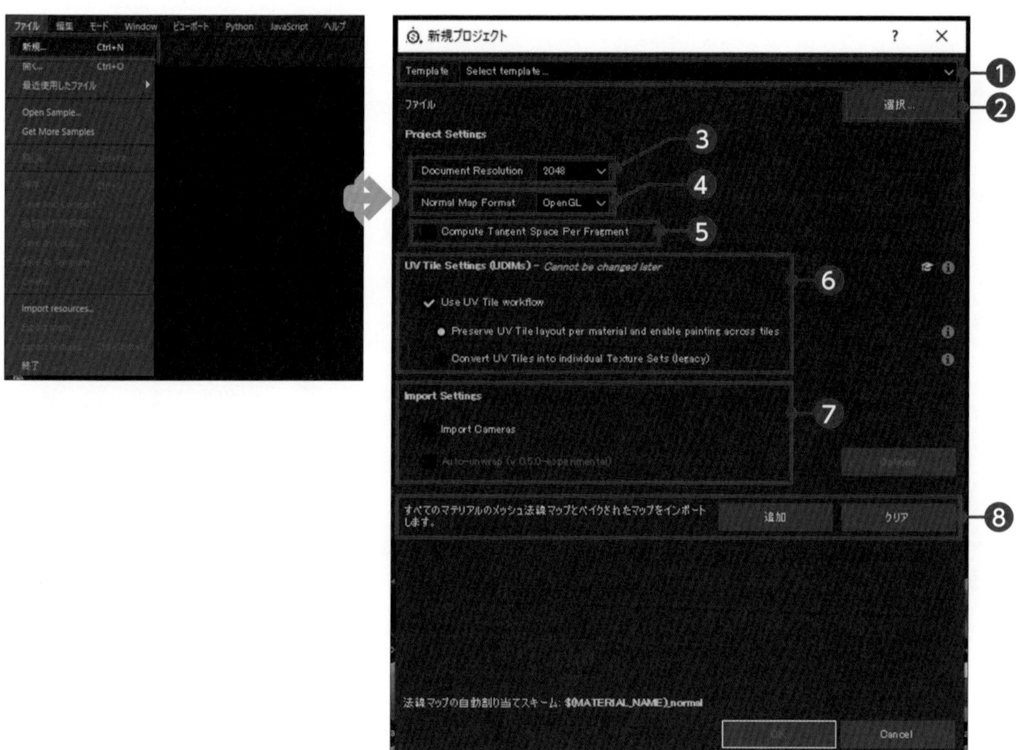

図1-1-1 新規プロジェクトのダイアログ画面

❶ Template

Template では、最終出力先のゲームエンジンやレンダラーなどに最適化されたテンプレート設定を選択できます。読み込み時には変更せずに、Export 時でも設定できるので、最初に設定しなくても問題ありません。

❷ Mesh

Select を押し、ペイントするメッシュデータを読み込みます。基本的に「FBX」、または「OBJ」データを用意してください。

❸ Document Resolution

作業したいテクスチャの解像度を決めることができます。Subsutance Painter は、後からでも解像度を劣化なく変更できるので、最初は最終出力予定より低い解像度でも問題ありません。

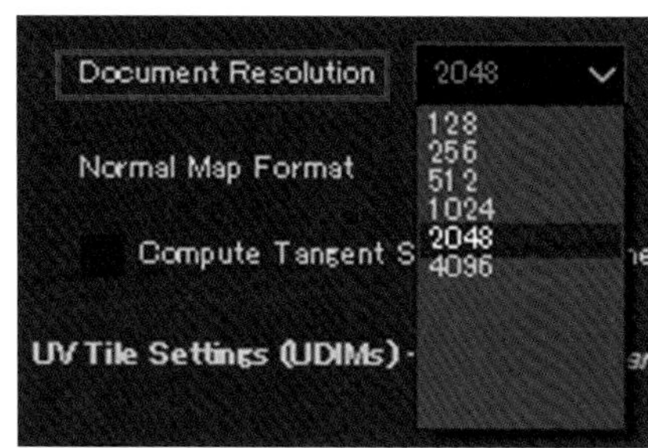

図1-1-2 Document Resolutionのプルダウンメニュー

❹ Nomal Map Format

ノーマルマップのフォーマットを「OpenGL 環境」で使うのか「DirectX 環境」で使うのかを選択します。凹凸情報が反転することになるので、適切なノーマルマップを作成しなければいけません。

図1-1-3 Nomal Map Formatのプルダウンメニュー

> 代表的な OpenGL 環境のソフト
> Maya（デフォルトの場合）、Unity、Toolbag3、など
> 代表的な DirectX 環境のソフト
> Unreal Engine4、など

これ以外のソフトでどちらの形式かわからない場合は、ひとまず OpenGL 形式で作成してみてノーマルマップが反転しているように感じたら、G チャンネルを諧調反転すれば DirectX 形式と同じノーマルマップになるので試してみてください。また、Export 時にも変換することができます。

❺ Compute tangent space per fragment

チェックを有効化すると、ベイクが頂点シェーダーの変わりにピクセルシェーダーで計算されます。すごく簡単に言うと、Unreal Engine4 を使うときは有効にして、Unity を使うときは無効（チェックを外す）でよいようです。

ほかの DCC ツールについては、公式サイトにも特に記載が見当たらなかったので、UE4 を使うとき以外は特に気にしなくてよい項目かもしれません。

❻ UV Tile Settings（UDIMs）

チェックを有効にすると、UV を使ったワークフローでテクスチャ作成を行います。基本は、Maya などで UV 展開した FBX データを読み込むことになると思いますので、その場合はチェックしてください。

Preserve UV Tile layout per material and enable painting across tiles
マテリアルごとに UV タイルレイアウトを保持し、タイル全体のペイントを可能にする

こちらにチェックを付けて読み込むと、UDIM で全体的に同時にペイントできるので、複数の UV タイルを保ったままペイントすることが容易にでき、より高解像度のペイントが可能になります。なお、UDIM について詳しくは、この章の最後の節で解説しています。

読み込んだモデル

UV展開した画面

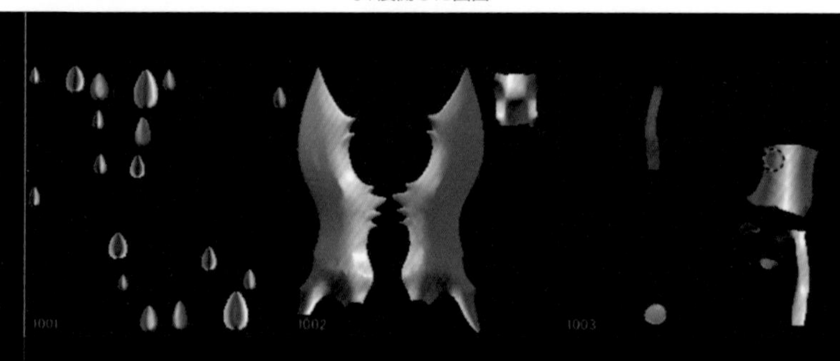

図1-1-4 複数のUVタイルを保持

図 1-1-5 のように、TEXTURE SET LIST が 1 つだけなので、UV が別れていても同時に跨いでペイントできるということです。

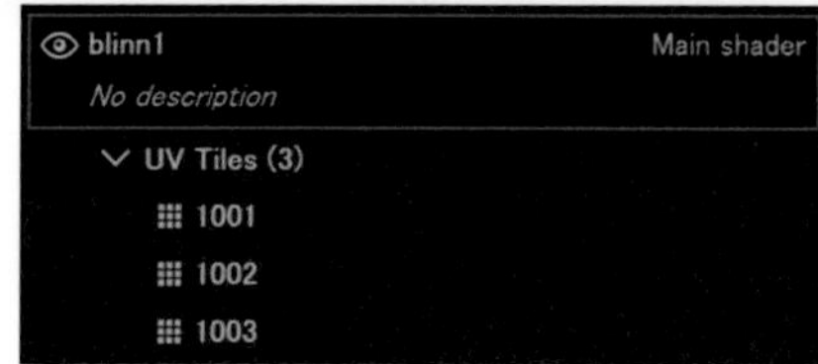

図1-1-5 TEXTURE SET LISTの設定

Convert UV Tiles into individual Texture Sets（legacy）
UV タイルを個別のテクスチャセットに変換（旧機能）

こちらにチェックを付けて読み込むと、UDIM が個別のテクスチャセットに分離されるので、UV を跨いでペイントすることができなくなり、個別にペイントする必要があります。

以前のバージョンでの UDIM ペイントの仕様なので、基本的にこちらの設定を使うメリットは特にありません。

Note UV 展開済みのデータを読み込む際の注意点については、入門編 3 章の最後のコラムでも解説しています。そちらも合わせて確認してください。

読み込んだモデル

UV展開した画面

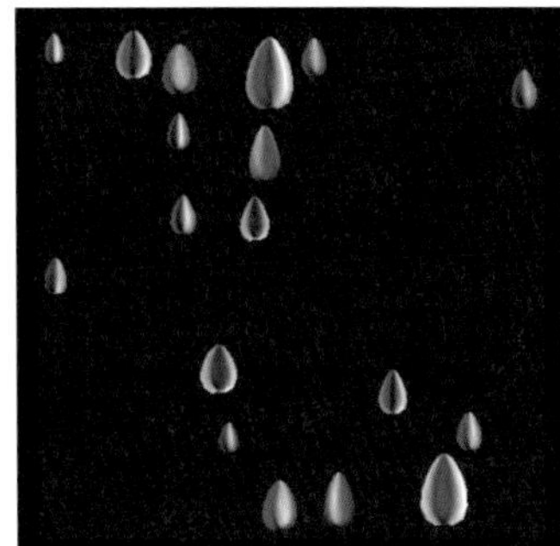

TEXTURE SET LISTの設定

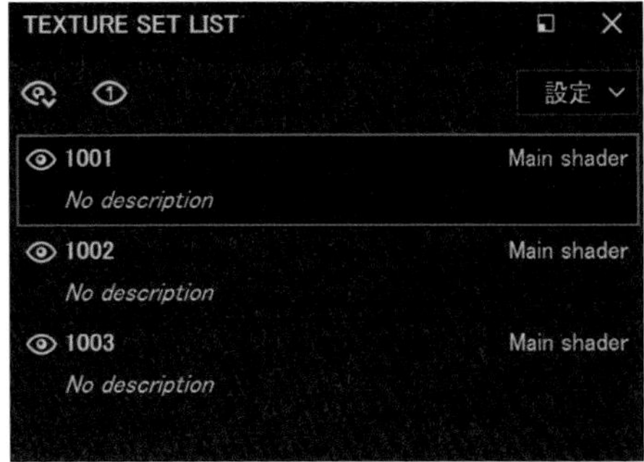

図1-1-6 UVタイルを個別に保持

UDIMを使わない場合

ゲーム系案件のように、使えるテクスチャ容量に限りがある場合は、UDIMを使わないケースもあると思います。その場合は、1つのUVに収めておけば問題なくペイントできます。図の上のように設定して読み込むと、下の図のようになります。

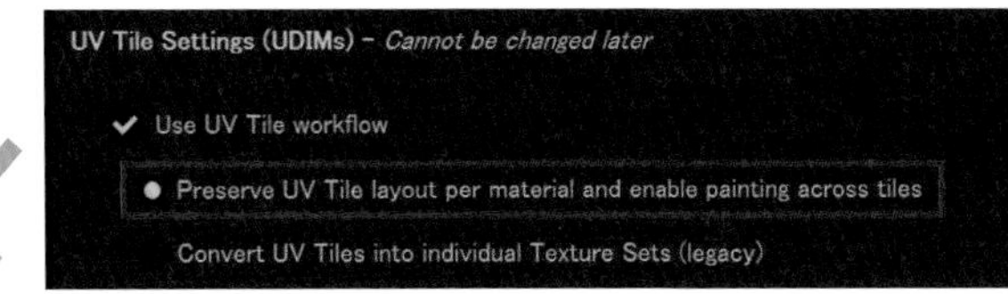

読み込んだモデル

UV展開した画面

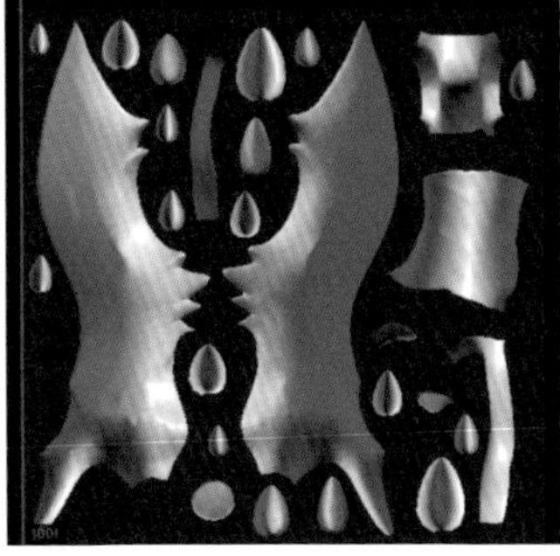

TEXTURE SET LISTの設定

TEXTURE SET LIST
設定
blinn1 Main shader
No description
UV Tiles (1)
1001

図1-1-7 UDIMを使わない場合の読み込み

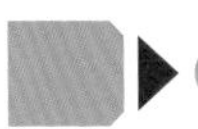

❼ Import Settings

設定の各項目には、以下のような機能があります。

Import Cameras

メッシュファイルにカメラを含んだFBXを書き出した場合、この項目にチェックを入れることで、外部のDCCツールで設定したカメラの描画範囲、画角などを維持したままSubstance Painter内に読み込むことができます。

これにより、3Dビュー内にあるカメラの項目で、読み込んだカメラを選択できるようになります。

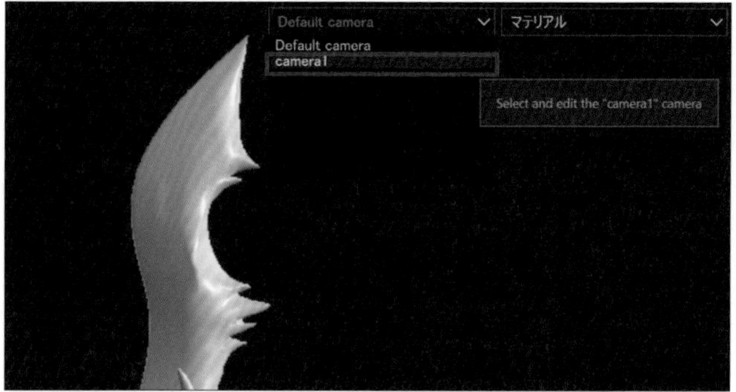

図1-1-8 読み込んだカメラの選択

Auto-unwrap

チェックを入れて読み込むと、UV 展開していないメッシュデータでも Substance Painter 上で自動で UV 展開してくれます。この機能を使う場合は、「Use UV Tile work flow」のチェックは外してください。

Option ボタンをクリックすると、以下の画面が開きます。項目の設定を「Recompute all」にするとすべてのメッシュに対して UV アンラップが適用されるので、ひとまずこの設定にして OK を押しましょう。

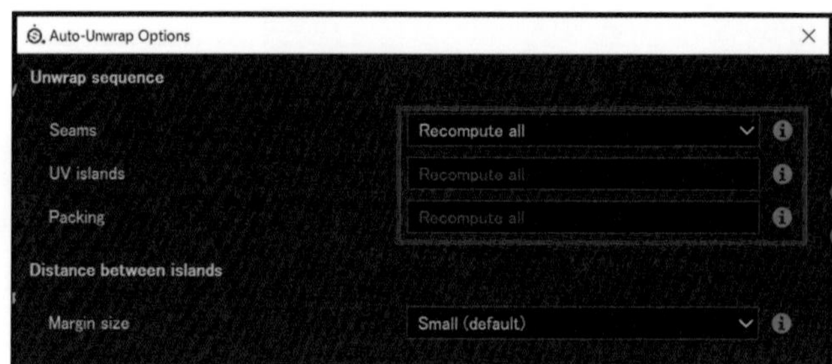

図1-1-9 Auto-unwrap Optionsのダイアログ画面

自動で次の画面のように UV 展開がされました！

ただ、自動で UV 展開ができるとはいえ、基本的には外部の DCC ツールで適切な UV 展開をしたほうが、よりクオリティの高いテクスチャは作りやすいので、できれば UV は開いた状態で読み込みましょう。

読み込んだモデル

UV展開した画面

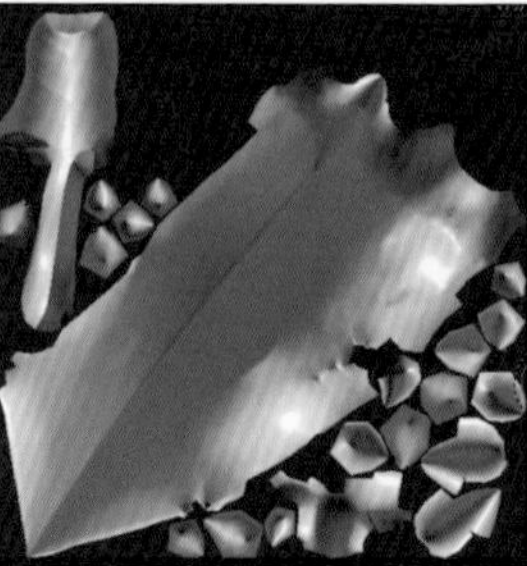

図1-1-10 Substance Painterでの自動UV展開

❽すべてのマテリアルのメッシュ法線マップとベイクされたマップをインポートします。

こちらの項目で「追加」ボタンを押すことで、事前に外部ツールでベイクしておいたテクスチャデータをいっしょに読み込むことができます。なお、この時点で追加しなくてもあとから自由に追加できます。

以上で、メッシュデータのインポートオプションについての解説は終わります。最初は項目が多くて混乱すると思うので、この章の解説を参考にしてみてください！

1-2 インポートするモデル側の準備

インポートするモデルを書き出す際にも、考えておかなければいけないことがあるので解説します。今回は、Maya でモデル作成した場合の例で説明しますが、恐らくほのDCC ツールでも同じような手順で間違いないと思います。

次の画面のようなモデルデータを用意しました。なお、割り当てているマテリアルはblinn が 1 つだけです。

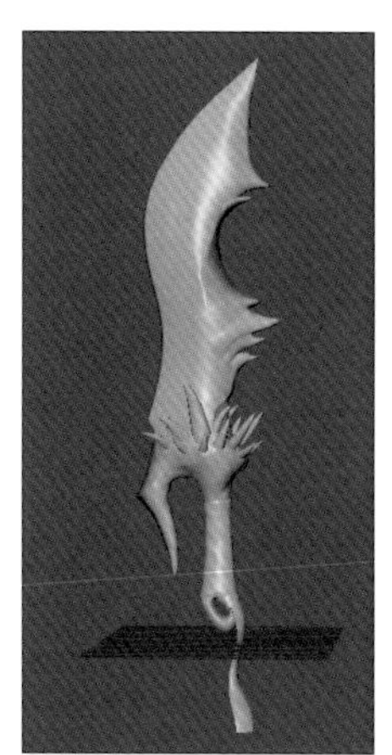

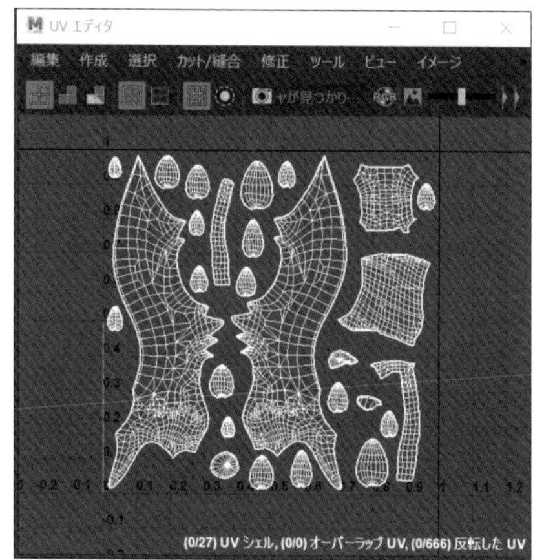

図1-2-1 Mayaで作成したモデルとUV

このデータを FBX で書き出し、Substance Painter で読み込んだところ、次の画面のようになりました。Maya で付けていたマテリアル名（今回は blinn）がそのまま TEXTURE SET LIST の名称になっていて、すべてのメッシュを跨いでペイントすることができます。

読み込んだモデル　　TEXTURE SET LISTの設定

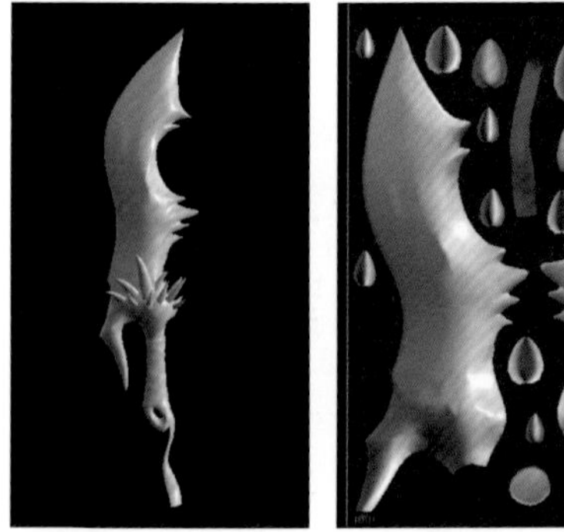

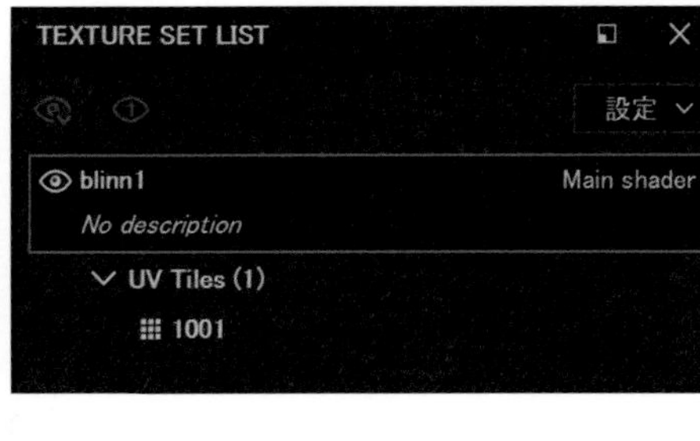

図1-2-2 Substance Painterでの読み込み

次に、刀身部分だけ違うマテリアルを割り当てたメッシュデータをFBXで書き出して、Substance Painterに読み込んでみます。

すると、画面のようにMayaでマテリアルを分けた分TEXTURE SET LISTが増えて、分離してペイントできるようになりました。

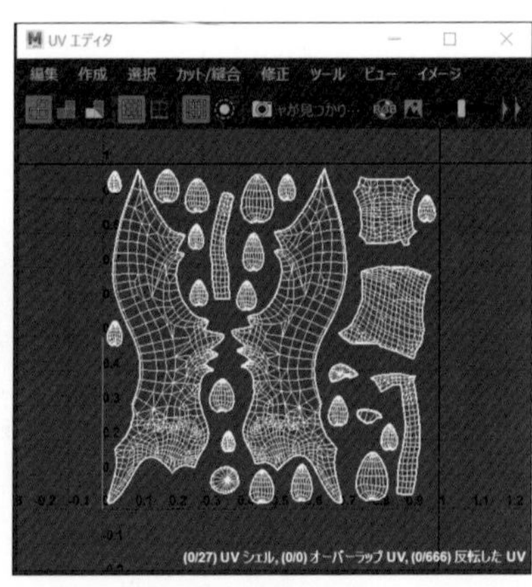

読み込んだモデル　UV展開した画面　TEXTURE SET LISTの設定

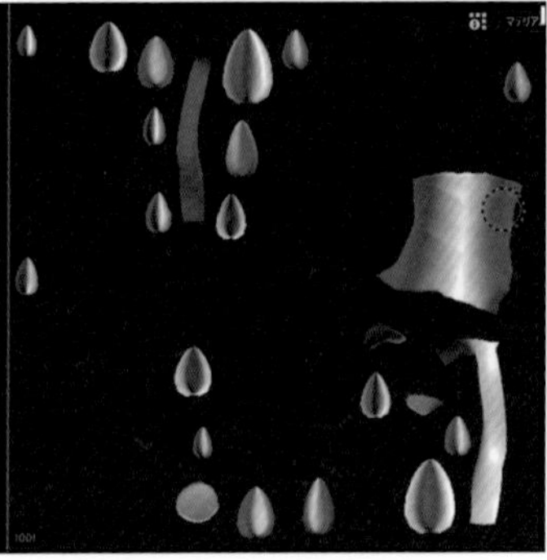

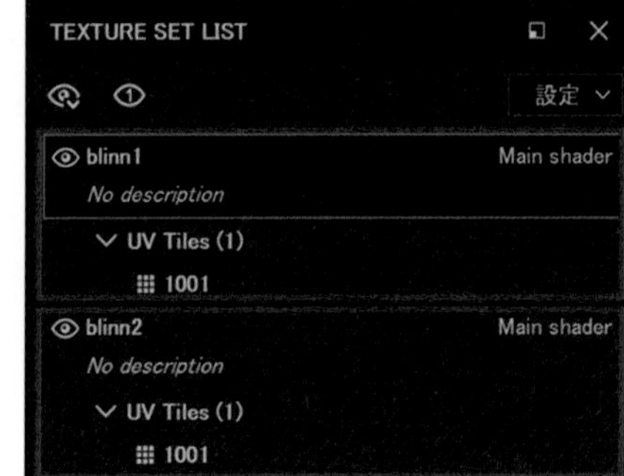

図1-2-3 複数のマテリアルを割り当てたモデルを読み込んだ場合

たとえば身体と服のように、重なる部分だと見えなくて困るので分離してペイントしたい、などといったケースはあると思います。その際は、ここで解説したように、事前にマテリアルを複数割り当てたデータを読み込むようにしましょう。

1-3 UDIMの機能

さて、先ほどからUDIMという単語が何度か出てきましたが、MayaのようなDCCツール側ではどんな準備が必要なのかを解説しておきます。

まずUDIMとは、座標をオフセットしてタイル化したUVマップを使って、シェーダー1つでオブジェクトに対して複数のテクスチャを使えるシステムのことを言います。UDIMを使うメリットは、以下のとおりです。

- 複数枚のテクスチャを1枚として管理できるので、シェーダー数の削減につながり、レンダリングコストが下がる
- 高解像度のテクスチャを何枚も割り当てることができるので、クオリティが上がる

ただし、今のところはゲームの仕事をしていて使用されている場面をまだ見たことがなく、高解像度のテクスチャをふんだんに使うことができる映像業界で使用するケースのある技術だと思います。

UDIMの作例として、次の画面のように1つのオブジェクトのUVの枠を複数に分けて展開しました。

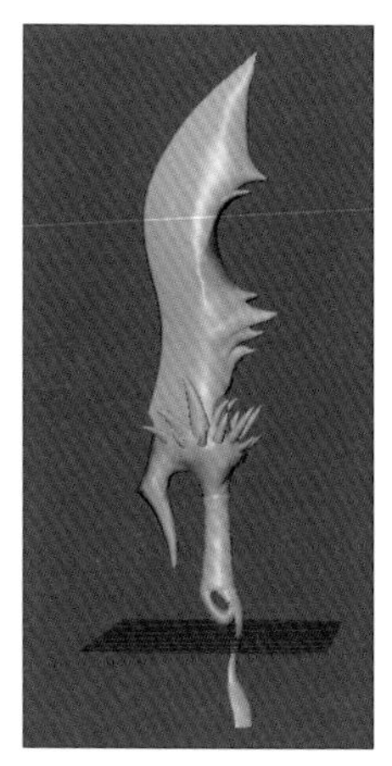

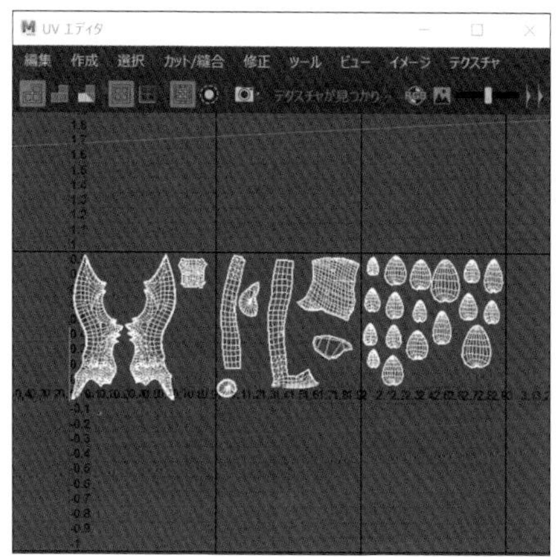

図1-3-1 Mayaで作成したモデルとUV

UVの枠を引いて見てみると、次ページの図1-3-2の左画面のようになっています（多分Maya以外でも同様）。U軸とV軸で座標があるのですが、基本的に右上の枠、つまりU軸、V軸ともにプラス方向に配置しなければいけません。

ちなみに、配置は次の右画面を参考に、左から右に 10 個まで配置でき、それ以上は一段上がって左から右、という順番で 100 個枠があります。

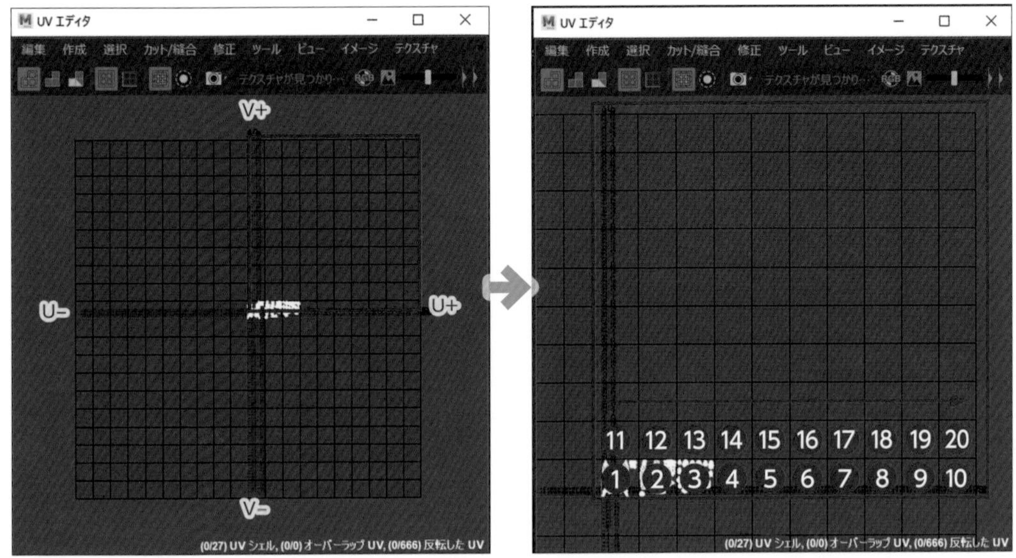

図1-3-2 UVの配置

ハイメッシュを使ったベイク作業

前章で読み込んだモデルデータを活用するためには、「ベイク」という操作が必要になります。この章では、ベイクのオプションや各種メッシュマップの詳細について解説します。それぞれに多くの設定があり内容も複雑なので、一度にすべてを理解することは難しいでしょう。基本的にはデフォルトでやってみて、問題がある場合に調整を行ってください。なお、8章で解説していますが、Mayaやほかのツールで「Normalマップ」や「AOマップ」などが作成済みであれば、それらを読み込んで活用することも可能です。

2-1 ベイクオプションの機能

Substance Painterにメッシュを読み込んだら、まずはベイクという作業が必要になります。この節では、これらのオプションについて解説していきます。

まずは、レイヤーの隣のタブにある「TEXTURE SET SETTING」を開きます。少し下にスクロールして、「Bake Mesh Maps」ボタンをクリックしてください。ベイクメニューの画面が表示されます。以降では、この画面の重要な部分を中心に解説します。

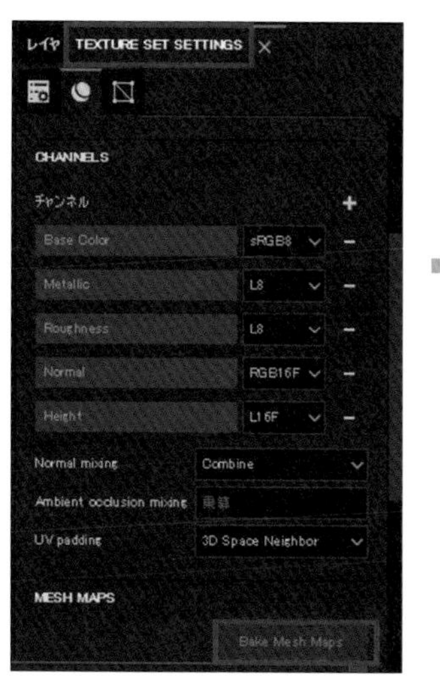

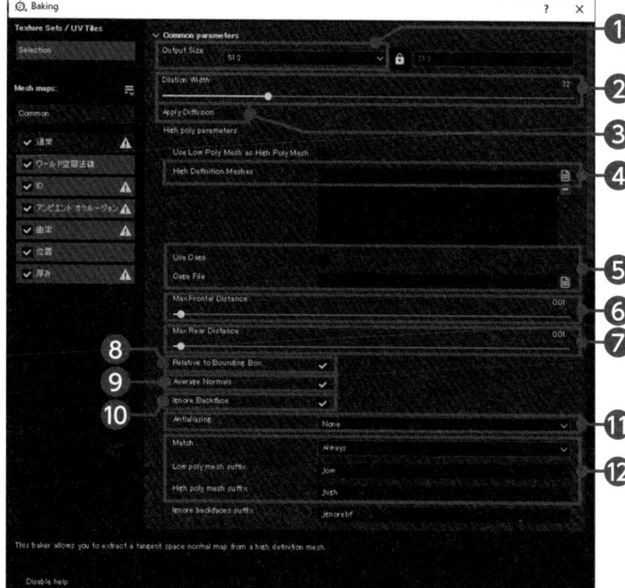

図2-1-1 「Baking」ダイアログ画面

❶ Output Size

ベイクされるテクスチャの解像度を変更できます。作業するテクスチャサイズに合わせるのが無難です。

❷ Dilation Width

UV 領域の外へ塗り足しする幅です。テクスチャサイズによっても変わりますが、16くらいあるとよいと思います。

❸ Apply Diffusion

チェックすると、UV 領域の外へ塗り足しが有効になります。

❹ High Difinition Meshs

ベイクにはハイポリゴン（スカルプトモデルなど）が必要になるので、この項目で追加します。ちなみに、ベイク用のモデルでは UV 展開する必要はありません。

ここをクリックすることで、ベイク用のモデルを選択

図2-1-2 High Difinition Meshsでベイク用モデルの選択

❺ Use Cage

ケージを使用する場合は、ここにチェックを入れて、Cage File で Cage 用のメッシュを読み込みます。Cage File とは、入り組んだメッシュをベイクする際に、読み取り範囲を Cage で指定してやるという仕組みです。

右の画面の紫メッシュのように、一回り大きいメッシュで囲むように作成して Cage ファイルとして利用すればよいでしょう。まずは後述の Max Frontal Distance で調整してみて、上手くベイクできそうにない場合は、Maya などのモデリングツールで Cage ファイルを用意してみましょう。

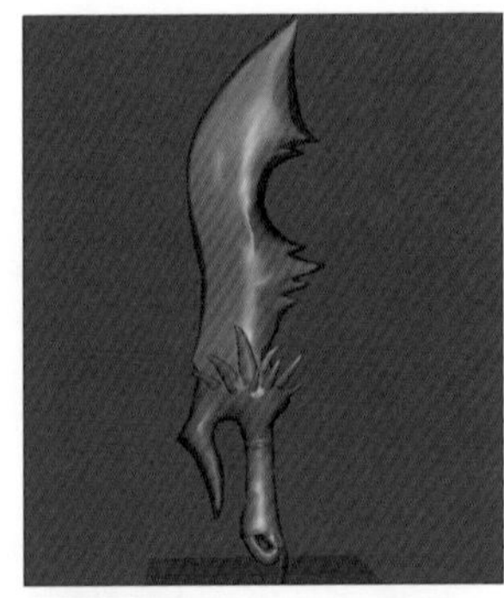

図2-1-3 Cageファイルの例

❻ Max Frontal Distance

ベイク用メッシュの形状に対して、メッシュ表面から外側にどれくらいの距離を読み取る範囲に含めるかのパラメーターです。

❼ Max Rear Distance

⑥ Max Frontal Distance とは逆で、ベイク用メッシュの形状に対して、メッシュ表面から内側にどれくらい読み取る範囲に含めるかのパラメーターです。

Note

ベイクに関しては「⑥ Max Frontal Distance」と「⑦ Max Rear Distance」のパラメーターを調整することで、うまくベイクできるかがだいたい決まります。

基本的には、以下の手順を試してみてください。ただし、ローポリモデルとハイポリモデルの形状の差異が大きいと調整が大変になります。

- デフォルトの数値で一度ベイクしてみて、うまくハイモデルのディテールを拾えていないようなら、Frontal Distance を大きくしてベイクする範囲を広げてみる

❽ Relative to Bounding Box

距離の単位を設定します。オフの場合はオブジェクトサイズに依存して計算しますが、オンの場合はバウンティングボックスを参照した距離単位になります。基本的には、オンで問題ないと思います。

❾ Average Normals

オンにするとベイク用の ray が平均化され、オフにすると ray が面から垂直に出て計算されるようになります。基本的にはオンでよいのですが、オフにしたほうがよい場合もあります。

これは、垂直にハイモデルのディテールを読み取って欲しい場合でも、オンにすると平均化されてディテールが歪む場合があるので、オンかオフはベイクするディテールによるためです。この問題の改善としては、以下の３点が考えられます。

- Normal マップ、AO、Curvature マップは、外部でベイクして使える部分だけ合成して、Substance Painter にテクスチャとして読み込む
- ディテール情報を事前にアルファ化しておいて、Substance Painter でスタンプ的に Normal ディテールを追加する
- 外部ソフトの「Toolbag3」のベイク機能（ほかのツールでもできるのかもしれません）を使って、一部分だけ Normal Average をオフにした状態にする（ペイントした部分だけ、Normal Average をオフにしたりできる）

❿ Ignore Backface

ray がメッシュの裏面に届くのかを無視するかどうかを設定します。基本的にはオンでよいと思います。

⓫ Antialiasing

アンチエイリアス精度を設定できます。数値が高いほどベイク結果がキレイにはなりますが、計算時間が増えます。

⑫ Match

図2-1-4 Matchのプルダウンメニュー

単体ではなく複数オブジェクトで構成されているメッシュデータの場合（たとえば頭とヘルメットのメッシュが頂点はつながっておらず、結合されている場合など）、そのような近いパーツ同士でベイクに干渉してほしくないときは、「Match」の機能をうまく使うと干渉を避けて、それぞれのパーツごとにベイクできます。

デフォルトでは「Always」になっているので、複数パーツで干渉させたくない場合は「By Mesh Name」にしてください。By Mesh Nameにすることで名前で参照できるようになるので、近いパーツ同士でも干渉しなくなります。

ベイクの作例

それでは、作例を使って実際にベイク作業を行ってみましょう。以下のデータを用意しました。左側がSubstance Painterに読み込む用の「ローポリデータ」で、右側がベイク用の「ハイポリデータ」になります。

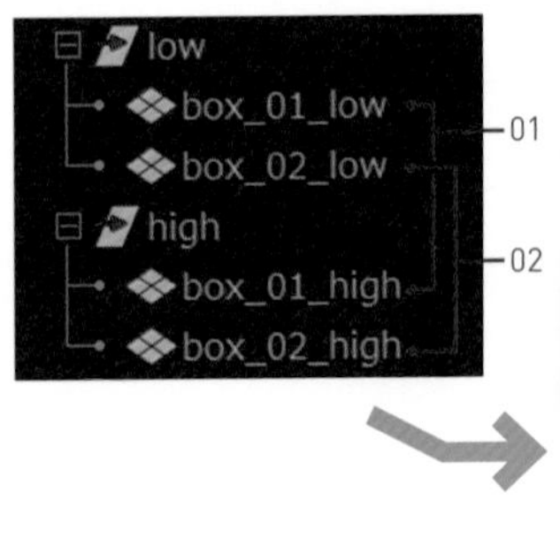

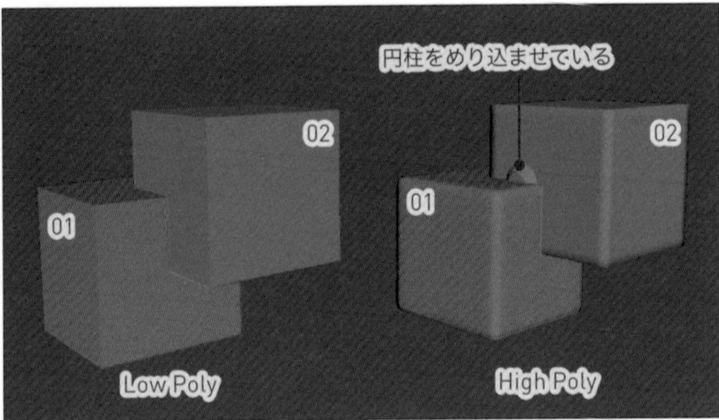

図2-1-5 ベイクの作例データ

Substance Painterのベイクでネーム参照の機能を使うなら、事前にMayaなどでローポリデータとハイポリデータの名前を同じにして、それぞれ末尾に「_low」「_high」と付けておく必要があります。

これにより、図のように「Low poly mesh suffix」と「High poly mesh suffix」となっている項目の文字が参照されます。ちなみにデフォルトで「_low」「_high」になっているだけなので自由に編集できますが、わかりやすいので特に変えなくてもよいと思います。

図2-1-6 Matchメニューの設定

ではローポリ、ハイポリのデータをそれぞれ書き出したら、Substance Painterでベイクしてみましょう。書き出す際は、ローポリ用、ハイポリ用をそれぞれ複数メッシュをまとめて選択して書き出してください。

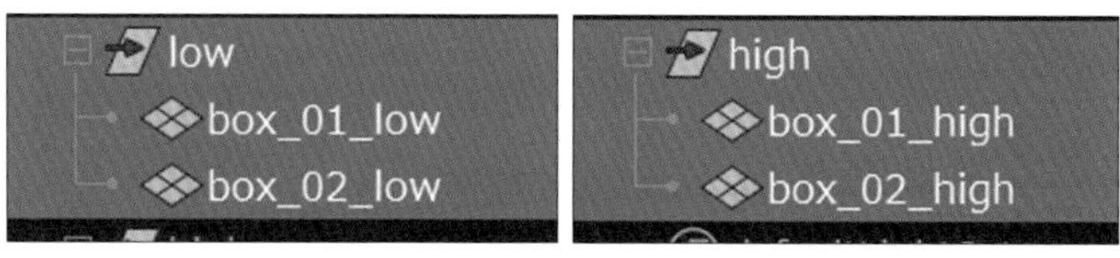

図2-1-7 ローポリ、ハイポリのデータの書き出し

まず、「Match」が「Always」の状態でベイクしてみました。わかりづらいですが、図の右のように円柱部分が干渉してゴミが出ています。

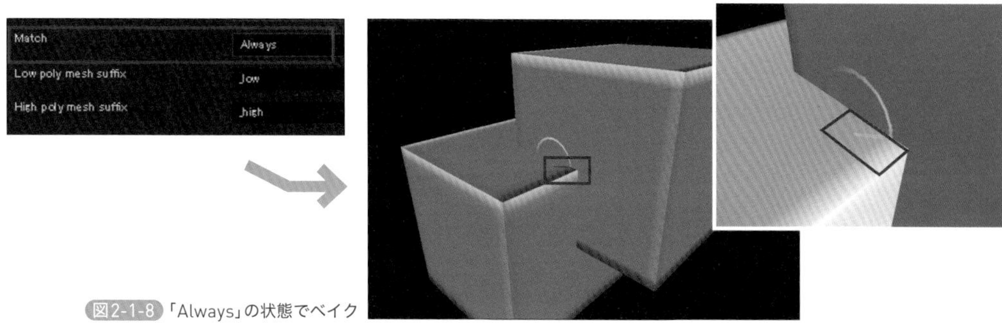

図2-1-8 「Always」の状態でベイク

次に、「Match」が「By Mesh Name」の状態でベイクしてみました。干渉していた円柱部分が名前で参照されるようになったのでゴミが消えました。

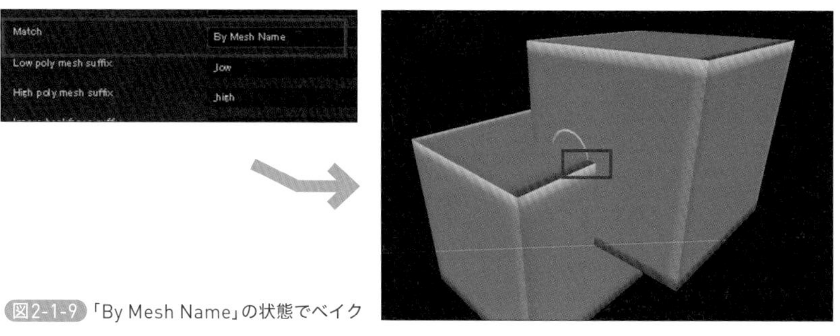

図2-1-9 「By Mesh Name」の状態でベイク

慣れるまでは概念の理解に苦労するかもしれませんが、スムーズなベイク作業のためにもがんばって理解しましょう！

2-2 各種メッシュマップの概要

前節では、ベイクオプションの共通の項目を見ていったので、次は「ID」「アンビエントオクルージョン」などの個別の設定について見ていきましょう。

ワールド空間法線（World Space Normal Map）

ワールドスペースノーマルマップは、見た目的に一般的によく使用するタンジェントスペースノーマルマップとよく似ていますが、こちらは面の向いている方向をSubstance Painterに認識させてジェネレーターなどを使った場合に、一方向からのみ砂やホコリなどを付ける、などといったことができるようになります。

図2-2-1 メッシュマップのメニュー

図2-2-2 ワールドスペースノーマルマップの使用例

図2-2-3 IDによる塗り分けの使用例

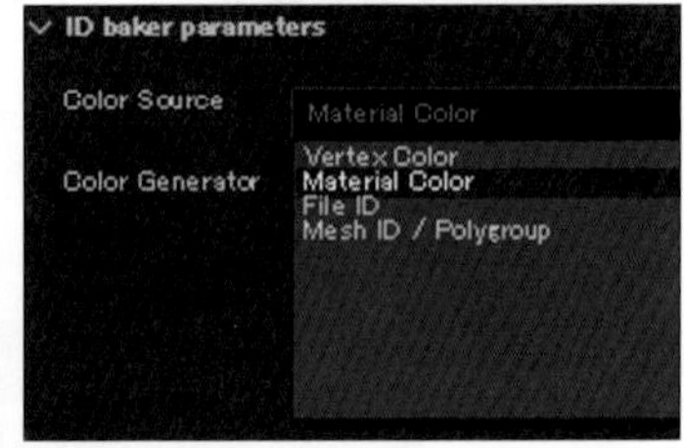

図2-2-4 Color Sourseのメニュー

ID

Substance PainterにおけるIDマップは、ペイントしていくメッシュに質感ごとのマスクを作って塗り分けしやすくするマップです。IDマップのベイク方法もいくつかあるので、それぞれの表の内容を確認してください。

表2-2-1 Color Sourse（IDマップベイクの計算する基準の設定）

設定項目	機能
Vertex Color	設定した頂点カラーをもとにIDマップを作成
Material Color	メッシュにアサインされているマテリアルカラーをもとにIDマップを作成
File ID	オブジェクトごとに色分けしてIDマップを作成
Mesh ID／Polygroup	サブオブジェクトごとに色を割り当ててIDマップを作成

表2-2-2 Color Generator（IDマップベイクに使われる色の設定）

設定項目	機能
Random	ランダムに色が設定
Hue shift	Color Sourseで指定したベイク基準ごとに色相を変えて作成
Grayscale	白黒のグレースケールでIDマップを作成

アンビエントオクルージョン（AO）

アンビエントオクルージョンマップは、メッシュの入り組んだ箇所や溝など直接光が当たらない「陰」を表現するマップです。設定項目が多いので、以降で解説していきます。

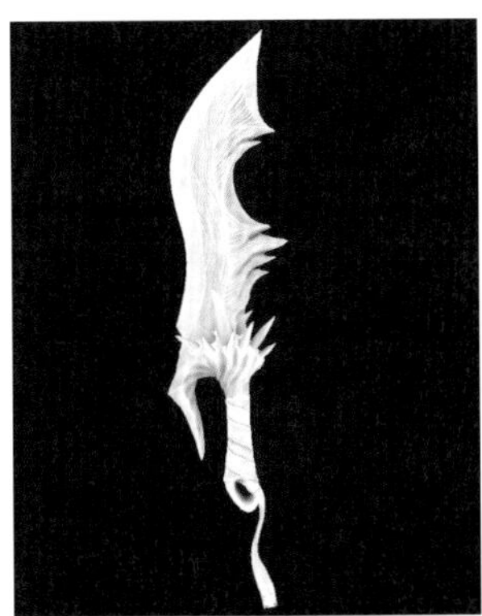

図2-2-5 アンビエントオクルージョン（AO）の使用例

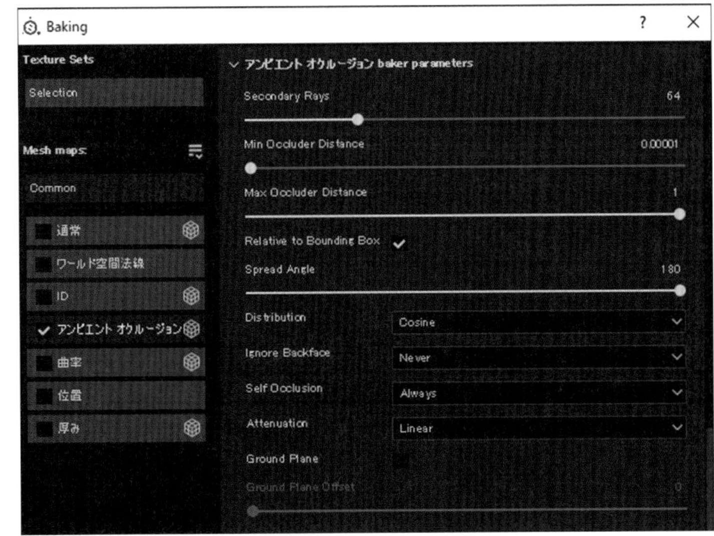

図2-2-6 アンビエントオクルージョン（AO）の設定項目

Secondary Rays

オクルージョン計算用のレイの量を決めます。数値が高いほどノイズが減りますが、計算時間も増大します。

Min Occluder Distance

オクルージョンレイがベイク用ジオメトリに到達する最小距離。この数値を大きくすると、その数値以下の距離のパーツ同士のベイク計算がなくなります。

Max Occluder Distance

オクルージョンレイがベイク用ジオメトリに到達する最大距離。この数値を大きくすると、計算される陰の領域が大きくなる場合があります。

Relative to Bounding Box

距離の単位を設定します。オフの場合はオブジェクトサイズをもとに計算しますが、オンの場合はバウンディングボックスを参照した距離単位になります。

Spread Angle

レイの放射角度を設定します。この数値が低いほどAOが淡い陰でなく、コントラストの強いクッキリとした陰になります。

Distribution

オクルージョンレイの角度分布で、レイがどのように散乱するかを定義します。Cosineは現実に近い仕上がりで、Uniformは均一で線形のグラデーションが欲しい場合などに向いているようです。

Ignore Backface

レイがメッシュの裏面に当たった場合に無視するかどうかを設定します。オンの場合が無視で、オフの場合は計算されますが、基本的にオンでOKです。

Self Occlusion

オブジェクト同士の干渉を設定します。オブジェクト同士を干渉させて計算したいなら「Always」を、干渉させたくないなら「Only same Mesh Name」に設定してください。

Attenuation

レイの距離減衰の仕方を設定します。「Nome」は距離減衰なし、「Smooth」は距離減衰が緩やか、「Linear」は減衰が距離に比例、となります。

Ground Plane

オンにすると地面があるとしてベイクし、オフだと地面がない前提でベイクします。ペイントするモチーフが地面に設置するものなら、オンのほうがよいかもしれません。

曲率（Curvature）

カーバチャーマップは、メッシュのエッジが立った角の部分を白く強調するマップです。Substance Painterでエッジのダメージ表現などをするときにこのマップを設定しておくと、角からスレて傷ついていくような表現ができるようになります。

ベイクオプションも項目が多いので解説していきます。まず大きく分けて、図2-2-8と図2-2-9の2つの設定に別れます。最初の項目のMethodでどちらを選ぶかでそのほかの項目が大きく変わるので、まずはデフォルト設定の「Generate from Mesh」から解説していきます。

図2-2-7 曲率（Curvature）の使用例

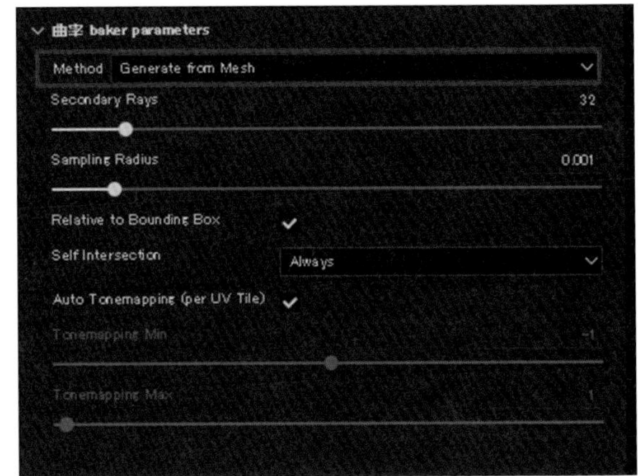

図2-2-8 曲率（Curvature）の設定項目（Generate from Mesh）

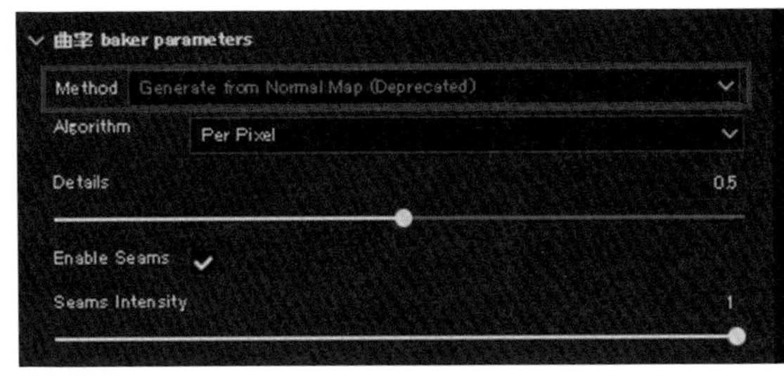

図2-2-9 曲率（Curvature）の設定項目（Generate from Normal Map）

Method

どのような計算方式にするかを選択できます。Generate from Mesh はベイク用のハイメッシュをもとに計算されて、Generate from Normal Map はノーマルマップをもとに計算されるようです。基本的にはGenerate from Meshのほうが推奨されています。

Secondary Rays

カーバチャー計算用のレイの量を決めます。数値が高いほどノイズが減りますが、計算時間も増大します。

Sampling Radius

ジオメトリ表面の曲率を計算するために考慮される距離です。数値が高いとエッジが強くなり、低いとエッジが薄くなります。

Relative to Bounding Box

距離の単位を設定します。オフの場合はオブジェクトサイズをもとに計算しますが、オンの場合はバウンディングボックスを参照した距離単位になります。

Self Intersection

曲率レイのマッチング方式を定義します。「Always」の場合、ローポリメッシュはすべてのハイポリメッシュと一致します。「Only Same Mesh Name」の場合、メッシュを名前でフィルタリングして不要なジオメトリとの一致を回避します。

Auto Tonemapping（Per UV Tile）

曲率値をテクスチャに描きこむ方法を制御します。オンにすると、ベーキングプロセス中に見つかった最小値と最大値に基づいて、0と1の間で正規化されます。オフの場合、最小値と最大値は使えるようになるパラメーターで手動で設定します。

続いて、Methodが「Generate from Normal Map」の場合の設定項目です。

Algorithm

「Per Pixel」の場合、曲率計算するときにノーマルマップによるディテールとメッシュ形状を使います。「Per Vertex」の場合、曲率計算するときにメッシュ形状のみを使います。

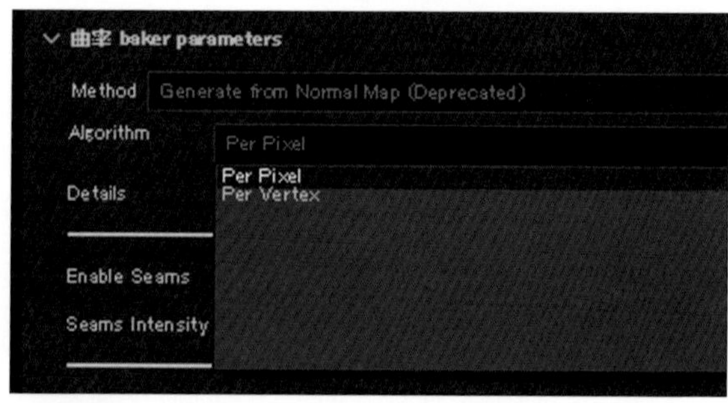

図2-2-10「Algorithm」のプルダウンメニュー

Details

数値を大きくするとディテールが増えて、コントラストがハッキリしたカーバチャーマップになります。

Enable Seams

チェックを入れると、カーバチャーマップにシーム基準のラインが追加されます。

Seams Intensity

上記のEnable Seamsを使う際の強度を調整できます。

位置（Position）

ポジションマップは、メッシュのXYZなどの座標をベイクするマップです。Substance Painterではジェネレーターでよく使用されているのですが、特に壁などをペイントする際、下のほうに汚れが溜まるように付けるなど、上下左右の位置指定ができるペイント表現が容易にできるようになります。

以降では、ポジションマップのベイクオプションを解説していきます。

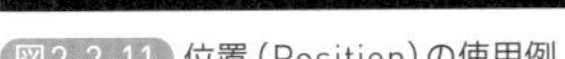

図2-2-11 位置（Position）の使用例

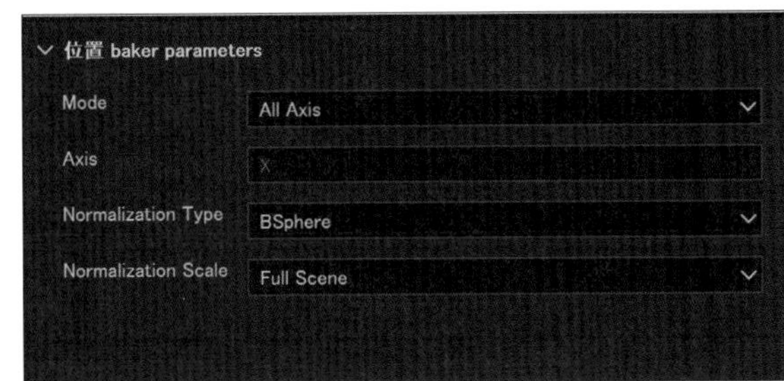

図2-2-12 位置（Position）の設定項目

Mode

ポジションマップをベイクするときの軸の設定です。「All Axis」は、XYZすべての軸が計算されてベイクされます（推奨）。「One Axis」は、任意の1軸だけがベイクされます。

Axis

ModeでOne Axisを選択しているとき、ベイク軸を選択することができます。

Normalization Type

「B Box」は、バウンディングボックスの長さに従って各軸を正規化します。「B Sphere」は、バウンディング球の大きさに従ってすべての軸を正規化します（推奨）。

Normalization Scale

「Per Material」は、各マテリアル（テクスチャセット）に対して、0～1の間に値になるようにスケーリングされます。「Full Scene」は、オブジェクトとマテリアル（テクスチャセット）全体を考慮して値がスケーリングされます（デフォルト設定）。

厚み（Thickness）

スィックネスマップは、メッシュの厚みをグレースケールで表現するマップです。Substance Painterでは厚みを利用したジェネレーターやSSS用の透過表現用のマップで利用されています。

以降では、スィックネスマップのベイクオプションを解説していきます。

図2-2-13 厚み（Thickness）の使用例

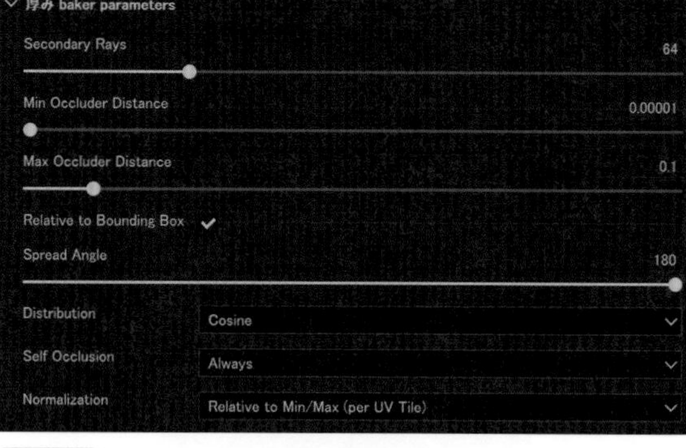

図2-2-14 厚み（Thickness）の設定項目

Secondary Ray

スィックネス計算用のレイの量を決めます。数値が高いほどノイズが減りますが、計算時間が増大します。

Min Occluder Distance

スィックネス計算用のレイがベイク用ジオメトリに到達する最小距離。この数値を大きくすると、その数値以下の距離のパーツ同士の厚み計算がなくなります。

Max Occluder Distance

スィックネス計算用のレイがベイク用ジオメトリに到達する最大距離。この数値を大きくすると、計算される領域で薄い範囲が広くなります。

Relative to Bounding Box

距離の単位を設定します。オフの場合はオブジェクトサイズをもとに計算しますが、オンの場合はバウンディングボックスを参照した距離単位になります。

Spread Angle

レイの放射角度を設定します。この数値が低いほど淡い陰影でなく、ハッキリとしたコントラストの強い陰影になります。

Distribution

スィックネス計算用レイの角度分布でレイがどのように散乱するかを定義します。Cosineは現実世界に近い仕上がり、Uniformは均一で線形のグラデーションが欲しい場合などに向いているようです。

Self Occlusion

オブジェクト同士の干渉を設定します。オブジェクト同士を干渉させて計算したいなら「Always」を、干渉させたくないなら「Only same Mesh Name」に設定してください。

Normalization

スィックネスマップは白黒で厚みを表現しますが、そのレベル調整の方法を定義します。

表2-2-3 Normalizationの設定項目

設定項目	機能
Relative to Ray distance	光線距離を基準に計算
Relative to Min/Max (Per UV Tile)	UVタイルごとの最小／最大を基準に計算
None	正規化されないので白黒の比率が0～1にならず、不自然になる可能性がある

Note

各種ベイクオプションを紹介しました。項目が複雑なのでまずはデフォルトのままベイクしてみて、不自然な場合は関係ありそうな項目を見直してみると効率的でよいと思います！

ここまででモデルのインポートとベイクができたので、以降の節からダウンロードした「剣」モデルのペイントを行っていきます。剣は左右対称モデルなので、作業に当たって最初からシンメトリーを「オン」にしておきましょう。ただし、5 章の透過表現用のペイントは左右対称でないので、シンメトリーを「オフ」にします。

質感別のマテリアルの塗り分け

この章からは、筆者が作成した「剣」のモデルを使って、完成イメージに近づけるための具体的な操作や Substance Painter を活用するためのポイントを解説していきます。冒頭の「本書での設定と使用する作例について」にあるように、モデルのデータと完成済みのデータを用意しているので、実際に自分でやってみて完成済みのデータと比較してみてください。もちろん、完成済みのデータにさらに手を加えたり、別な完成イメージを作って、それを目指して試行錯誤してみる、といったことを行ってもよいでしょう。

3-1 ベースマテリアルの塗り分け

ベイクも完了して準備が整ったので、剣を骨、布など質感ごとにベースマテリアルを塗り分けていく工程に入ります。

さて、その前に最終的にどんなデザインで進めていくのかを先に提示しておきます。あまり上手でないイラストで恐縮ですが、炎属性のモンスターから素材を使って作成した片手剣、といったイメージでデザインしました。

最終的に細かいデザインは変更する可能性がありますが、おおまかにはこのイメージで作っていこうと思います。

図3-1-1 剣のモデル

図3-1-2 完成イメージを描いたイラスト

▶質感の異なる部分の塗り分け

刀身は骨素材のイメージなので、まずスマートマテリアルで「Bone Stylized」を適用します。

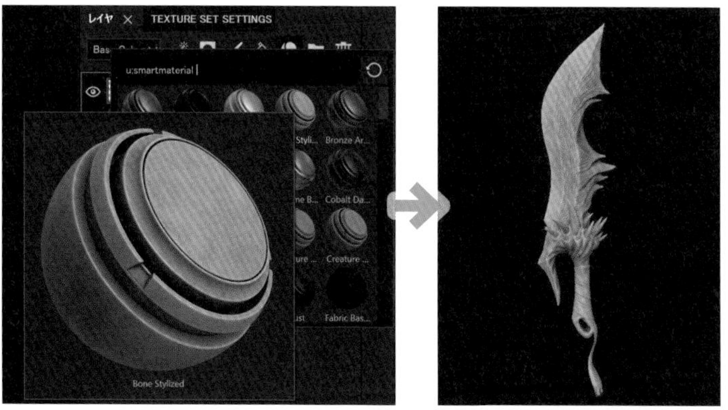

図3-1-3 刀身に「Bone Stylized」を適用

細かい色調整は後でまとめてするので、ひとまず今は質感が異なる範囲を塗り分けていきましょう。次に布を塗り分けたいので、マテリアルから「Fabric Rough」をレイヤーのところにドラッグして適用します。

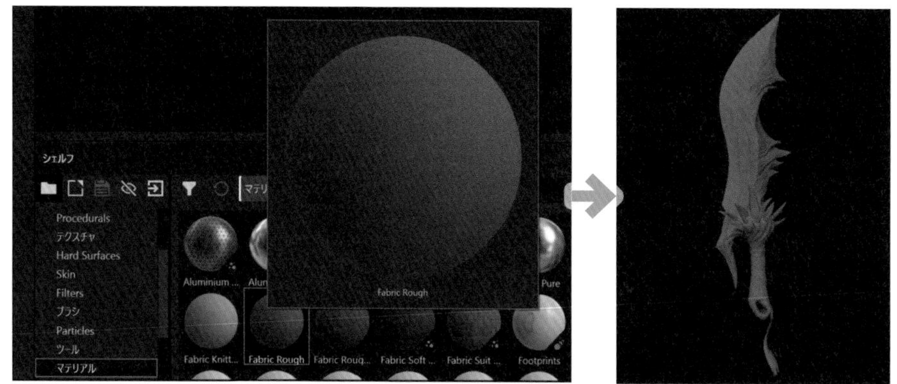

図3-1-4 布用として、「Fabric Rough」を適用

布のベースマテリアルを設定しましたが、このままだとすべてが布の質感になっているので、マスクを設定して必要な部分だけに表示させるようにしましょう。

布のマテリアルに対して、黒マスクを追加します。すると布レイヤーが非表示になるので、「Polygon Fill」を使い必要箇所だけ白マスクをペイントしていきます。

このモデルデータでは、刀身と布部分のメッシュを分けてあるので、メッシュ選択で簡単に塗り分けることができました。質感別にメッシュ、もしくはUVをちゃんと分けてインポートしておくと、ペイント作業が楽なのでオススメです。

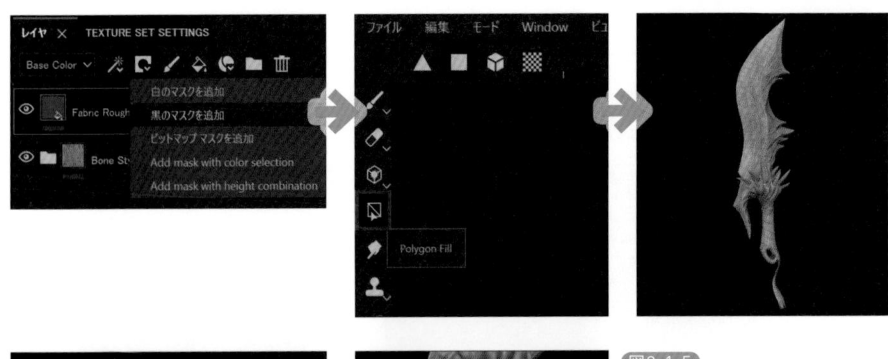

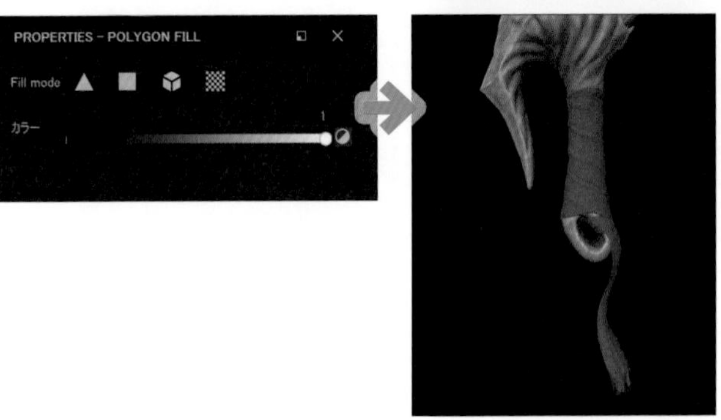

図3-1-5 布部分のみマテリアルを適用

あと1つ、トゲも質感を塗り分けしたいのでスマートマテリアルから「Creature Teeth」を適用して、ほかと同じようにマスクで必要部分だけ表示しました。

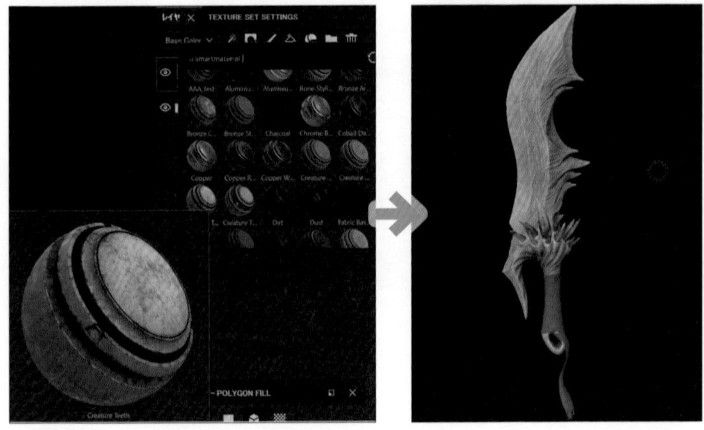

図3-1-6 トゲ部分のみマテリアルを適用

色味と質感の調整

ベースマテリアルの塗り分けが完了したので、次に色味や質感を調整します。まずは刀身部分から調整するので、「Bone Stylized」フォルダを開き、一番下のレイヤーを選択します。

プロパティーにいま選択しているレイヤーの詳細が表示されるので、まずは色を変更しましょう。

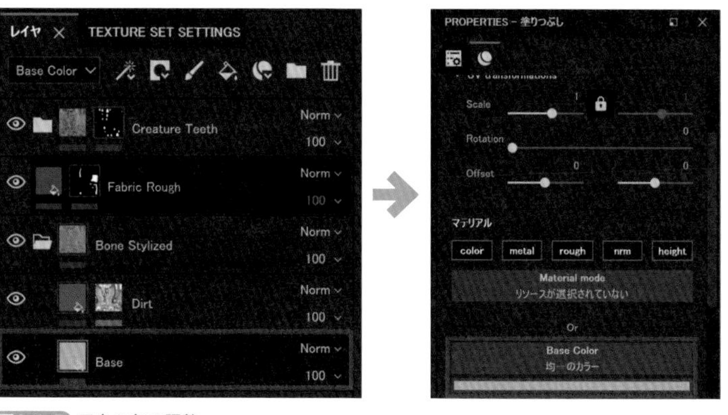

図3-1-7 刀身の色の調整

デザイン画で描いたように、炎属性にしたいのでひとまず赤黒い色味にしました（図3-1-8）。Bone Staylized では Base と Dirt のレイヤーで構成されているので Dirt のほうも赤黒い色にしましょう。

その際、スポイトツールを使って Base レイヤーのアイコンから色を拾って、Dirt は少しだけ明度を下げておくとよいです（図 3-1-9）。

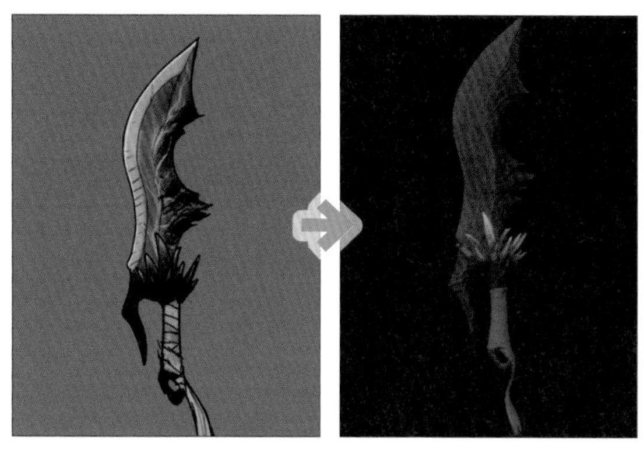

図3-1-8
デザイン画に合わせて、刀身の色を変更

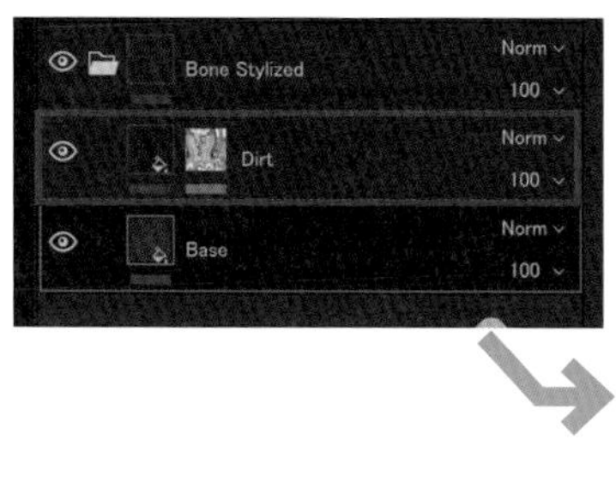

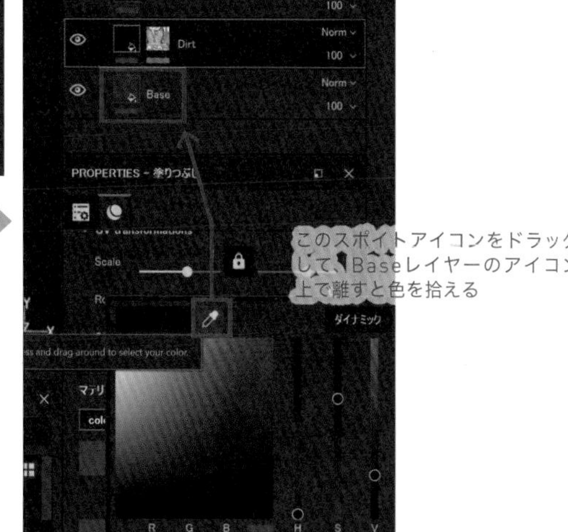

図3-1-9 スポイトツールで色を拾って調整

ほかのパーツも同じような要領で色味を変更し、質感も微調整しました。

図3-1-10 色味と質感の調整の完了

3-2 質感を向上させる

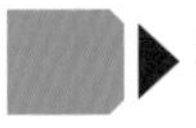

細かい色味の追加

基本的なベースカラーは塗り終わったので、次にさらに細かい色味を足していきます。実際の仕事現場でもやっているように、デザイン画をよく見ながら微細な色味の変化を読み取って再現しましょう。管理しやすくするために色ごとにレイヤーを追加していきます。

ポイントとして、100%の不透明度でペイントせず、フローやStroke opacityを30%程度に下げてペイントすることをオススメします。色の変化のグラデーションを意識しましょう！ここでは、図3-2-3のような結果になりました。

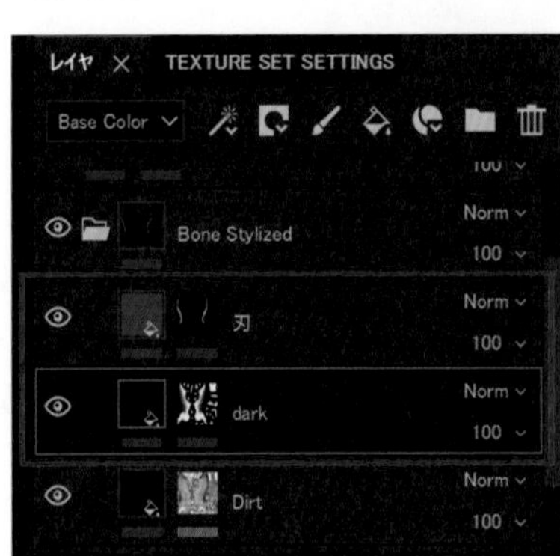

図3-2-1 色ごとのレイヤーを追加

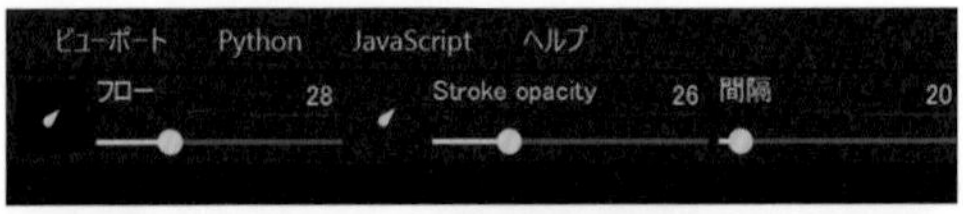

図3-2-2 フローとStroke opacity

次に、刃物は刃先が研がれており、細くキラッと光るラインを入れておいたほうがリアルだと思うので、レイヤーを追加してペイントします。このように微妙な変化ではありますが追加後のほうが、より刃物感が出ていると思います。

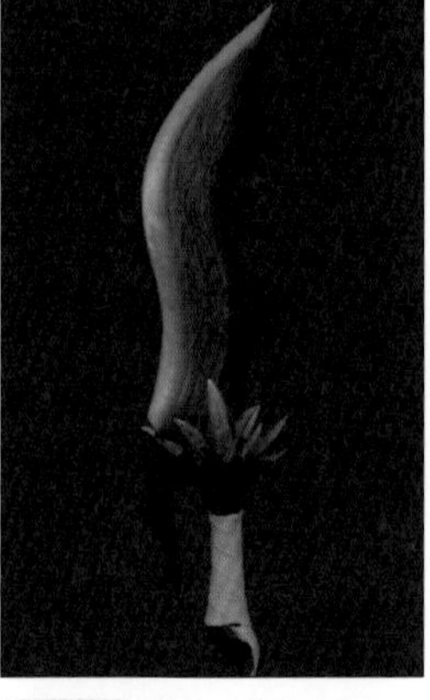

図3-2-3 細かい色味の追加

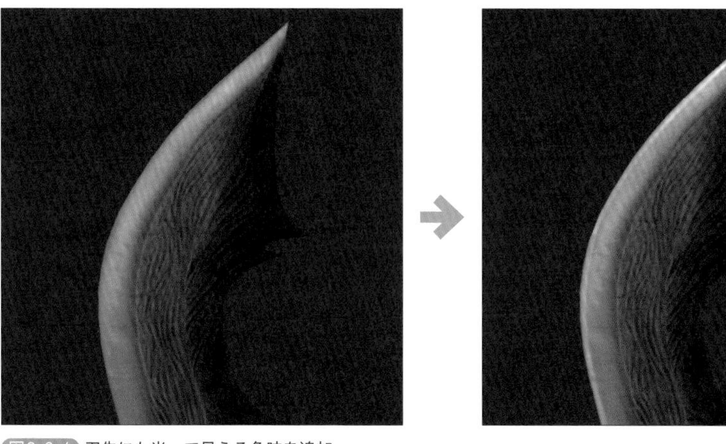

図3-2-4 刃先にも光って見える色味を追加

Note

ファンタジーやSFなど現実世界にはないモチーフでも、現実世界のモノと当てはめて考えると説得力が生まれやすいので、イマイチ制作物に説得力が出なくて悩んでいる方は、身の回りのモノをよく観察してみるとよいでしょう。

情報量を上げて質感をアップする

Curvatureマップと AOマップを使って、手っ取り早く情報量を上げる方法も紹介しておきます。

まずは、レイヤーの一番上に塗りつぶしレイヤーを追加します（図左）。追加した塗りつぶしレイヤーを選択している状態で、プロパティーの「Base Color」をクリックしてください（図中央）。Base Colorとして使用するテクスチャを選択したいのでCurvatureと検索して選択しましょう（図右）。

2章でベイクしたことで、Curvatureテクスチャが Substance Painter 内部に保存されています。

図3-2-5 Curvatureマップの追加

Curvature マップをベースカラーに設定したら、チャンネルをクリックしてカラー以外オフにしましょう。

最後に、Curvature マップをセットした塗りつぶしレイヤーのレイヤーモードを変更します。Norm と書かれている場所をクリックして「ソフトライト」を選択してください。

図3-2-6
マテリアルの「カラー」以外をオフ

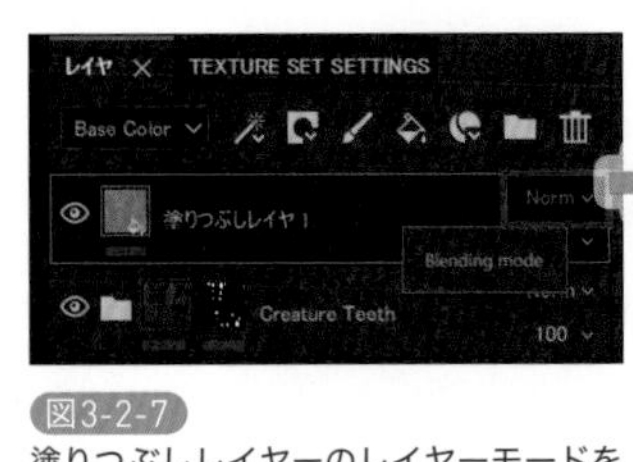

図3-2-7
塗りつぶしレイヤーのレイヤーモードを「ソフトライト」に変更

これで Curvature マップのディテール情報がソフトライトで重なり、テクスチャに手軽に情報量を追加することができました。不透明度を適度な数値に合わせて、見た目を整えましょう！

同じ要領で AO マップも乗算で重ねて整えたものが、図 3-2-8 になります。もし Curvature マップと AO マップを重ねて暗くなりすぎた場合は、ベースのカラーを明るくするとよいでしょう。

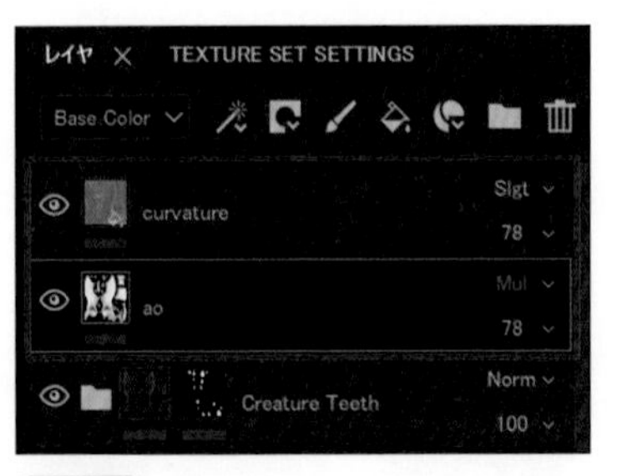

図3-2-8
CurvatureマップとAOマップの適用後のモデル

プロシージャルな汚れのペイント

前章では、テクスチャのベースとなるマテリアルごとの塗り分けを行いました。これで基本的なペイントはできたので、さらに質感を高め、完成イメージに近づけていきましょう。そのための核となるのは、Substance Painter の「プロシージャルテクスチャ」と呼ばれる機能です。ビルトインされている「プロシージャルテクスチャ」は、単なる 1 枚の絵ではなく、テクスチャ自体に複数のパラメーターを持ち、見た目を調整することが可能です。これにより試行錯誤が何度でも行え、修正依頼にも素早く対応することができます。

4-1 グランジテクスチャの使用

3 章でベースのマテリアルなどを設定して、色味のバランスを調整したものが図 4-1-1 の画像になります。

刀身はある程度情報量が増えてきましたが、まだ布部分にあまり手を付けておらず変に白く目立っているので、この部分の情報量を追加していきましょう。

布のマテリアル（Fabric Rough）の上に dirt という名前を付けて、暗めの色を設定した塗りつぶしレイヤーを用意しました。黒マスクを設定しておきましょう。

ついでに cloth というフォルダを作成し、布部分のマスクを作り dirt などを格納することでペイントがはみ出ないようにしてあります。

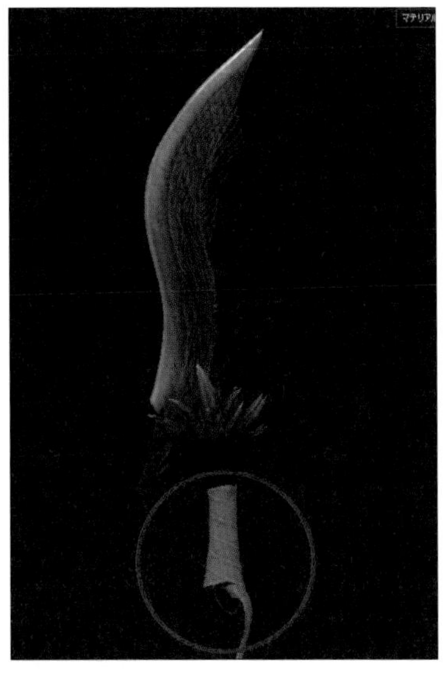

図4-1-1 布部分の質感に注目

図4-1-2 塗りつぶしレイヤーやフォルダの準備

黒マスクの上で右クリックし、「Add fill」を選択してください。これを選択することで、用意されたプロシージャルテクスチャをもとにディテールを追加することができます。プロパティーにグレースケールという項目が出るので、こちらにシェルフのグランジから「Grunge Map 015」をドラッグしましょう。

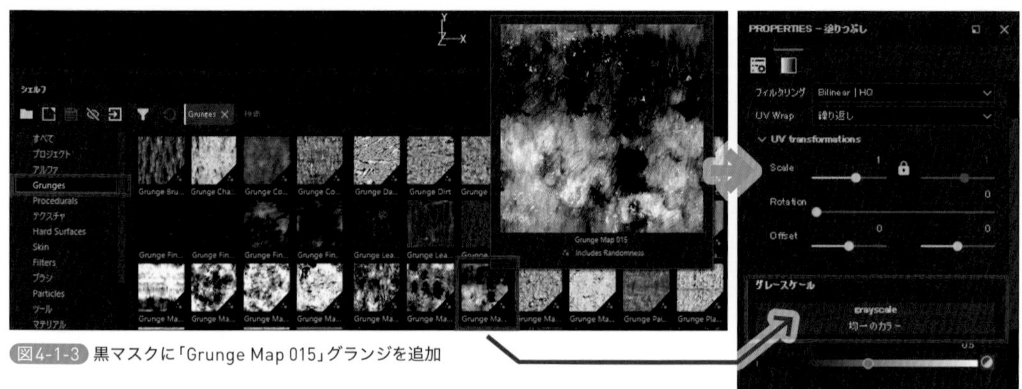

図4-1-3 黒マスクに「Grunge Map 015」グランジを追加

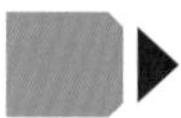

プロシージャルテクスチャによる調整

先ほどから「プロシージャルテクスチャ」という単語が出ているので、ここで説明しておきます。

Substance Painterでは、数値を変更することで後からでも好きなタイミングでコントラストの調整や画像の大きさ、パターンの繰り返し具合などを調整することができるテクスチャのプリセットが最初から大量に搭載されています。それを活用することで、お手軽に複雑なディテールを表現できます。

このように、数値やパラメーターの調整により、何度でも修正や変更が可能なテクスチャは「プロシージャルテクスチャ」と呼ばれます。

それでは、プロシージャルテクスチャのプロパティーにどんな項目があるかを軽く見ておきましょう。プロシージャルテクスチャをセットしたら、基本的に調整する項目は以下になります。

- 「Scale」でテクスチャの大きさを調整
  ※小さすぎたり大きすぎるとループ感が出てしまうので注意！
- 「Balance」で強さを調整
- 「Contrast」でコントラストを調整

テクスチャによっては微妙に項目が違っていたりするので、何かわからなかったらとりあえずスライダーを動かして、反応を見てみましょう。

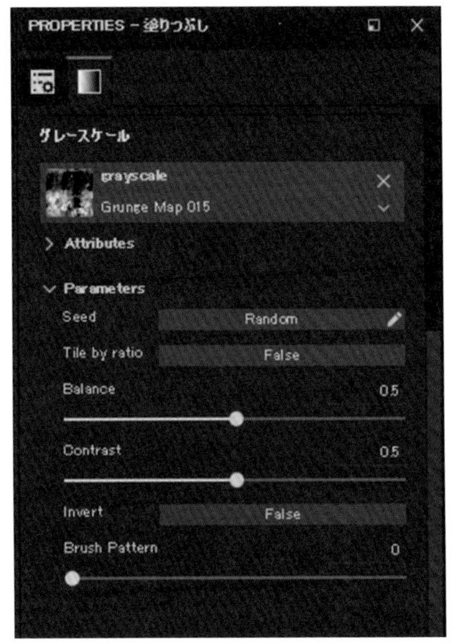

図4-1-4 プロシージャルテクスチャのプロパティー

以下の画面では、例として「Balance」の項目のスライダーを大きく変更してみました。こういった調整がとても簡単にできるので、ディテール作成には特にプロシージャル中心で構築していくのが得策かと思います。

仕事の現場であれば、修正要望が頻繁に発生するので、上手く使えばテクスチャ作業時間の短縮が見込めるでしょう。

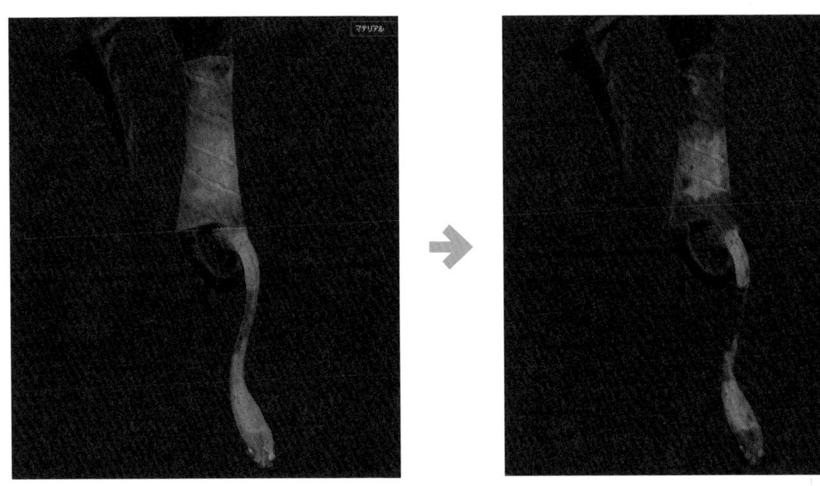

図4-1-5 布の「Balance」の調整による見た目の違い

▶布の質感の調整

スライダーを適度な数値に調整して、次ページの図の画像のようになりました。ただ、丸で囲んだ部分の一部で、少し汚れの付き方が悪目立ちしている気がしたので、違和感を緩和させたいと思います。

dirtのレイヤーの黒マスクの上で右クリックして、さらに「Add Paint」を追加します。「Add …」は重ね掛けすることができて、上の効果が優先されるようなります。そこで、Add fillで追加した汚れに対し、Add paintで不要な部分を非表示にします。

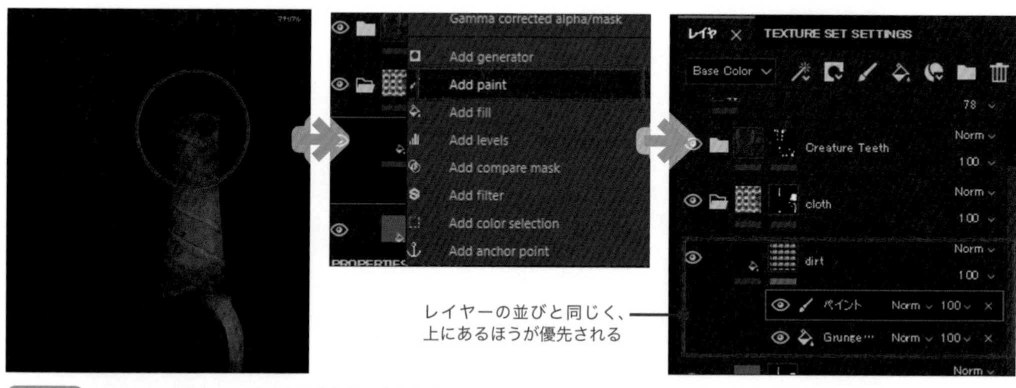

図4-1-6 Add Paintを追加して汚れを目立たないようにする

Add paintを選択している状態は、プロパティーがグレースケール表示になり、マスクの表示を手動で調整できるようになります。グレースケールを黒にして余計なディテールをペイントすると、塗られた部分のマスクが非表示になり見えなくなるので、より自然な見た目になりました。

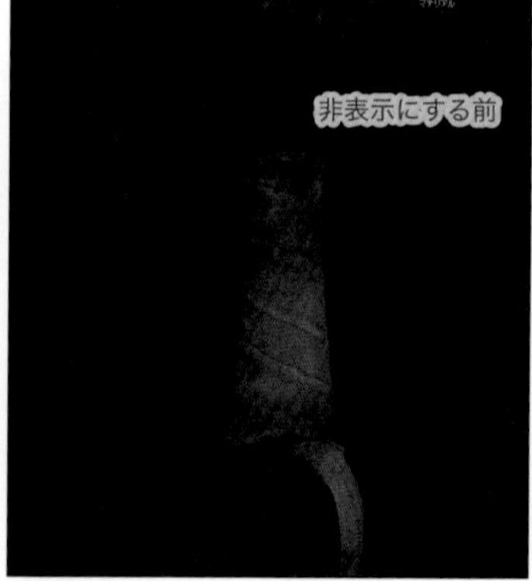

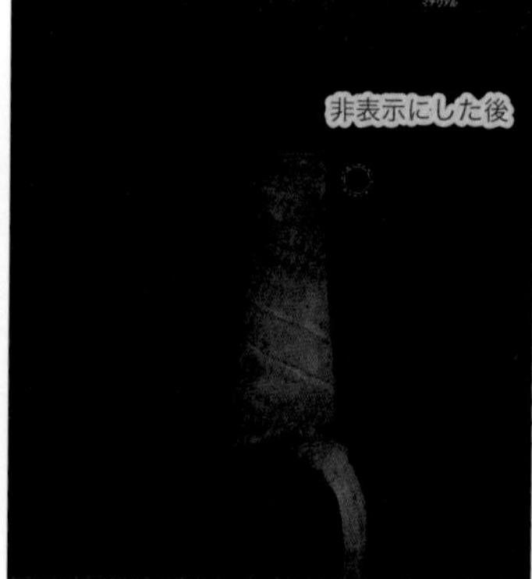

図4-1-7 黒で汚れの部分をマスクして目立たなくする

4-2 質感を向上させる

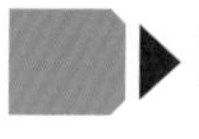

▶「Dirt」ジェネレーターの利用

ある程度ディテールがそろってきましたが、さらに追加していきましょう。入門編の機能紹介で解説していたジェネレーターの「Dirt」を使用します。このジェネレーターを追加すると、布と布の重なる部分に暗い領域が生まれ、より立体感が際立ちます。

これは、ZBrushでスカルプトしていた際にちゃんと構造的に正しく別データで布部分を巻くように作っていたので、その手間がきちんとSubstance Painterでディテールとして活用されています。

図4-2-1 「Dirt」ジェネレーターの適用

ディテールをブラシで追加

さらにもう1つ、手垢、汗ジミといったディテールも追加していきたいと思います。

やはりこういった武器を握るときには、緊張感などで汗もかきやすいでしょうし、布ということもあってシミにもなると思います。そんなストーリーを考えつつ、説得力を意識したディテールを入れていきましょう。

赤黒いカラーの塗りつぶしレイヤーを追加して、黒マスクを追加しました。

図4-2-2 赤黒いカラーの塗りつぶしレイヤーと黒マスクの追加

今度は狙った場所を中心にペイントしたいので、プロシージャル系のテクスチャよりは手動のほうがよさそうです。シェルフのブラシから「Dirt2」を選択しましょう。握る場所を中心に、弱めの不透明度でペイントしていきます。

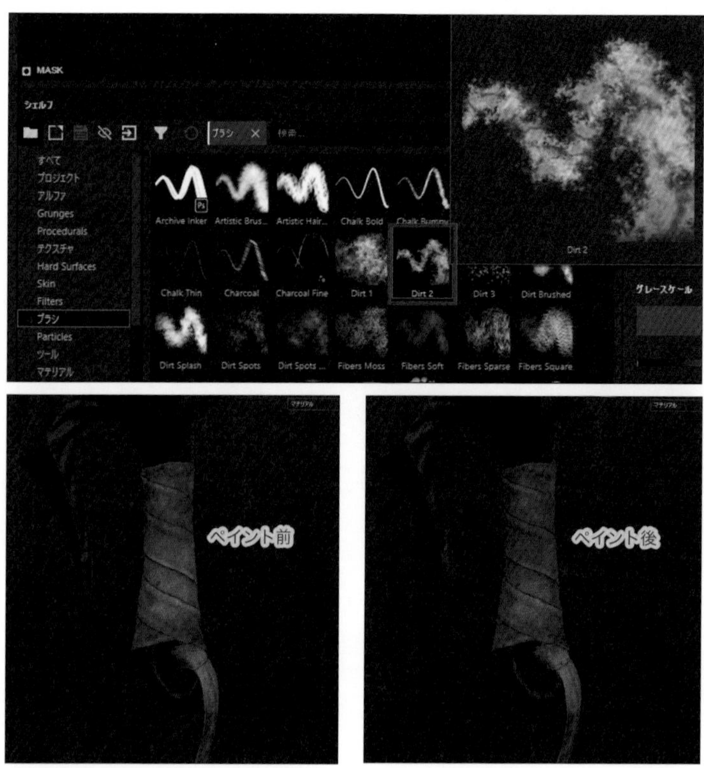

図4-2-3 汚れをブラシで手動で追加

布の白さが悪目立ちしないようになり、全体になじむようになりました。同じような手順で、刀身などもディテールアップしてみてください。

図4-2-4 剣の完成

透過表現の方法

この章では、剣の持ち手に垂れ下がった布部分のシルエットを変化させるために、「アルファマップ」の使い方について解説していきます。これにより、テクスチャの不要な部分を非表示にすることができ、ポリゴンを実際よりも細かいシルエットで表現することができます。アルファは、ポリゴンで正確に表現すると処理が重すぎるものを、軽く表現するための主にゲームで使われるテクニックです。モチーフによっては使用頻度は多くないかもしれませんが、マスターしておくとよいでしょう。なお、ここでの作業はシンメトリーを「オフ」で行ってください。

5-1 透過用シェーダーに変更

図にあるように、垂れ下がっている布の先端を多少ほつれさせて、ボロボロにしたいと思います。ゲームの案件にもよりますがポリゴンで表現しようとすると、ややポリゴン数を使いすぎてしまう場合やリアル系の髪の毛や植物などの薄くて細かいモチーフでは、よく「アルファマップ」での表現が使われます。

まずはアルファマップを適用させるために、描画用のシェーダーを変更しなくてはなりません。次ページの画面右端にあるアイコンの上から２番目の「SHADER SETTINGS」をクリックしましょう。図の枠で囲っている「pbr-metal-rough」と書かれているボタンをクリックして、ほかのシェーダーに変更することができます。

先端のシルエットを「アルファマップ」を使って、シルエットを変化させたい

図5-1-1 剣の布の先端に注目

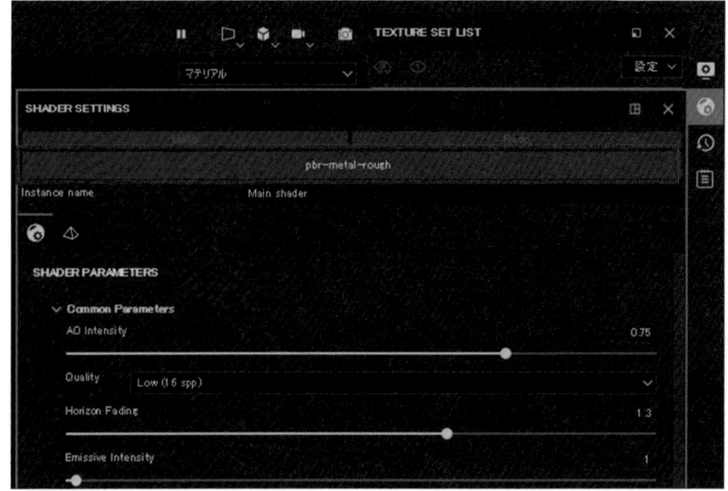

図5-1-2 「SHADER SETTINGS」のメニュー

シェーダーがたくさん出てくるのですが、今回はアルファマップを適用させたいので透過表現に対応したシェーダーを選択しましょう。「pbr-metal -rough-with-alpha-blending」と「pbr-metal -rough-with-alpha-test」というシェーダーで透過表現に対応できます。

なお、ほかのシェーダーでも透過表現に対応しているものがありますが、質感がデフォルトシェーダーの「pbr-metal -rough」に近いのでこの２つで紹介します。

この２つのシェーダーの違いは、以下のとおりです。

pbr-metal -rough-with-alpha-blending：半透明表現に適している
pbr-metal -rough-with-alpha-test：透明表現に適している

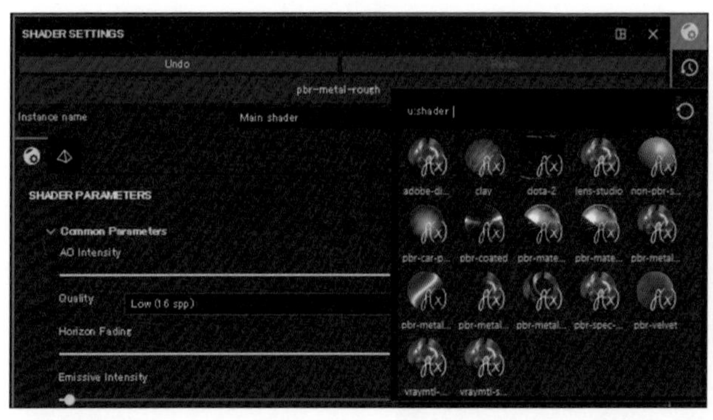

図5-1-3 多数のシェーダーが表示される

図5-1-4 透明と半透明の違い

今回は、布の切れ端にアルファマップを使いたいので、完全に透明になる「pbr-metal -rough-with-alpha-test」を選択します。

5-2 Opacityチャンネルの追加

シェーダーの変更が済んだら、「Opacity（不透明度）」チャンネルを追加する必要があります。TEXTURE SET SETTINGSのチャンネルの「+」ボタンを押します。

すると、追加できるチャンネルが表示されるので「Opacity」を選択します。デフォルトのBase Color、Metallic、Roughness、Normal、Height以外にもいろいろ追加することができるので、作成するデータに適した構成のチャンネルをカスタマイズしましょう。

図5-2-1 「Opacity（不透明度）」チャンネルの追加

シェーダーとチャンネルを適切に設定できたので、今度は塗りつぶしレイヤーを追加します。プロパティーにもopという名前で「オパシティチャンネル」が追加されています。

追加した塗りつぶしレイヤーでは、透明度だけを制御したいのでオパシティ以外のチャンネルをクリックしてオフにしましょう。オパシティは白黒のスライダーで制御します。現在は白に設定されているので、布もまだ表示されています。

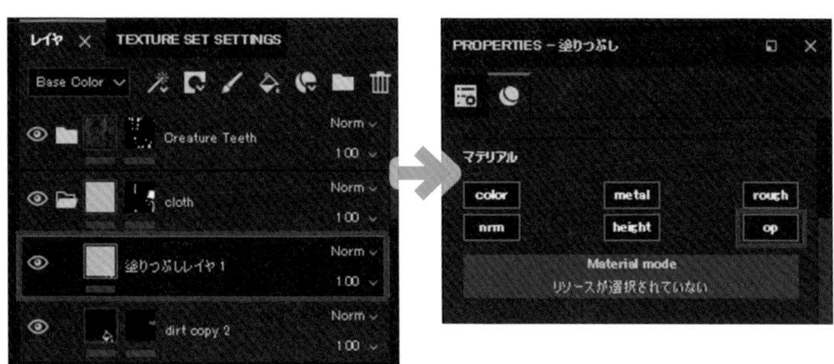

図5-2-2 塗りつぶしレイヤーを追加し、プロパティーを確認

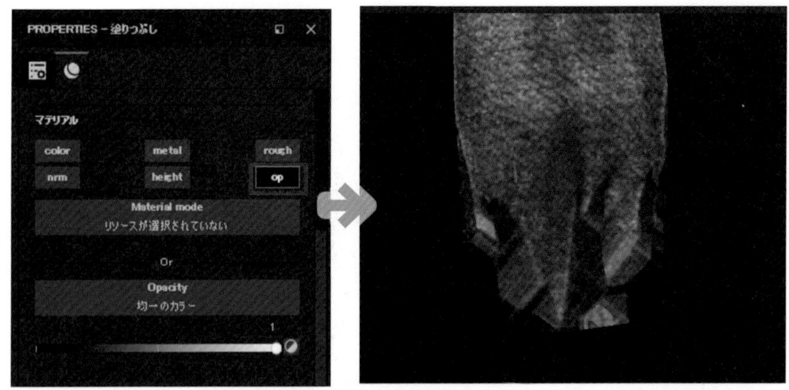

図5-2-3 オパシティは現在は「白」で設定

オパシティのスライダーを黒にすると、モデルがすべて非表示になってしまいました。現在は、塗りつぶしレイヤーですべてに適用されているので、このように全体的に非表示なっています。

塗りつぶしレイヤーに対して黒マスクを追加します。これで再度全体表示されるようになりました。この状態で白マスクをペイントすると、ペイントされたところだけが透明になります。少しややこしいですが概念をしっかり理解しましょう。

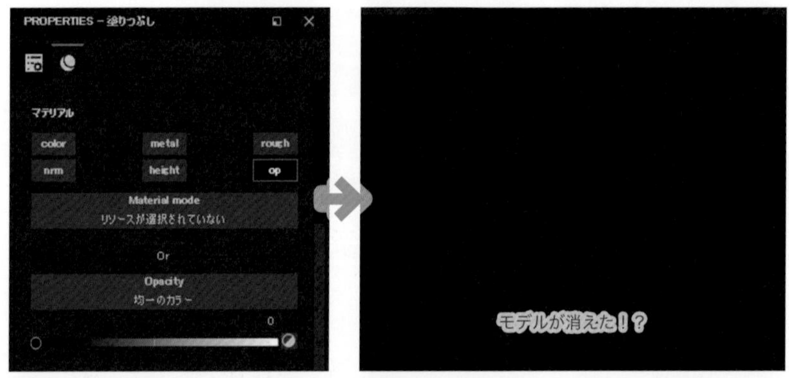

図5-2-4 オパシティを「黒」にするとモデルが非表示になる

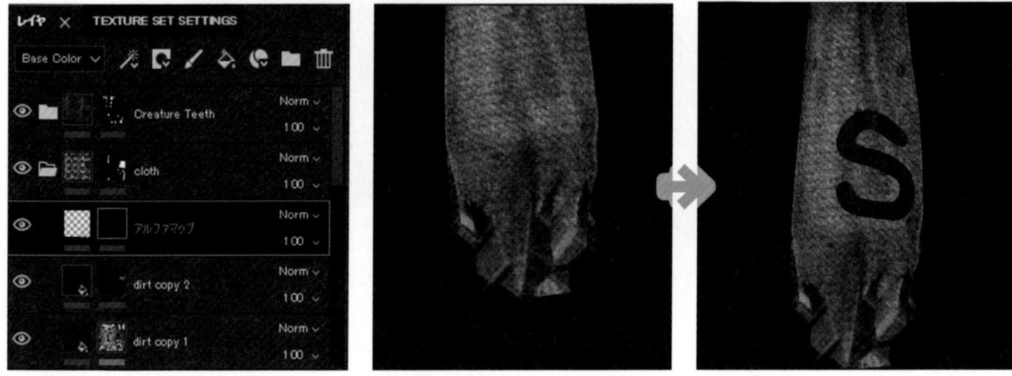

図5-2-5 黒マスクを追加し、白でペイントした部分が透明になる

布の先端が破けて見えるようにペイントしてみました。ポリゴンではなかなか細かすぎて難しい場合も、アルファマップを使ってシルエットに細かい変化を与えることができましたね！

キーボードの「C」を押してオパシティチャンネルだけの表示にすると、図5-2-7のような感じになります。最後に書き出す際に、透明な場所は黒で塗られて不透明な場所は白で構成されてテクスチャが作られます。

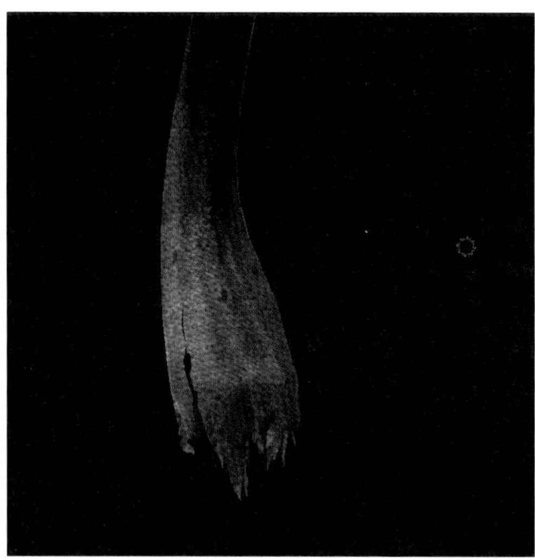

図5-2-6 布の先端のほつれが「アルファマップ」で再現できた

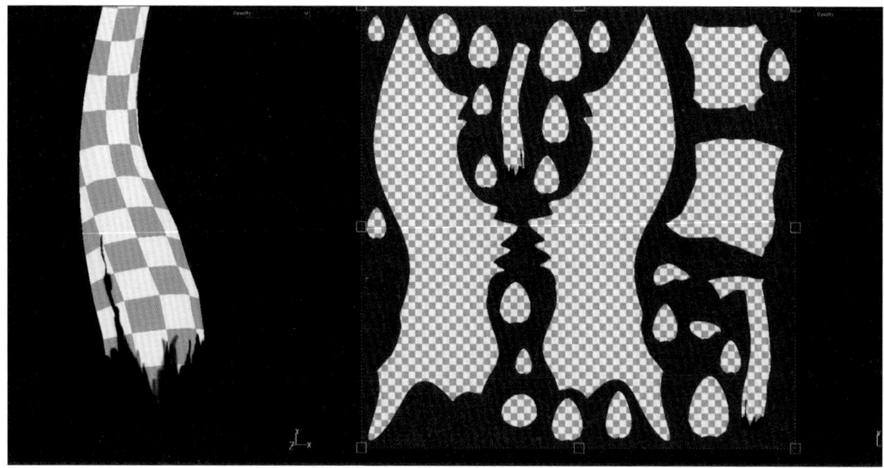

図5-2-7 オパシティチャンネルと書き出されたテクスチャ

Emissiveマップ（発光）の作成

この章では、ゲームや映像などでよく使われる発光するテクスチャについて紹介します。「Emissive マップ」を使って、前章と同様に効果を加えたい場所に直接ペイントすることで、発光しているような効果を簡単に付けることができます。ゲームエンジンや Maya などのマテリアルで、エミッシブの強さなどを調整できますが、なるべく Substance Painter 上で細かな見栄えは整えておいたほうがよいでしょう。

6-1 Emissive マップとは

剣のデザインとして炎属性で熱エネルギーが表面に流れている設定なので、その発光表現をするために「エミッシブマップ」を使います。

まずは、アルファマップと同じように発光用のチャンネルを追加しましょう。エミッシブは特にシェーダーの変更などは必要ありません。エミッシブマップをペイントするための塗りつぶしレイヤーを追加します。

また、プロパティーレイヤーでは Color と Emissive のチャンネルだけを残し、それ以外をオフにします。

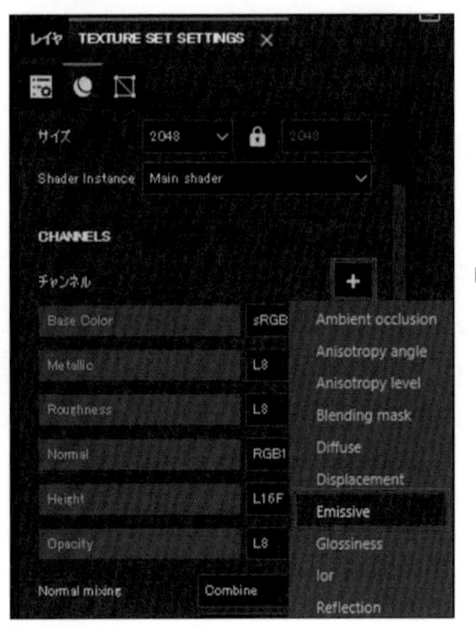

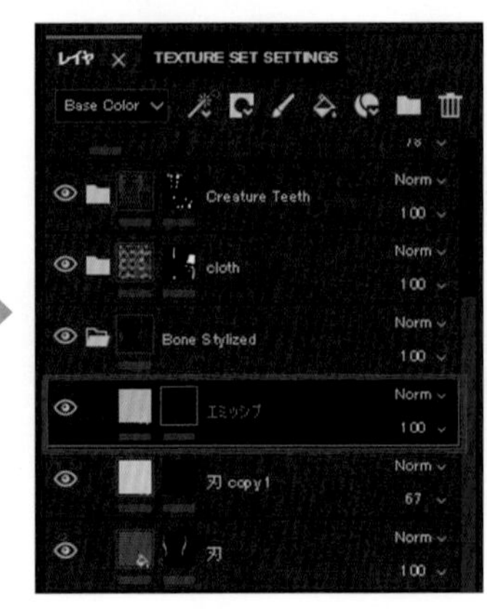

図6-1-1 エミッシブマップに塗りつぶしレイヤーを追加

デザイン画を見ると、刀身部分に走っている発光はオレンジなので、エミッシブもオレンジにしましょう。ベースカラーの色も同じで大丈夫です。

図6-1-2 デザイン画で発光部分を確認

図6-1-3 エミッシブのカラーをオレンジに揃える

6-2 Emissive のペイント

下準備が済んだのでペイントしていきますが、その前に「シンメトリー」をオンにします。左右対称モデルは、楽にペイントするためにもシンメトリーを忘れずに設定しましょう。

スカルプトで彫り込んだ溝に沿ってペイントしていきます。ポイントとして、すべて一定の太さ、強さにならないように筆圧や細さに気をつけてペイントしましょう。デザイン画を見ながらイメージを拾っていきます。

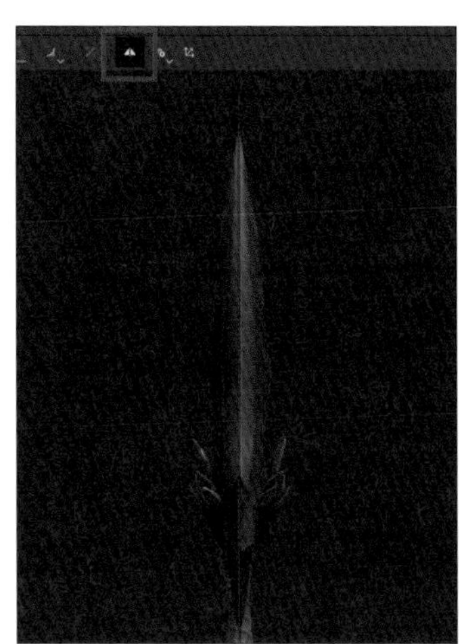

図6-2-1 左右対称モデルは「シンメトリー」をオン

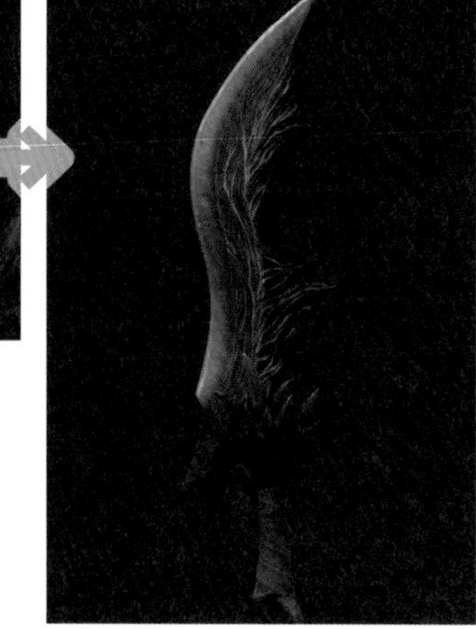

図6-2-2 発光部分をペイントしていく

発光部分をエミッシブでペイントしてみましたが、あまり発光している感じが出ていませんよね？ライトを回転して暗くしてみると、ほのかに光っている感じもありますが少し物足りません。

> **Note**
>
> 後々ゲームエンジン上でエミッシブを強めることもできるので、このままでも問題ありませんが、微妙なエミッシブの強弱を詰めるためにも、Substance Painter上での見栄えがよくなるようにしておくことをオススメします。

エミッシブの強さはポストエフェクトの領域なので、画面右端の「SHADER SETTINGS」内の「SHADER PARAMETERS」にある「Emissive Intensity」の値を変更します。Emissive Intensityの数値を「1 → 5」にしてみました。

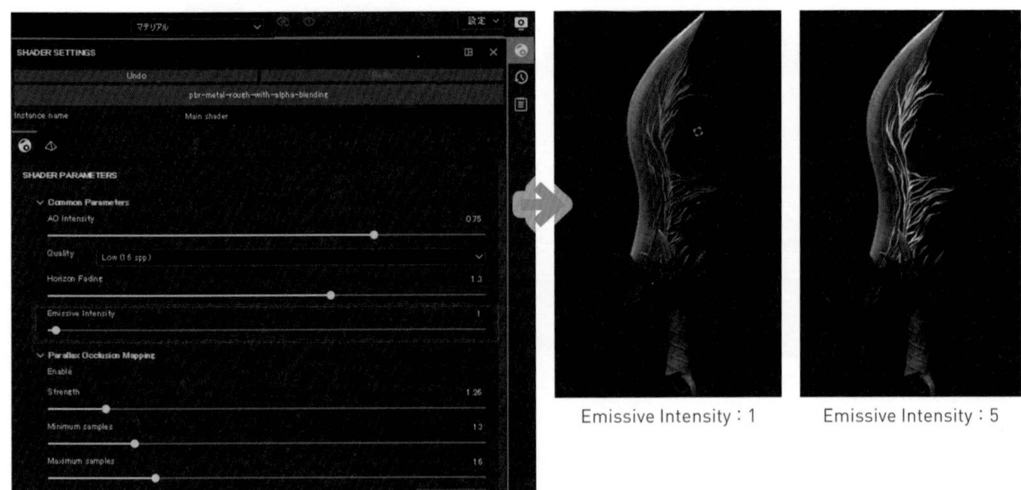

図6-2-3 「Emissive Intensity」を変更して、エミッシブ効果を上げる

Emissive Intensityでエミッシブの強さを変更したので、さらにエフェクトを際立たせるために「グレア」をかけます。「DISPRAY SETTINGS」の「Activate Post Effects」をオンにしましょう。

グレアだけオンにして、輝度やしきい値などのパラメーターを調整します。シェイプは「ブルーム」でよいと思います。グレアをかけることで、より熱を帯びているような感じになりました。

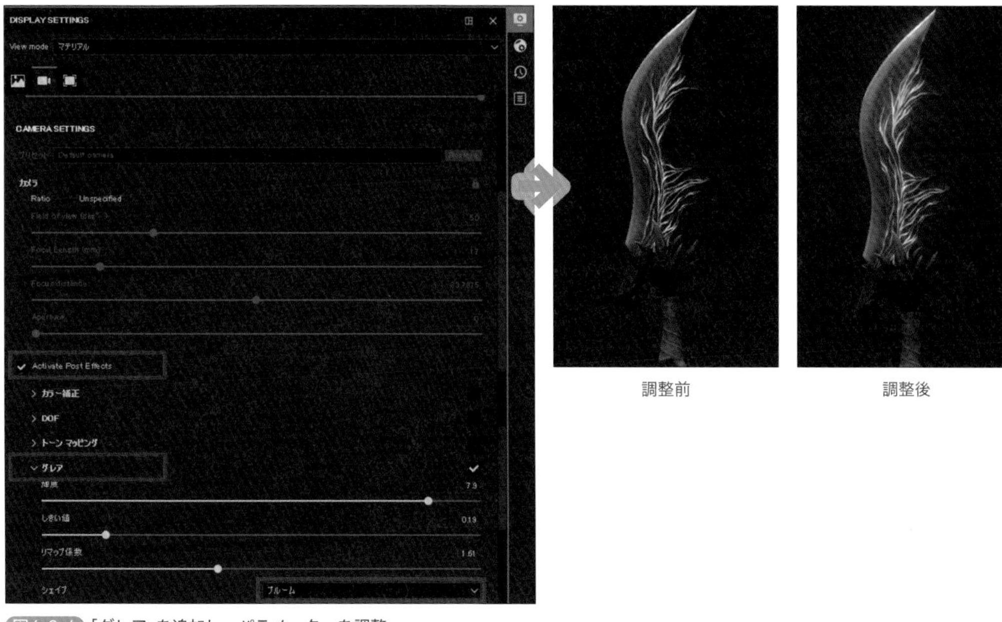

図6-2-4「グレア」を追加し、パラメーターを調整

6-3 質感を向上させる

仕上げにもう少し発光表現を詰めていきましょう。ここからはすごく微妙な変化になりますが、細部のこだわりが最終的なクオリティにつながるので気は抜けません。

エミッシブ用の塗りつぶしレイヤーを追加して、弱めの不透明度のソフトブラシで根本を中心に広い範囲を柔らかく発光させせました。

図6-3-1 発光範囲を広げる

最後に仕上げとして、光の筋が末端に行くほど弱くなる表現を加えました。ベースの発光の線を描いているレイヤーのマスクを、不透明度を下げたブラシで柔らかく消していきます。

末端に行くほど光が弱まる表現を加えたことで、よりクオリティが上がったように感じます。エミッシブマップを使うことでかなり見栄えがよくなり、ゲーム素材として使った際の質感が高まったのではないでしょうか。

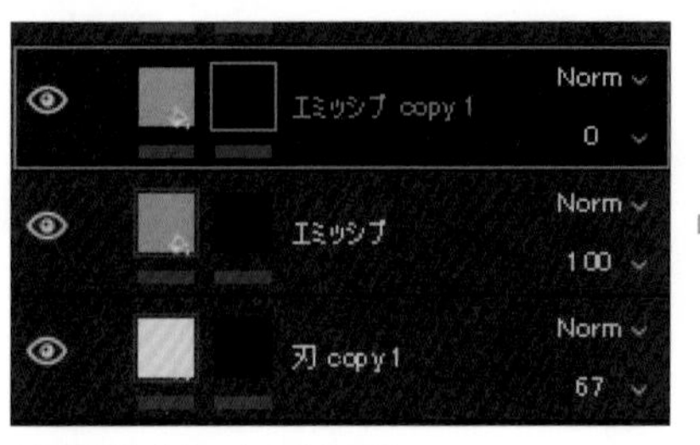

図6-3-2 先端の光り方を調整

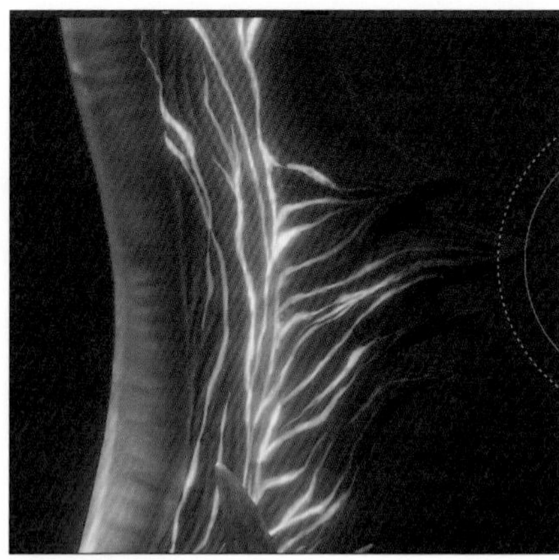

図6-3-3 剣の発光効果の完成

Emissiveマップ（発光）の作成

テクスチャの書き出し

前章までの操作で、最初の完成イメージに沿った剣のテクスチャが完成しました。Substance Painterを駆使することで、高品質なテクスチャを効率よく作成できることがわかったかと思います。この章では、ゲームエンジンなどの納品先で使うために、テクスチャを書き出すためのオプションを解説します。また、独自のテンプレートを用意することで、毎回設定を行うことなく、すぐにテクスチャのエクスポートが可能です。すでに用意されているテンプレートを参照しながら、独自のテンプレートを作っておくとよいでしょう。

7-1 作成したテクスチャのエクスポート

テクスチャが完成したら、外部のレンダラーやゲームエンジンで使うために書き出す必要があります。画面左上メニューの「ファイル→ Export Textures」を選択してください。テクスチャエクスポートのオプション画面が表示されます。以降で、項目を1つずつ解説していきます。

図7-1-1 「Export Textures」の設定画面

❶ Output directory

書き出し先のパスを指定します。

❷ Output template

外部のレンダラーやゲームエンジンごとに適したテクスチャ形式のテンプレートを選択することができます（次の節で、テンプレートのカスタマイズについては解説）。

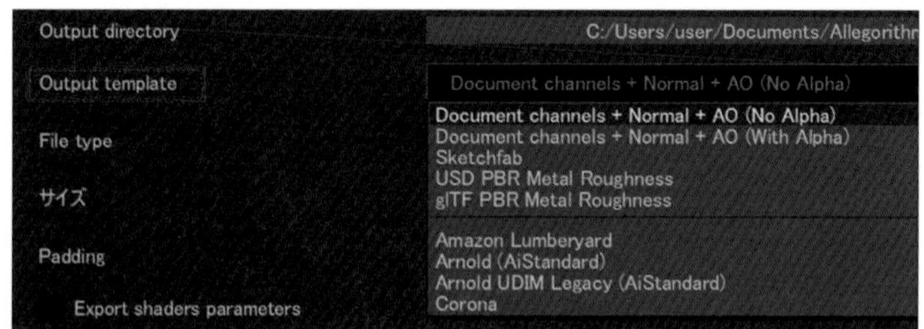

図7-1-2 Output templateのプルダウンメニュー

❸ File type

書き出すテクスチャ形式の拡張子やビット数を選択することができます。

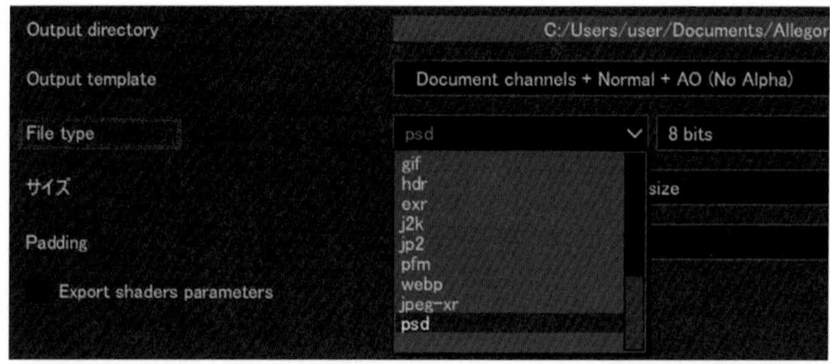

図7-1-3 File typeのプルダウンメニュー

❹サイズ

書き出すテクスチャのサイズを選択することができます。

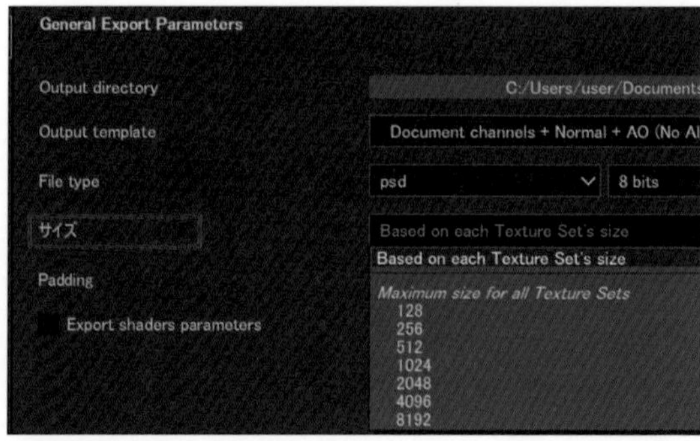

図7-1-4 サイズのプルダウンメニュー

❺ Pading

書き出す際にパディングをどのように生成するかを選択できます。推奨はデフォルトの「Dilation infinite」です。それ以外の項目も解説しておきます。

図7-1-5 Paddingのプルダウンメニュー

No padding

パディングを生成しません。

Dilation infinite（推奨）

パディングがテクスチャの境界に達するまで生成されます。

Dilation+transparent

パディングが指定したピクセル分生成されます（数値を調整できる）。残りの領域が透明になります。

Dilation+default background color

パディングが指定したピクセル分生成されます(数値を調整できる)。残りの領域はチャネルのデフォルトの色に置き換えられます。

Dilation+diffusion

パディングが指定したピクセル分生成されます（数値を調整できる）。残りの領域はブラーがかかっているような感じになります。

比較として「No Padding」と「Dilation infinite」をそれぞれ書き出してみました。多少塗り足しがないと、ミップマップの作用で近くのUVに浸食するおそれがあるので、基本的にパディングありでテクスチャをエクスポートしましょう。

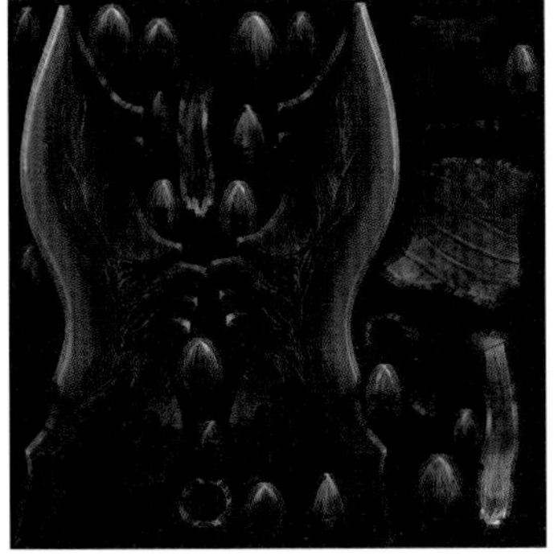

Dilation infinite

図7-1-6 パディングあり／なしの違い

7-2 カスタムテンプレートの作成

この節では、「カスタムテンプレート」について紹介します。前節でテクスチャサイズなどを設定していたタブがSETTINGSですが、テンプレートを見るために「OUTPUT TEMPLATES」をクリックしてください。

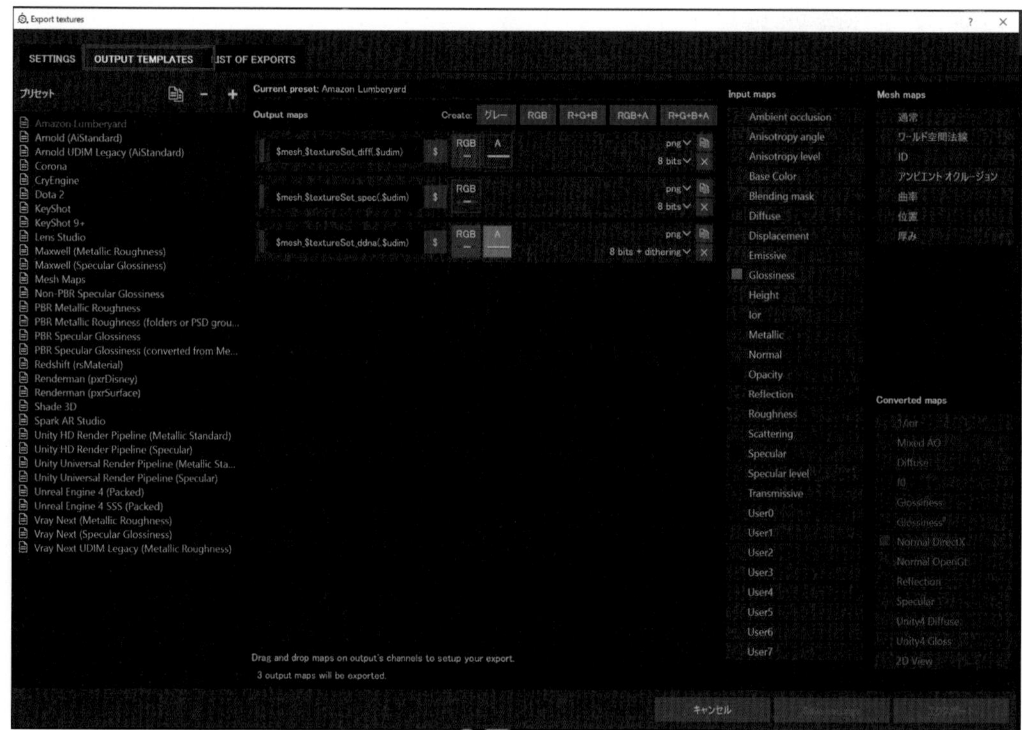

図7-2-1 「OUTPUT TEMPLATES」の設定画面

たとえば、Mayaなどで使われているArnoldレンダー用のプリセットになると、以下の画面のような構成になります。色ごとに当てはめて見てください。あまりSubstance Painterのデフォルトと変わらないことがわかります。

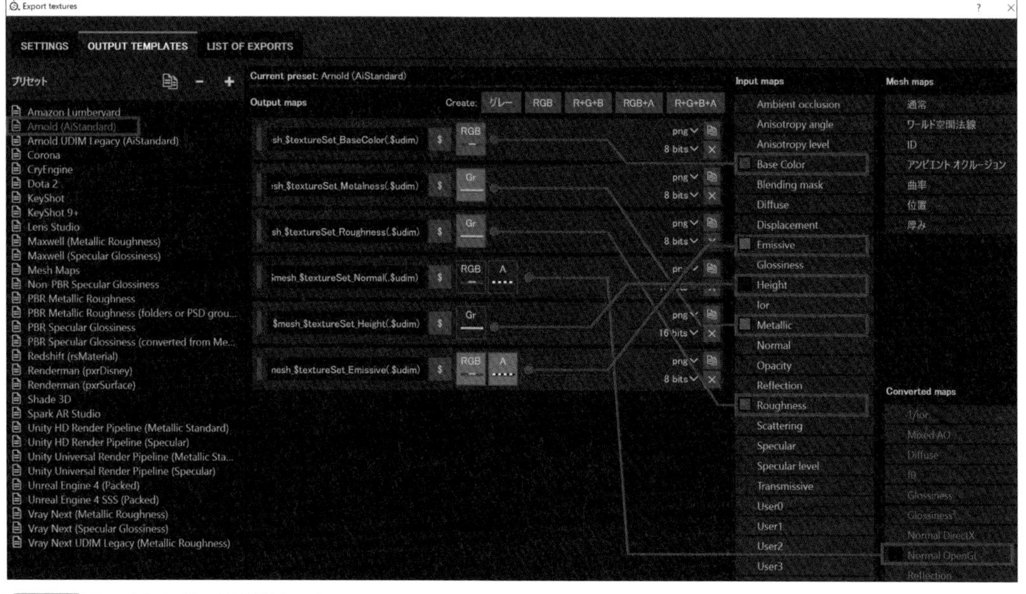

図7-2-2 Arnoldレンダー用のプリセット

ほかのプリセットで見てみると、たとえばUnreal Engine4用のテクスチャ構成は、以下の画面のような構成になります。こちらは特徴的なところで言うと、ノーマルマップがDirectX用になっていたり、メタリックやラフネスなどが1つのチャンネルごとにまとめられていたりしています。

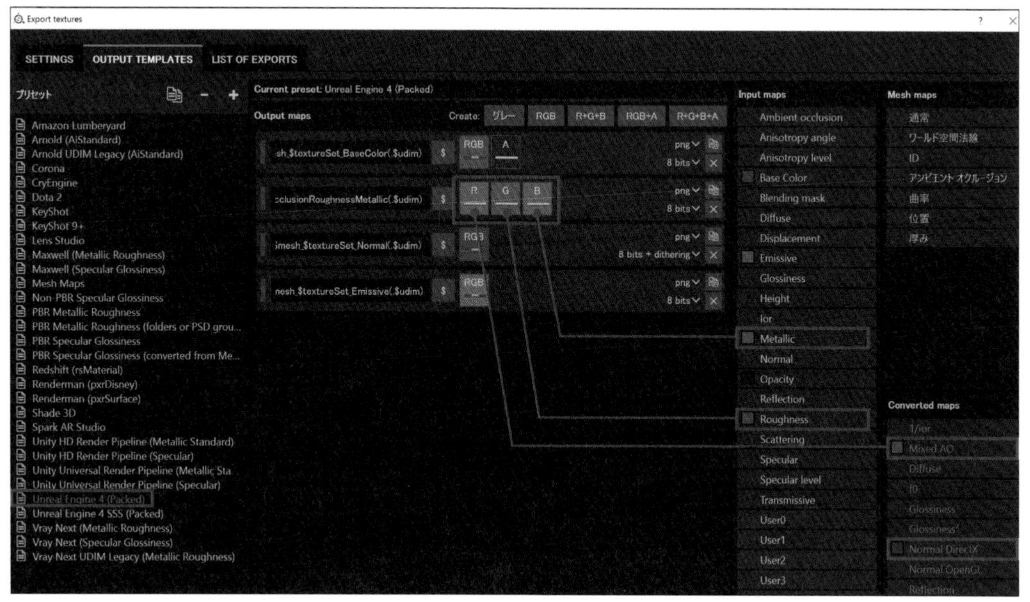

図7-2-3 Unreal Engine4用のプリセット

新規プリセットの作成

Arnold レンダラーや Unreal Engine4 などのプリセットを使ってもよいですが、もっと細かく案件の仕様に沿ってカスタマイズしたい場合は、0 から構築することもできます。

プリセットのところにある「+」ボタンをクリックしましょう。すると、プリセットの一番下に「New_Export_Preset」という名前のプリセットが追加されました。

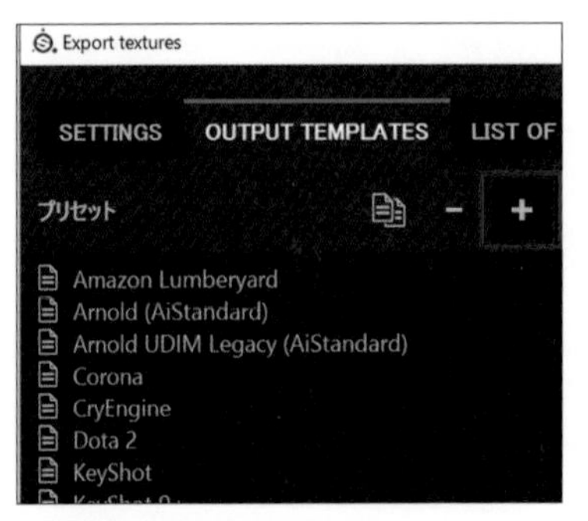

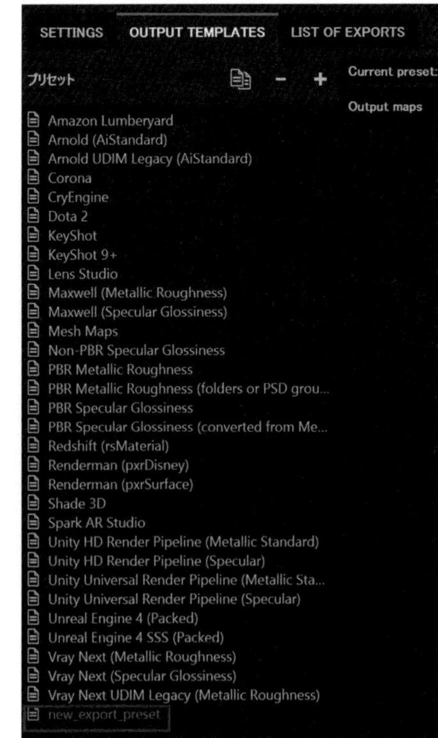

図7-2-4 新規プリセットを追加

Output maps を見てみると、何もない状態なので自分で 1 から構築する必要があります。まずは Base Color が欲しいので RGB ボタンを押して、RGB チャンネルを用意します。

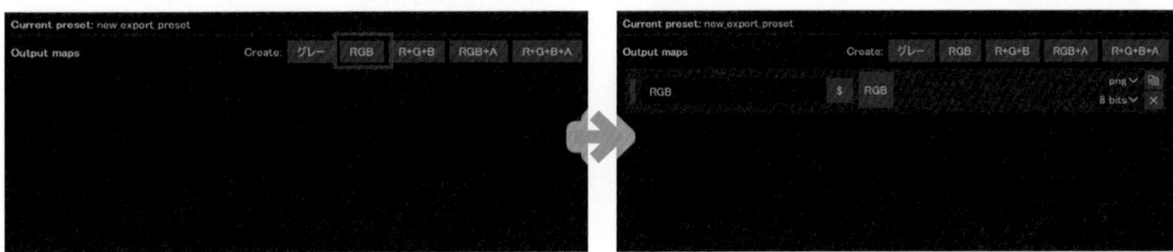

図7-2-5 RGBチャンネルの追加

次に、右にある Input maps から加えたいテクスチャを選択して、RGB のところにドラッグすることで接続します。今回は、Base Color を接続してみます。ドラッグしたら RGB チャンネルとして設定しましょう。

これで、うまく接続できました。Base Color と RGB が同じ色で表示されています。ついでにわかりやすく、名前を RGB から Base Color に変えておきました。ここが書き出されるときの名前になります。

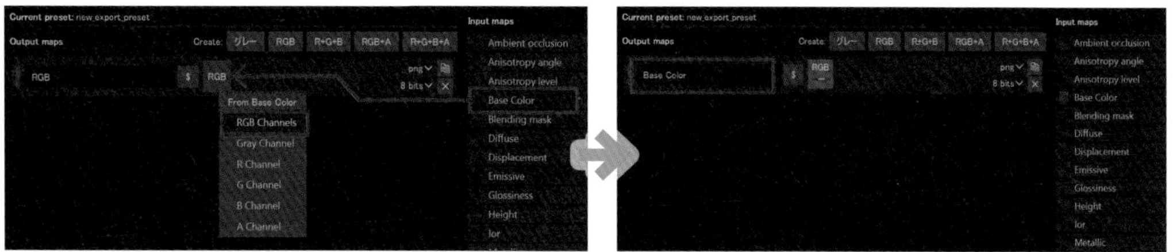

図7-2-6 プリセットにBase Colorの出力を追加

ほかのチャンネルも同じ手順で用意します。注意点としては、Metallic と Roughness は白黒なのでグレーチャンネルで OK です。Normal は、OpenGL か DirectX があるので最終的なレンダラーなどで選びましょう。ほかのテンプレートの構成を参考に見てみると、どちらを使えばよいかわかりやすいと思います。

図7-2-7 新規プリセットの完成

カスタムプリセットを用意したら、書き出し設定に戻って Ontput template を見ると、先ほど作成した「new_export_preset」が選択できるようになっています。書き出し設定が済んだら最後にエクスポートを押して、テクスチャを全部書き出しましょう！

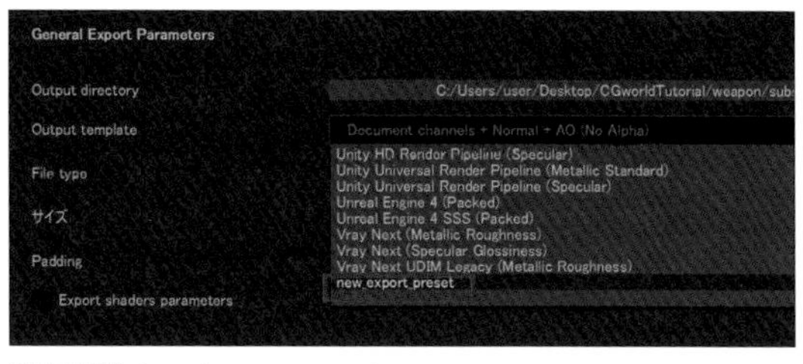

図7-2-8 新規プリセットでの書き出し

応用編 CHAPTER 8

外部で作成したテクスチャの読み込み

２章で解説したように、Substance Painter には「ベイク」機能がありますが、必ずしもそれを使う必要はありません。Marmoset Toolbag など外部ソフトのベイク機能を使って作成したテクスチャを、Substance Painter に読み込んで利用することもできます。もしより高度なベイク機能を搭載したツールがあるのなら、そちらで作成したほうが効率的でしょう。なお、念のため言っておきますが、Substance Paiunter のベイク機能もゲーム制作などで使用されているので十分実用性があります。

8-1 外部ソフトで作成したテクスチャのインポート

剣のテクスチャ作成の解説は前章で無事完了しましたので、ここからは少し補足的な知識も触れていこうと思います。

たとえば、テクスチャを Substance Painter ですべてベイクせず、Normal マップや AO マップなど一部を事前に外部のソフトでベイクしてある場合は、それらのテクスチャを読み込んで利用することができます。

解説用にサイのモデルデータで新規シーンを作成しました。まだ何もベイクされていない状態です。

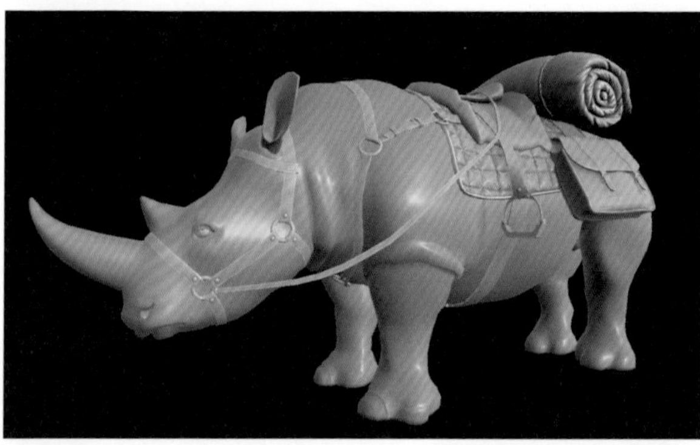

図8-1-1 サイのモデル（ベイク前）

このシーンに、外部ソフトで作成していた「Normal マップ」「AO マップ」「Curvature マップ」を読み込みたいと思います。まずは、上部のメニューから「ファイル→ Import resources」を選択します。

テクスチャをインポートするための画面が表示されました。外部から読み込むために「Add resources」を押しましょう。

図8-1-2 外部テクスチャのインポート画面

8-2 テクスチャの読み込み設定

必要なデータを選択して読み込むと、以下の左画面のように一覧で表示されました。Underfinedと書かれている枠があるのでここをクリックし、「Texture」を選択してテクスチャとして読み込むように指定します。

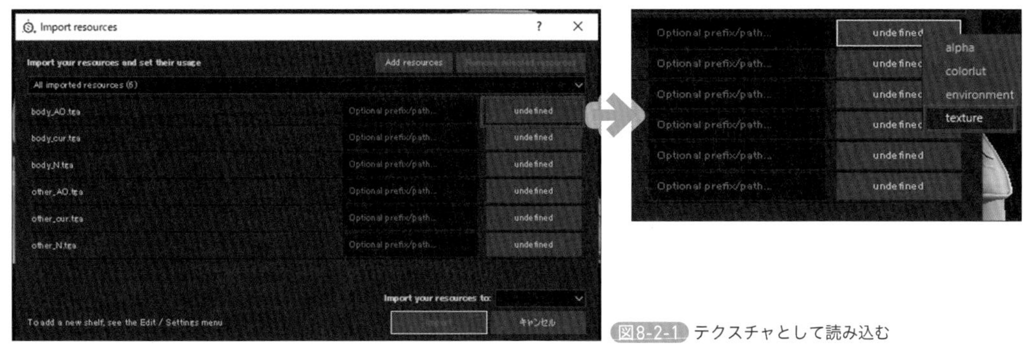

図8-2-1 テクスチャとして読み込む

すべてのテクスチャを「texture」として読み込む設定にしたら、ダイアログ下部にある「Import your resources to」と書かれている枠をクリックします。3つの項目が表示されます。それぞれの意味は、次のとおりです。

current session

一時的に読む込むだけで、再起動時にはリソースが消えます。特定のタイミングだけに使うテクスチャなどなら、この設定がよいと思います。

project "(プロジェクト名)"

インポートしたデータが現在開いているプロジェクトに保存されます。

shelf " shelf"

インポートしたデータがシェルフ自体に保存されます。

図8-2-2
テクスチャの読み込み場所の指定

インポートを押すと、テクスチャデータが読み込まれました。このデータを「TEXTURE SET SETTINGS」のそれぞれのマップに対応した場所にドラッグしましょう。

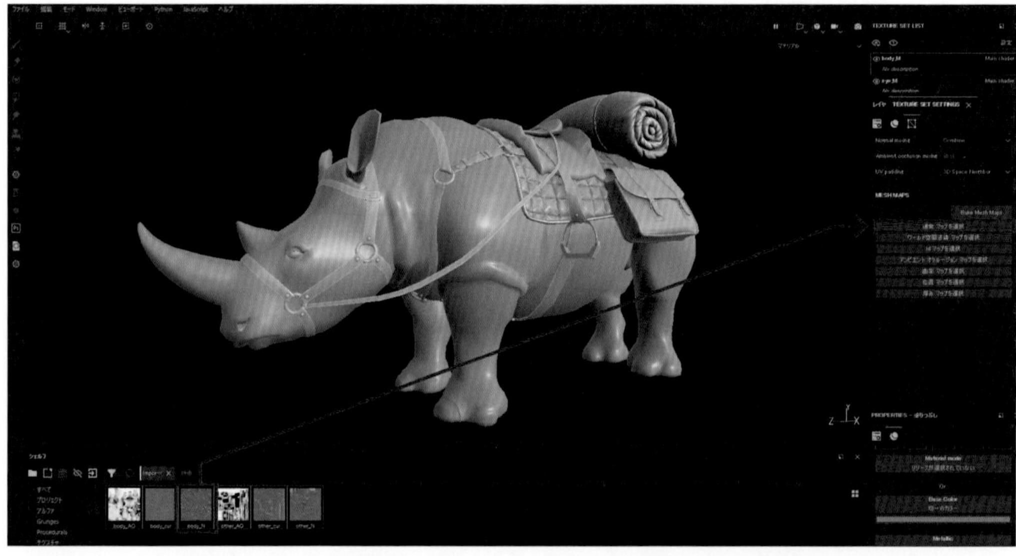

図8-2-3 読み込まれたテクスチャをマップに割り当て

Normal マップ、AO マップ、Curvature マップがそれぞれ適用されて 3D モデルに反映されました。

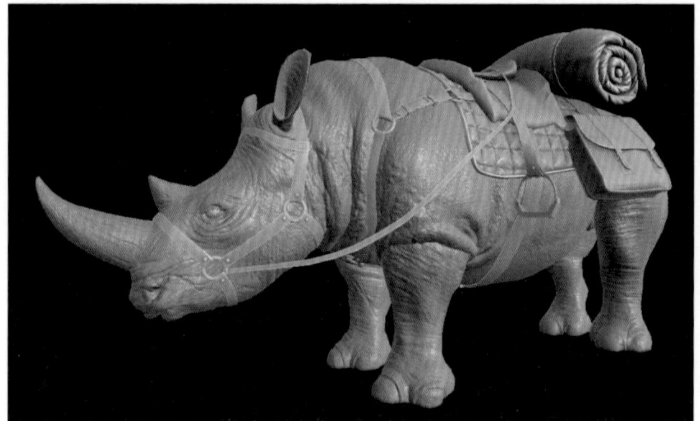

図8-2-4 すべての外部テクスチャが割り当てられた状態

外部から読み込んでテクスチャを適用させたということは、わざわざ Substance Painter 上でベイクする必要がありません。つまりベイクをするときは、読み込んだテクスチャ以外だけチェックを付けてベイクすれば構いません。

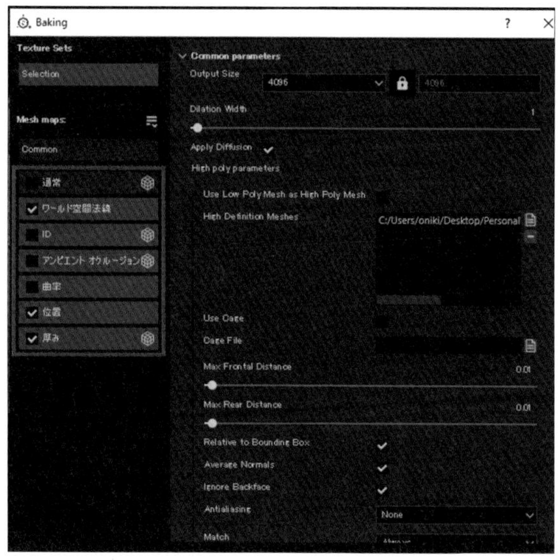

図8-2-5 ベイクは読み込んだテクスチャ以外にチェック

これで全部ベイクしたときと同じような見た目になります。外部で先にベイクしていてそれを利用したい場合は、この章を参考にやってみてください！

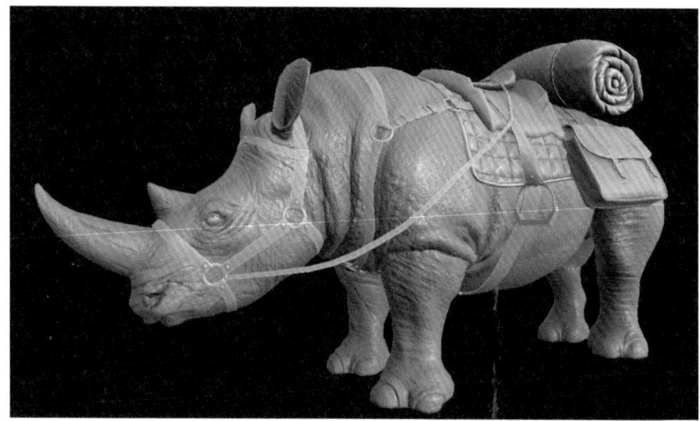

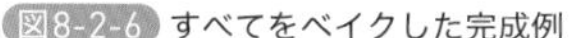

図8-2-6 すべてをベイクした完成例

応用編 1 2 3 4 5 6 7 8 9 10

サイのテクスチャ作成

8章では「サイ」の作例を使い、外部ソフトで事前に作成済みのNormalマップやAOマップなどをSubstance Painterに読み込んで活用する手順を紹介しました。続いて、同じ「サイ」のモデルのテクスチャを作成していく手順を解説していきましょう。この章は、「入門編」や「応用編」に登場した各種機能を使った集大成となります。誌面の都合で重要なポイントを中心に解説しているため、手順解説などは簡略化しています。不明な点が出てきたら、前の章に戻って確認してみてください。

9-1 マテリアルの塗り分け

マテリアルは、質感別に塗り分けていきます。まずは、一番広い「肌」を塗っていきましょう。肌の質感を表現するために、スマートマテリアルを追加します。今回は「Bone Stylized」を選択しました。

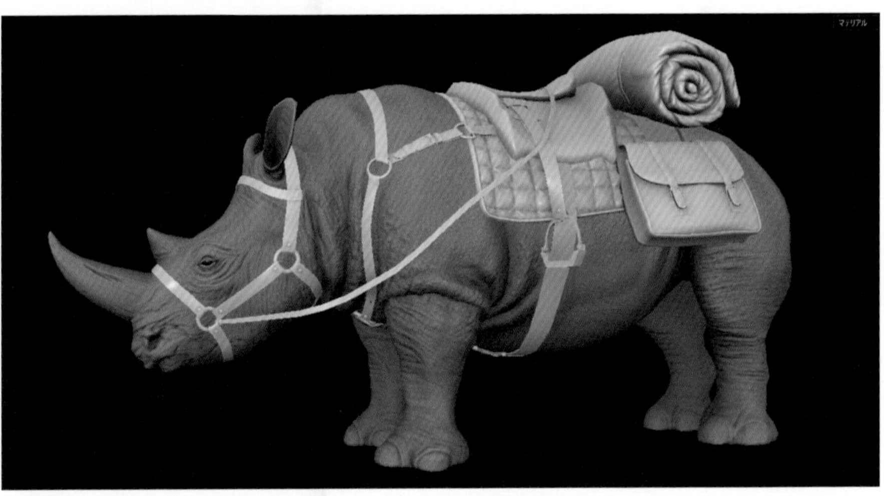

図9-1-1 サイのモデルを確認(「肌」を図9-1-2のように適用した状態)

質感はまだ仮ですが、ひとまず乾燥した肌の感じが欲しかったので、カラーは「グレー」、Metallicは「0」、Roughnessは「0.9」あたりの光沢のない乾いた感じにしておきました。

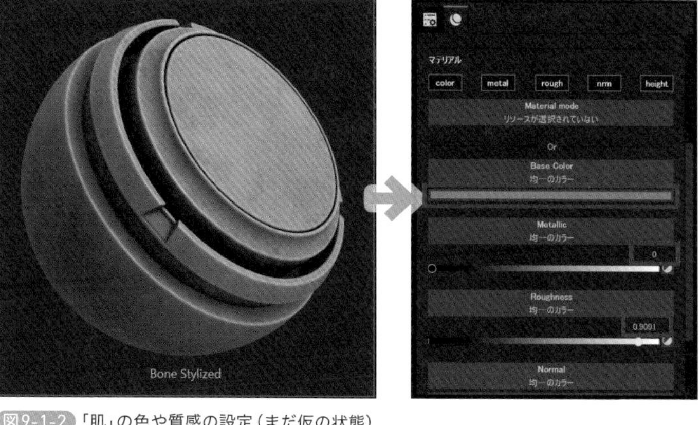

図9-1-2 「肌」の色や質感の設定（まだ仮の状態）

次に、「革」の質感を設定します。スマートマテリアルから、「Leather Natural Colored」を選択しました。あとでマスクで分けていくので、とりあえず全部塗りつぶしでも構いません。

図9-1-3 「革」のマテリアルの塗りつぶし

質感はひとまず、カラーは「ダークブラウン」、Metallicは「0」、Roughnessは「0.4」あたりの光沢のある革にしておきました。

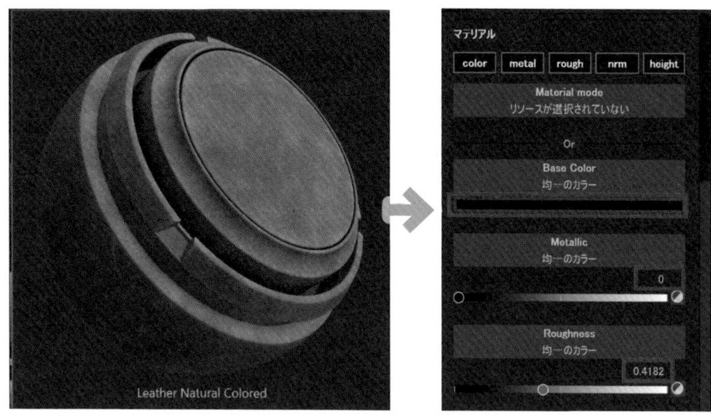

図9-1-4 「革」の色や質感の設定（まだ仮の状態）

次は、革のベルトを繋いでいる「鉄」の質感を設定します。スマートマテリアルから、「Steel Scratched」を選択しました。Polygon fill の機能を使い、ていねいに金属部分を塗り分けていきましょう。質感は、Steel Scratched のデフォルトのままにしています。

図9-1-5「鉄」の部分は、Polygon fillで塗りつぶす

さらに、背中に敷いている「マット」をペイントしていきます。これは特にスマートマテリアルは使用せずに、塗りつぶしレイヤーで質感づけしました。

光沢のある革っぽい印象にしたかったので、Metallic を「0.1」、Roughness を「0.3」あたりにしました。レザーの縁の部分は違う色を入れているので、作例を参考に Polygon Fill を使い上手く塗り分けてみてください。

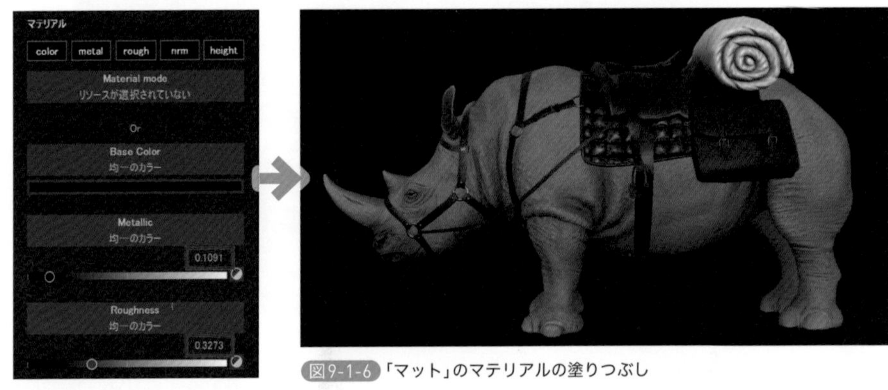

図9-1-6「マット」のマテリアルの塗りつぶし

最後に、背中に丸まっている「布」をペイントします。こちらもスマートマテリアルは使わずに、塗りつぶしレイヤーで質感づけをしました。質感は Metallic が「0」、Roughness が「0.5」といった感じにしています。

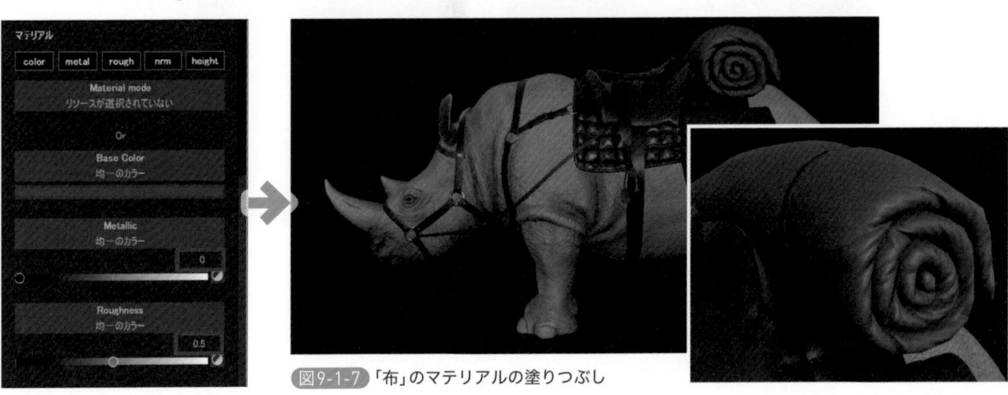

図9-1-7「布」のマテリアルの塗りつぶし

今はツルツルした状態なので、布っぽくなるようにマテリアルからディテール情報を追加してみましょう。シェルフのマテリアルから、「Fablic Baseball Hat」をレイヤーにドラッグします。

カラー情報は不要なのでプロパティーでオフにして、さらにスケールを調整してオブジェクトになじむようにします。マテリアルからディテール情報だけ持ってくるのは、けっこう便利な手法なので試してみてください。

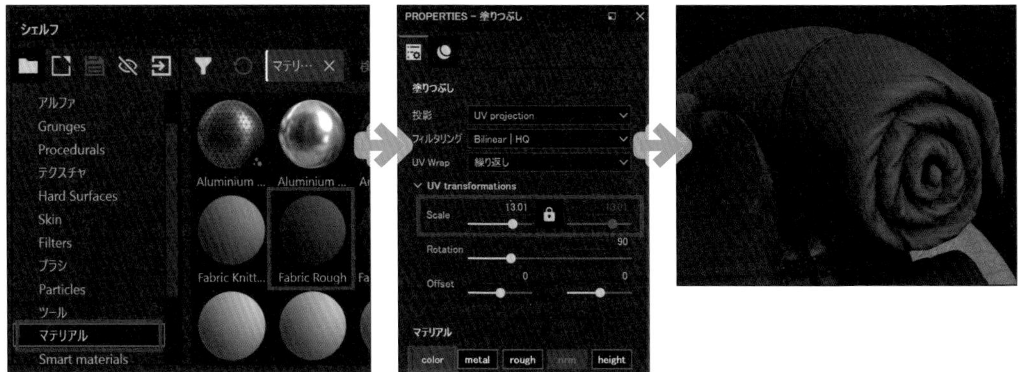

図9-1-8 「Fablic Baseball Hat」マテリアルを「布」レイヤーにドラッグして設定

9-2 テクスチャの質感の調整

これで、質感ごとにテクスチャを割り当てが終わったので、より細かい工程に入っていきます。まずは、ベルトに経年劣化した感じの「はげ感」を与えてみましょう。

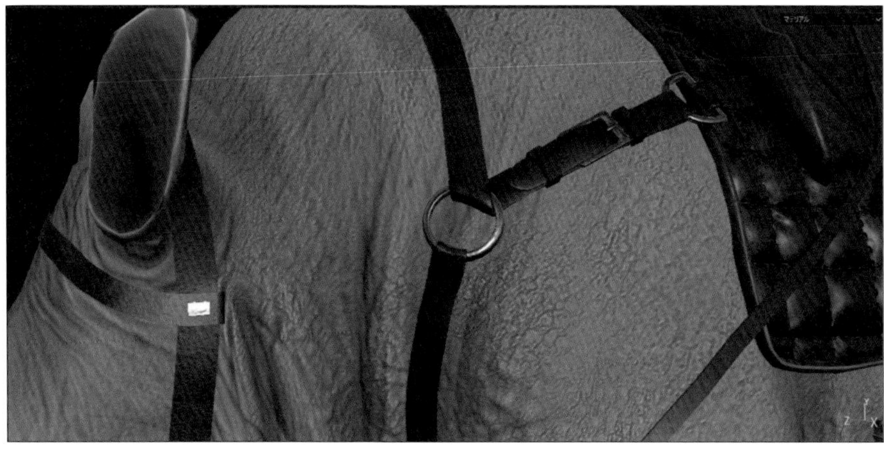

図9-2-1 「革」の状態を確認（図9-2-2以降を適用した状態）

はげ用に塗りつぶしレイヤーを追加し、カラーをベルトより明るめのベージュにします。そしてレイヤーの上で右クリックし、「Add generator → Curvature」を選択しましょう。

オブジェクトの端からはげていくような表現ができるので、パラメーターを調整します。

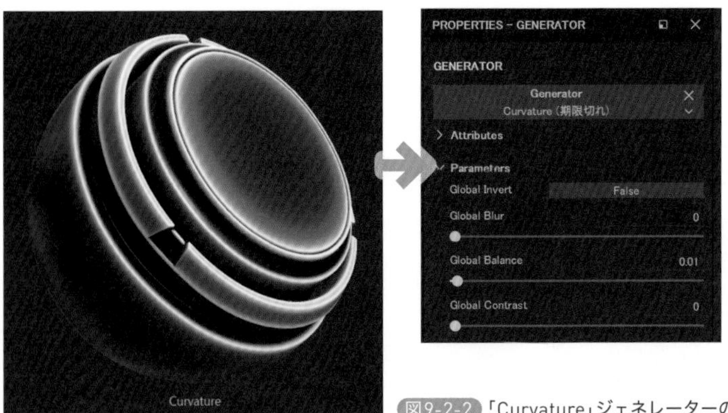

図9-2-2 「Curvature」ジェネレーターの追加

レイヤーを「Alt+ クリック」でマスク表示にしてみると、どのくらいマスク範囲に影響が出ているのかがわかりやすいです。上手くマスク範囲を調整できたら、色味の微調整や質感調整をして「はげ感」を詰めていきます。必要だったら「Add paint」でマスク範囲を削るのもよいでしょう。

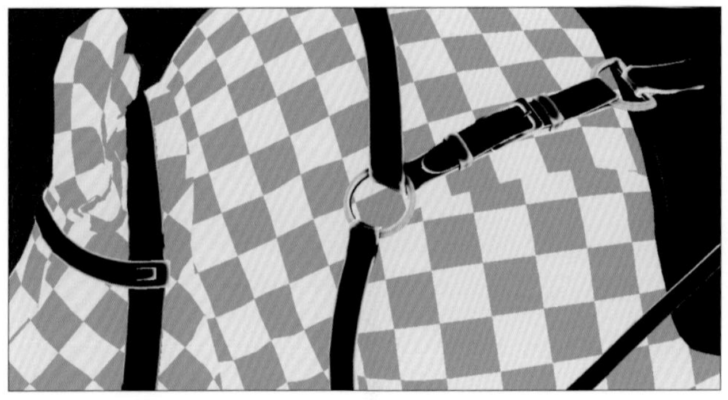

図9-2-3 マスク表示で適用範囲の確認

ちなみに質感は、革がはげている感じにしたいためベルト部分よりもRoughnessをマットにするために、数値を「1」にしました。

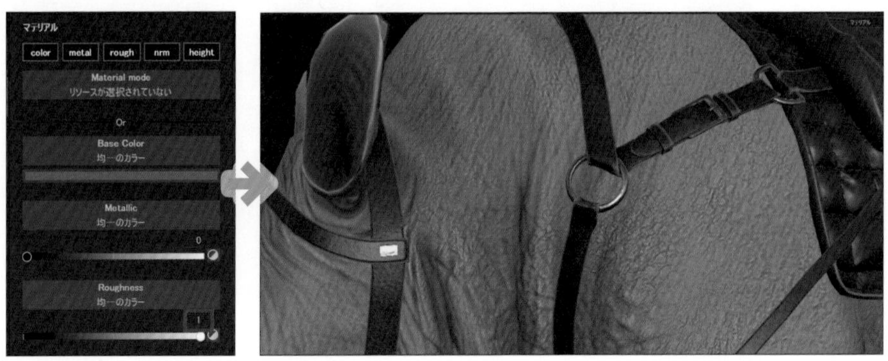

図9-2-4 マテリアルの質感はRoughnessで調整

次に、「カバン」の質感を上げるために、もう少し情報量を増やしたいと思います。現在のカバンは反射が一定の感じなので、Normalを少し散らしましょう。

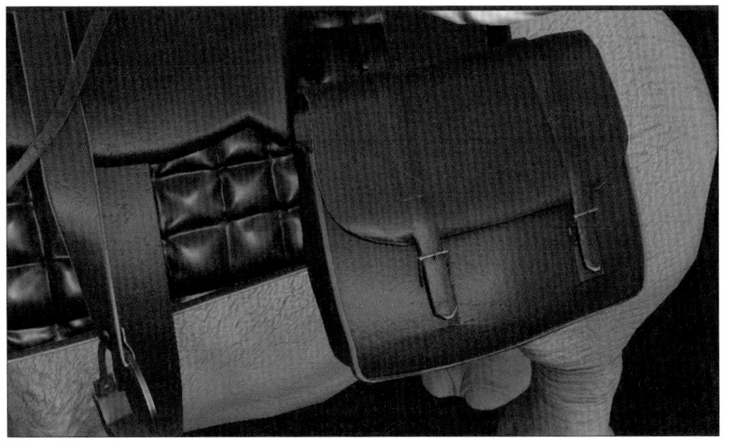

図9-2-5 「カバン」の状態を確認（図9-2-6以降を適用した状態）

空のレイヤーを追加して、右クリックから「Add filter」をクリックします。「MatFinish Rough」というフィルターを選択します。無調整の状態だとRoughnessがヌルヌルした感じになると思うので、まずNormal以外のチャンネルをオフにします。

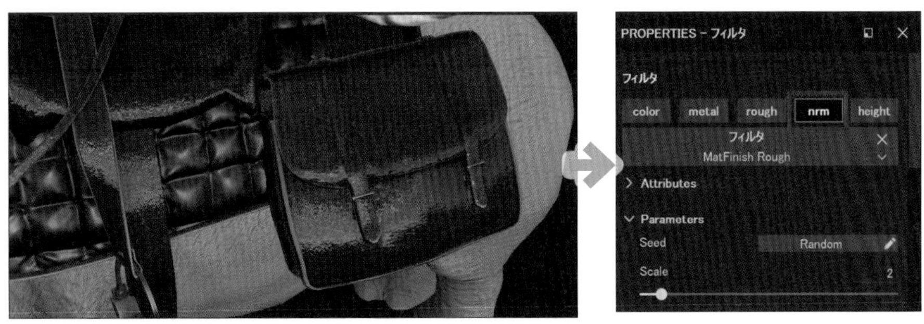

図9-2-6 「MatFinish Rough」フィルターを追加し、Normal以外をオフ

スケールやIntensityを調整したらところ、図9-2-7のようになりました。このように、フィルターでNormalマップを散らすテクニックはお手軽で効果が高いので、ほかにも物足りない部分がある場合などに使ってみてください。

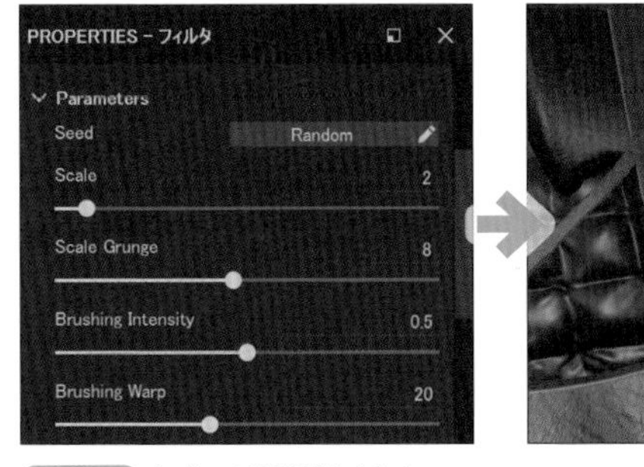

図9-2-7 カバンの質感が向上した

9-3 皮膚のテクスチャ

荷物はある程度テクスチャが進んだので、いったんサイの「皮膚」も完成度を上げていこうと思います。現状は次の画面のような感じで、皮膚だけサッパリしているので、土汚れや皮膚の色味を足していきましょう。

図9-3-1 サイの「皮膚」の状態の確認

まずは、塗りつぶしレイヤーで彩度低めの茶色のカラーを設定し、黒マスクを追加します。マスクの右クリックで「Add fill」し、シェルフの「Grunges」から「Grunge Leak Dirty」というプロシージャルテクスチャを選択します。

すると、全体的にランダム感のあるテクスチャが適用されました。少し全体的にやりすぎ感があったので、Add paint で不要な部分は非表示にしました。

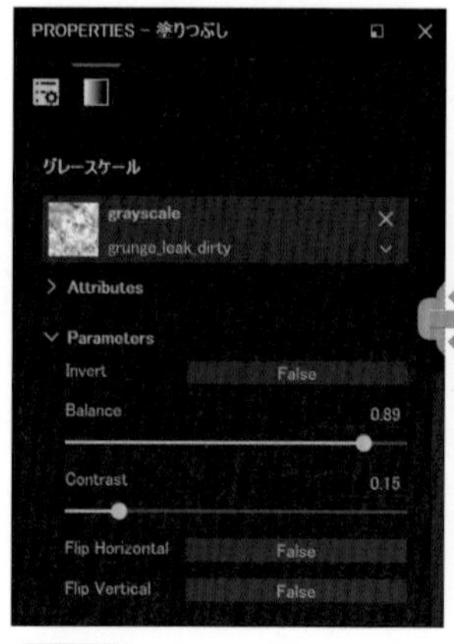

図9-3-2 「grunge_leak_dirty」プロシージャルテクスチャを適用

図9-3-3
不要な部分を「Add paint」で非表示にする

1つの色で全体的に汚すより、少しずつ違う色で汚したほうが効果的なので、複数の汚れを付けるため、再度塗りつぶしレイヤーを追加して「Grunge Concrete Old」というテクスチャをマスクに設定します。

少しパラメーターを調整してみましたが、おなかの辺りをよく見てみるとテクスチャが途中で途切れています。これはUVがおなかの辺りで途切れているからなのですが、プロシージャルテクスチャではスケールの数値しだいでは、こういったことがたまに起こります。

図9-3-4
「Grunge Concrete Old」テクスチャを追加し、おなか辺りを確認

対処法として、Add paintで途切れている部分を非表示にする方法がありますが、**投影手法を換える方法でもUVの途切れをなくすことができます。**

デフォルトでは、「UV Projection」といってUVを基に投影している手法ですが、ほかの投影手法も試してみると、テクスチャがうまく投影されることがあります。それぞれを試して見た結果は、以下になります。

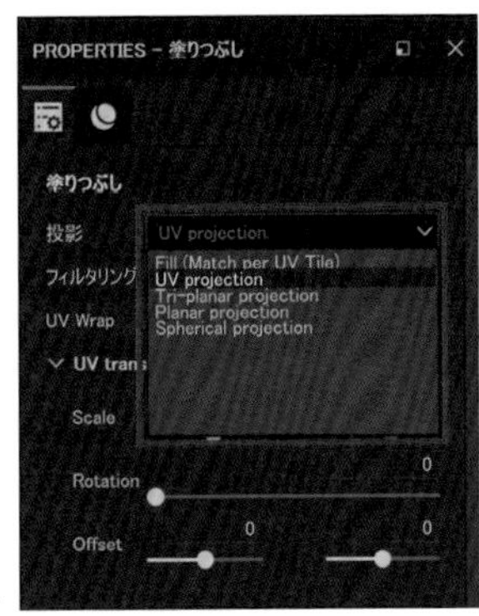

図9-3-5 投影方法を変更して、作例を確認

Tri-planar projection

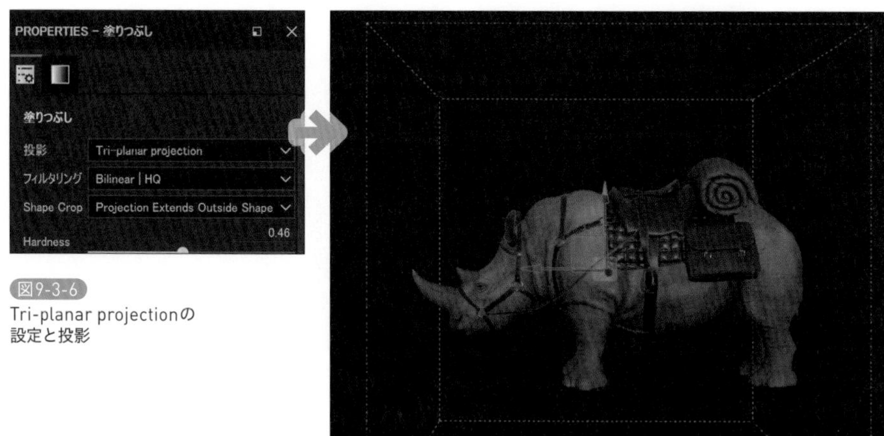

図9-3-6
Tri-planar projectionの
設定と投影

Planar projection

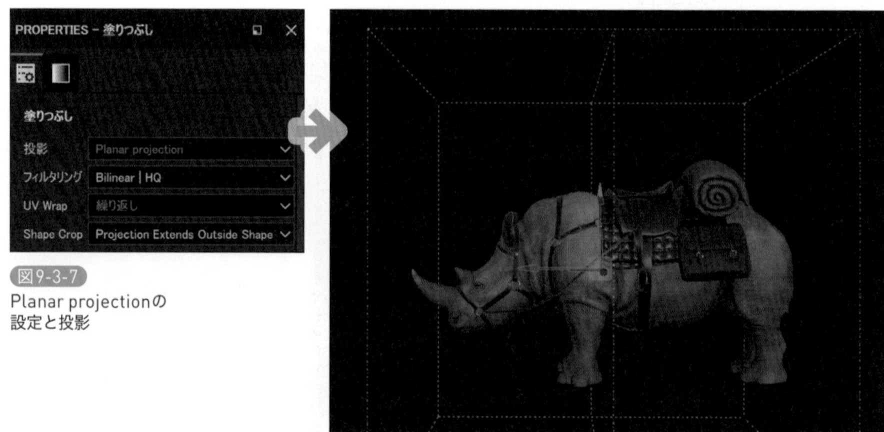

図9-3-7
Planar projectionの
設定と投影

Sphereical projection

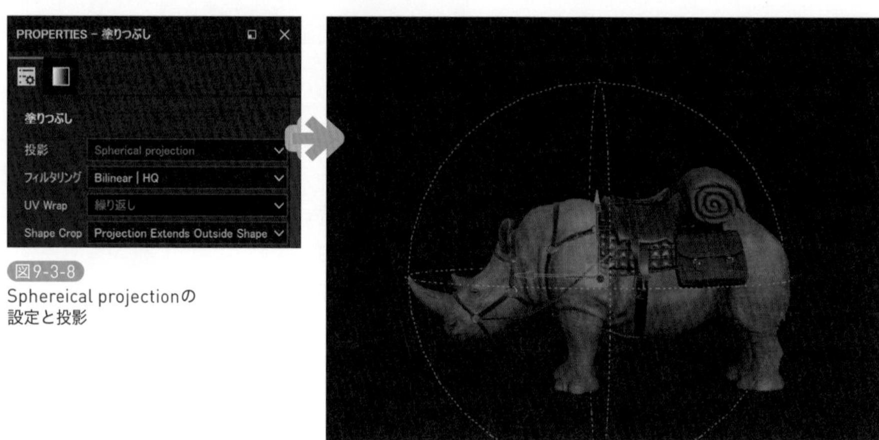

図9-3-8
Sphereical projectionの
設定と投影

今回は「Tri-planar projection」で投影してみました。経験上、この設定にすればだいたい上手くいきますので、試してみてください。拡大と引きで見てみると、図のようになりました。だんだん皮膚のディテールが増えてきたように思います。

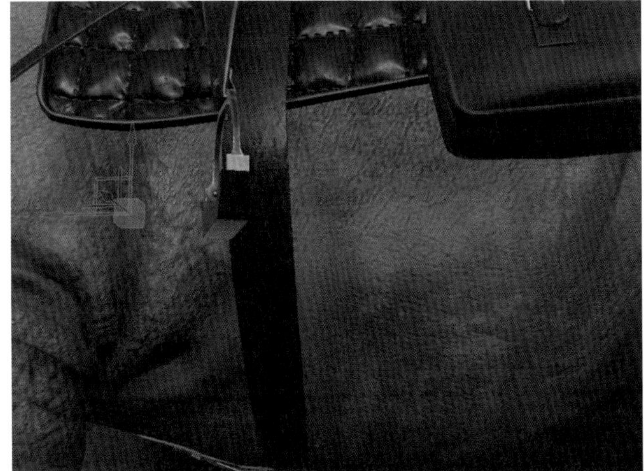

図9-3-9
「Tri-planar projection」で皮膚のテクスチャを確認

9-4 皮膚の質感の向上

ここまでで、皮膚のテクスチャがだいぶ完成してきました。さらに質感を向上させるために、紙面だとわかりづらいですが、微妙なディテールを追加していきます。

今までと同じように、塗りつぶしレイヤーを追加して、右クリックからAdd fillで「Grunge Concrete Old」のディテールを重ねました。

図9-4-1
「Grunge Concrete Old」のディテールをさらに重ねる

次に、皮膚が乾燥して「ヒビ割れた感じ」を表現するために、塗りつぶしレイヤーのカラーを白にして、「Grunge Concrete Cracked」テクスチャをマスクとして使用します。

すると、図のように全体が白くなりました。これは、Grunge Concrete Clackedの白の範囲が多いためです。

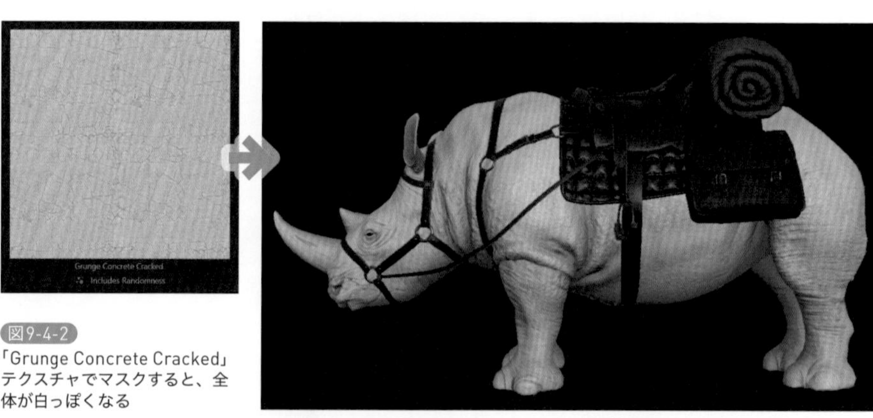

図9-4-2
「Grunge Concrete Cracked」テクスチャでマスクすると、全体が白っぽくなる

レイヤーを「Alt+ クリック」でマスク表示にしてみるとわかりやすいですが、ヒビが入っている部分が黒でそれ以外が明るめのグレーになっています。このままでは欲しいマスク範囲が逆になっていますね。

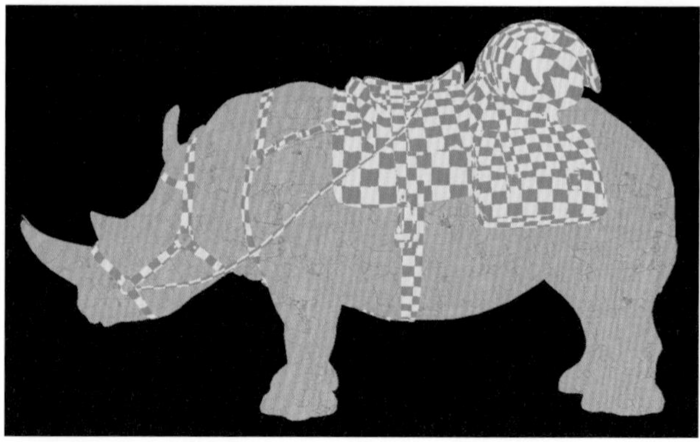

図9-4-3 マスク表示で確認

これではマスクとして使えなかったので、プロパティーから「Invert」をTrueにして白黒を反転させた上で、コントラストを強めに調整しました。

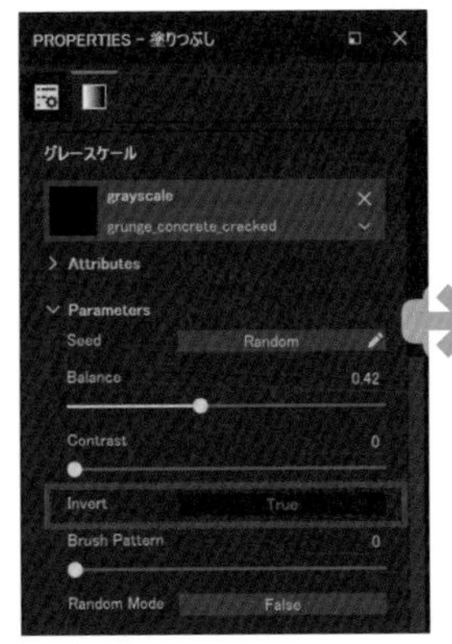

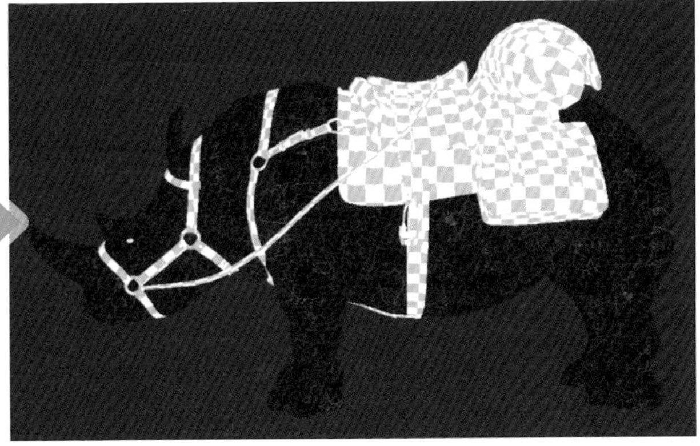

図9-4-4 白黒を反転し、コントラストを調整

これでヒビの部分が白くなって表示箇所になり、全身に乾燥したような白っぽいヒビが入りました。ただ、さすがに全体に入るのはやり過ぎなので、適度にAdd paintで非表示にしておきましょう。

Add paint前

Add paint後

図9-4-5 Add paintで白いヒビの部分を調整

次に、足元に土汚れをペイントしました。このサイの見た目からして、荷役として各地を歩いていることが想像できます。そのため足に跳ねたであろう「泥」や「汚れ」を表現しました。

このように、見た目や設定から読み取れる情報をテクスチャに反映させていくと、説得力のあるテクスチャが作りやすいので試してみてください。

図9-4-6 足元の「泥」や「汚れ」の表現

9-5 皮膚の立体感の調整して完成

皮膚の細かいディテールの調整は終わりました。ここでいったん、キーボードの「C」を押して、カラーテクスチャ表示にしてみましょう。ライティングが消えるので、どのくらい描き込めているかがわかりやすいです。

図9-5-1 カラーテクスチャ表示にして確認

立体感をもう少し高めていきましょう。そこでカラーテクスチャを補強するため、ライト情報もベースカラーに少し重ねてみます。塗りつぶしレイヤーを追加したら、いつものように右クリックから黒マスクを追加して、「Add Generator → Light」を選択してください。

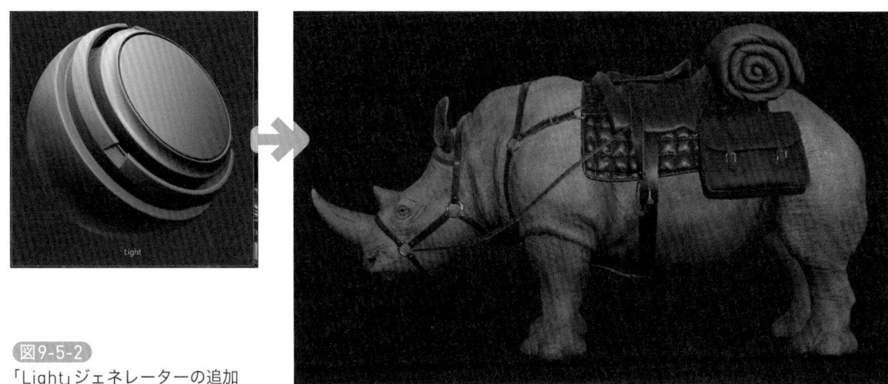

図9-5-2
「Light」ジェネレーターの追加

これで疑似的なライト情報が重なって、テクスチャに立体感が生まれました。プロパティーでライトのアングルを図のようにHorizontalとVertical両方とも上に向けると、真下からライトが当たっているようなマスクになるので試してみてください。

もう１つコピーして、真上から当たっている疑似的なライトを加えるのもよいと思います。光のアングルは、両方下に向けると上から当たるようになります。

その際の注意点として、下からのライトは少し寒色気味、上からのライトは少し暖色気味にすると自然になりやすいです。

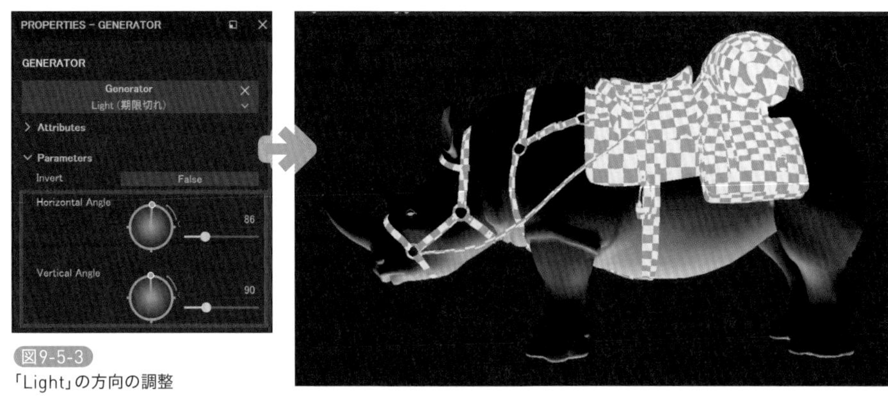

図9-5-3
「Light」の方向の調整

テクスチャが完成したら書き出して、Marmoset Toolbag3というソフトでレンダリングしました。Substance Painterで作成したディテールが上手く最終的な成果物に表現できたと思います。

みなさんも本書の知識を活用して、作品制作などに活かしてみてください！

図9-5-4 サイの完成例（Marmoset Toolbag3でレンダリング）

テクスチャのクオリティアップ

応用編の最後に、テクスチャを作成していく上で、クオリティをアップさせるための7つのコツを紹介したいと思います。以下のポイントを意識してみてください。①～④まではツールに関係ない根本的なポイントで、⑤～⑦はSubstance Painterならではのポイントです。どのような作品を作る際もぜひ知っておきたい事項で、プロも実践しています。これら7つのコツを理解して活用してみてください！

❶ 設定を考察する
❷ 資料を観察し色味を増やす
❸ 大中小のディテール
❹ 色の境界をなじませる
❺ ライトベイクフィルター
❻ AOやCurvatureを利用する
❼ 色調補正フィルター

❶設定を考察する

テクスチャのクオリティを上げる上での基本的な考えですが、キャラクターモデルと背景モデルは、それぞれその世界での役割や設定の違いをしっかり表現することが重要になってきます。

たとえば、岩のテクスチャを作るにしても、海にある岩と山にある岩は全然テクスチャの作り方が違うことがなんとなく想像できませんか？

同じようにキャラクターモデルのテクスチャを作成する際も、衣服の汚れ具合などはキャラクターの階級、種族、環境によっても当然異なります。

そのキャラクターがどんな生活をしているのかを想像してみましょう！

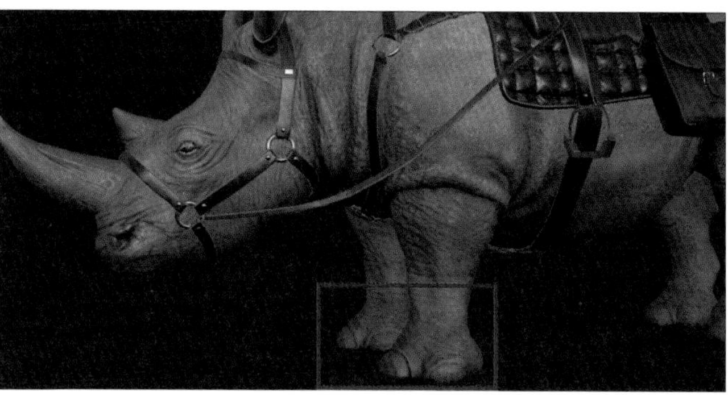

図10-1 設定を考察し、足元に泥汚れを付ける

たとえばこのサイで言えば、人間に使役されて外を歩き回っていることが想像できるので、足元に泥汚れをペイントしています。設定的に違和感を感じないテクスチャを目指せば、自然と説得力が出てくると思うので意識することが大切です。

❷資料を観察し色味を増やす

CGは、アナログ画材と違ってランダムに色のにじみや混ざりが生まれないので意識して色味を増やす必要があります。

工業製品みたいな無機物ならまだしも、人間や動物などの有機物で単色ということはあり得ないので資料をよく観察し、微妙な色の変化をていねいに再現してみると、説得力あるテクスチャになってきます。

図10-2 色味を観察する

たとえば、このワニの画像を見てください。イラストなどでは緑一色で塗られることが多いですが、実物をよく見てみると、実際にはあまり緑が濃いわけではなく、暗めのクールグレーがメインの色です。そして、おなか側は黄色がかったクリーム色をしています。

そしてさらに細かく観察してみると、グレー、クリーム色それぞれの大まかな色の範囲でも細かく緑、黄色、黒、ベージュ…、など複雑な色味で構成されています。観察力が育っていない初心者のころは、写真や実物から正確に色味を読み取るのもなかなか難しいと思いますが、そのうち目が肥えてくるのでじっくり観察してみましょう！

❸大中小のディテール

②の「資料を観察し色味を増やす」と若干かぶるのですが、「大中小のディテール」を意識することがクオリティの高いCGを作る上で重要です。

この考え方は、デッサン、モデリング、スカルプト、アニメーション…、などなど何にでも応用できますが、テクスチャでも同様です。

以下の図のように、大まかにはベージュの色でもその中に細かな色変化を加えることでクオリティが高く見えます。

大ディテール

中ディテール

小ディテール

大まかな色分けや陰影付け

色分けされた中に発生する
比較的目立つディテール

さらに細かい色味の変化

図10-3 ディテールでは大中小を意識する

❹色の境界をなじませる

大ディテールの話になるのですが、有機物のペイントでおおまかの色分けをする際に色の境界ができると思います。

その色の境界をクッキリ分けてしまうと違和感がでるので、ブラーをかけるなりソフトブラシで中間色を織り交ぜてグラデーションにして、境界が悪めだちしないようにしましょう！

❺ライトベイクフィルター

ここからは、Substance Painter ならではのクオリティアップのコツとなります。

テクスチャを作成するときに、Base Color にあらかじめ立体感を強調する意味で、ある程度陰影の情報を追加しておく手法があります（特にゲーム系の案件に多い）。

Substance Painter に搭載されているライティング情報をベイクするフィルターがあるので、その使用法を解説していきましょう。

追加した空のレイヤーの上で右クリックして、「Add filter」を選択してフィルターを適用させます。

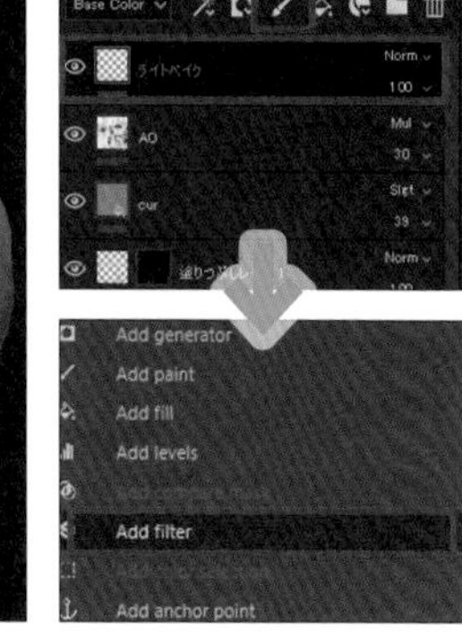

図10-4 「Add filter」の適用

　その後、プロパティーの表示が変わるので、フィルターと書かれている枠をクリックします。Substance Painterに格納されているフィルターの中から「Baked Lighting Stylized」というフィルターを選択します。

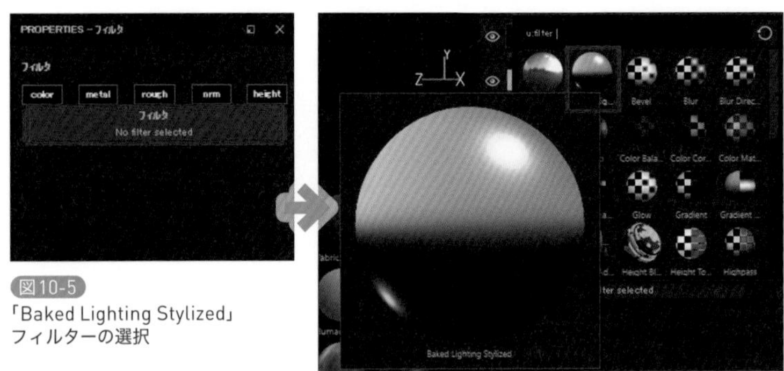

図10-5
「Baked Lighting Stylized」フィルターの選択

　選択したら、まずはColor以外のチャンネルは不要なのでオフにします。次に、Outputの欄から「Diffuse only」を選択します。Specular情報があると、Base Colorには必要ないハイライトまでテクスチャに入ってしまいます。

　するとサイが真っ黒になりましたが、慌てずレイヤーモードを「Passthrough」にしましょう。Passthroughにしたことで、ライトベイク以下のすべてのレイヤーに適用されました。

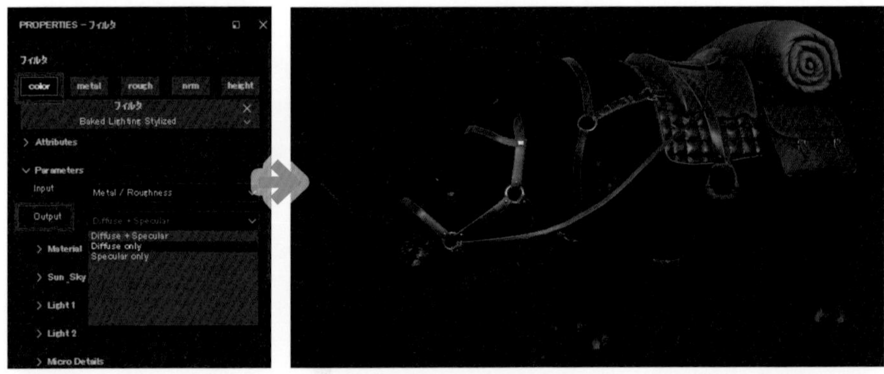

図10-6 ColorのOutputを「Diffuse only」に設定

図10-7 レイヤーモードを「Passthrough」に設定

少し陰影が強すぎたので、不透明度を70%程度に調整したのが以下の画像です。確実に立体感が増すので、モデルの上下が変わらないものには使ってみてはいかがでしょうか。

ライトベイクなし

図10-8 ライトベイクあり／なしの比較

❻ AO や Curvature を利用する

お手軽な情報量の増やし方として、私がよく利用するのが「AOマップ」と「Curvatureマップ」を利用した手法です。

ベイクした後や外部からテクスチャを読み込むと、Substance Painter内にAOマップやCurvatureマップが一時的に格納されるのでそれを使います。

まずは、塗りつぶしレイヤーを追加します。名前を「Curvature」に変更しました。次に、Curvatureマップを読み込むなり、ベイクするなりして用意します。どこにあるかわからなくなったら、名前を検索してみてください。プロパティーのBase Colorの枠にドラッグしてセットしましょう。

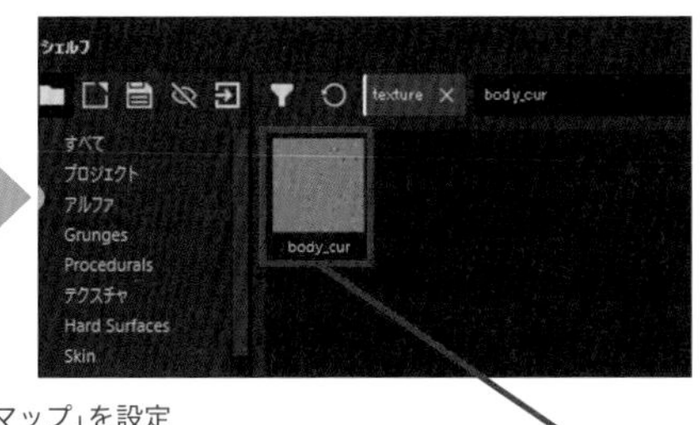

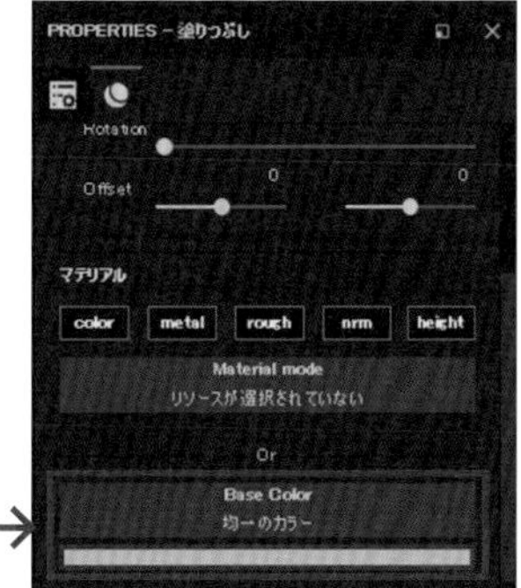

図10-9 Base Colorに「Curvatureマップ」を設定

カラー以外の情報は、不要なのでオフにします。

最後に追加したCurvatureの塗りつぶしレイヤーのレイヤーモードを「ソフトライト」にすれば完了です。濃さによって、不透明度を調整してみてください。

図10-10
カラーの情報のみにし、レイヤーモードを「ソフトライト」に設定

Curvature マップを Base Color に適用したことで、シワの溝や肌のゴツゴツ感が陰影として追加され、情報量を増やすことができました！

「Curvatureマップ」をBase Colorに適用前

「Curvatureマップ」をBase Colorに適用後

図10-11 「Curvatureマップ」の適用前と適用後

AO マップも同じような手順で追加できるので試してみてください。AO マップを Base Color に適用させる際は、レイヤーモードを「乗算」にするとよいと思います。

❼色調補正フィルター

最後に、Substance Painter で行う色調補正について解説します。うまくテクスチャ作り終えたと思っても、なんとなく締まりのないぼやけた感じになることもあると思います。そんなときは、コントラストを上げてみるのはいかがでしょう？

まずは、空のレイヤーを追加して名前をコントラストに変えておきます。追加したレイヤーの上で右クリックして、「Add filter」を押します。「Contrast Luminosity」というフィルターをクリックして追加しましょう。

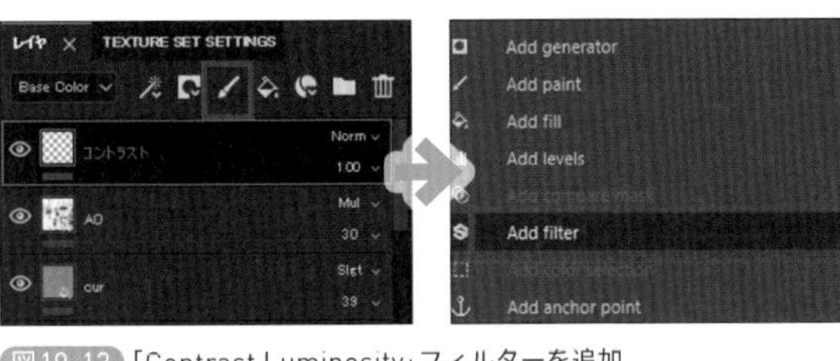

図10-12 「Contrast Luminosity」フィルターを追加

Contrast Luminosityのフィルターを追加することによって、明るさやコントラストを調整できるようになります。このフィルター単体だと効果がないので、レイヤーモードを「Passthrough」にして全体にかかるようにしましょう。

コントラスト調整ができるようになったので、スライダーを動かしてコントラストの値を「0.2」プラスしました。

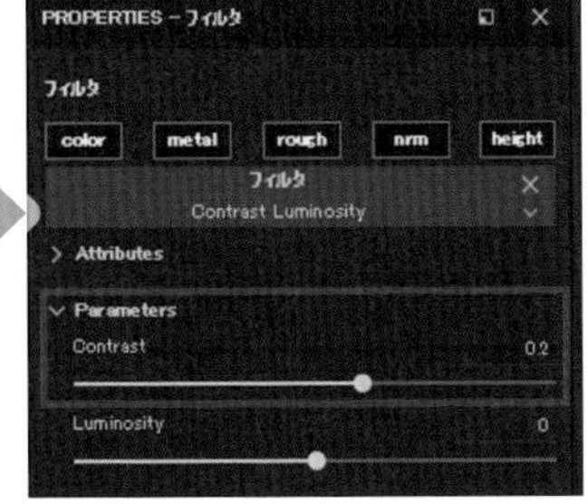

図10-13 レイヤーモードを「Passthrough」にして、コントラストを調整

コントラスト調整前

コントラスト調整後

図10-14 コントラストの調整前と調整後

以上で、7つのテクスチャクオリティアップのコツを紹介し終わりました。ぜひ参考にして、説得力のあるクオリティの高いテクスチャを作ってみてください！

Substance Painterを動画で学ぶオンライン講座

ボーンデジタルでは「CGWORLD Online Tutorials」で、CGクリエイターに向けたさまざまな動画チュートリアルを有償にて提供しています。

- CGWORLD Online Tutorials
  https://tutorials.cgworld.jp/

本書の著者である鬼木 拓実氏による「実践的Substance Painter入門」も公開されています。このオンライン講座では、応用編でも取り上げた「サイ」のモデルを用いて、Substance Painterでテクスチャを作成していく手順を、動画を使ってていねいに解説しています。

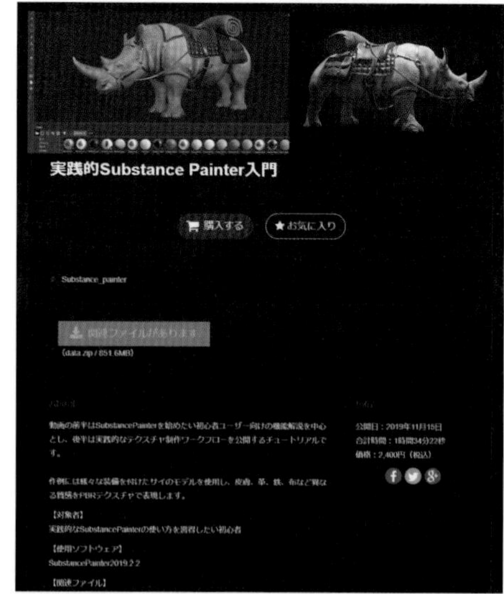

図「実践的Substance Painter入門」の概要

動画の前半は、Substance Painterを始めたい初心者ユーザー向けの機能解説を中心とし、後半は実践的なテクスチャ制作ワークフローを公開するという内容です。本書と合わせて、ぜひご覧ください。

- 「実践的Substance Painter入門」
  https://tutorials.cgworld.jp/set/703

図 動画チュートリアルの内容（合計時間：1時間34分22秒）

内容	時間
1. イントロダクション【無料】	2分10秒
2. 基本的なUI解説	20分16秒
3. レイヤーとマスクの解説	5分49秒
4. ブラシとスマートマテリアル解説	11分13秒
5. 便利なジェネレーターとフィルター	11分03秒
6. IDマップとアンカーポイント	6分20秒
7. 【実践編】モデルとテクスチャのインポート&ベイクの解説	6分03秒
8. 【実践編】ベースのペイント作業	5分55秒
9. 【実践編】ストーリーを考えながら説得力のあるテクスチャを描く	20分09秒
10. 【実践編】テクスチャ書き出し	5分24秒

作例編

VTuberを例にしたNPRペイント
鬼木 拓実［作例／解説］ 1章

AKMライフルを作例にした「ハードサーフェス」「メカ系」のペイント
玉ノ井 彰祥［作例／解説］ 2章

アンティークランプの作成とMayaでのテクスチャセット
留目 貴央［作例／解説］ 3章

チームを前提にしたゲームの背景作成
黒澤 徹太郎［作例／解説］ 4章

さまざまなイメージのロボットを仕上げる
大澤 龍一［作例／解説］ 5章

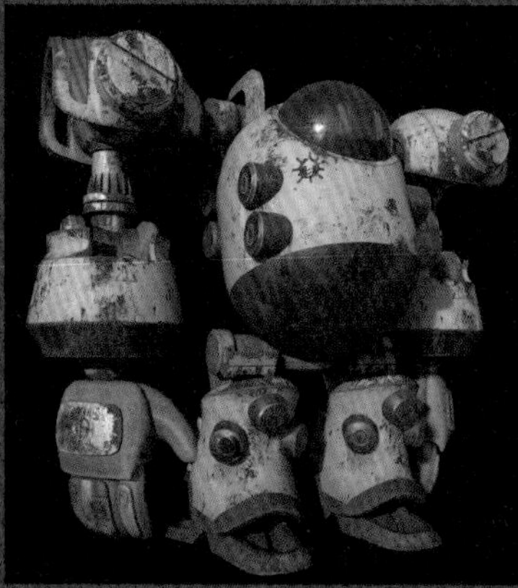

VTuberを例にしたNPRペイント

鬼木 拓実［作例・解説］

この章では、作例として私が3D CGモデル制作を担当したVTuberの御来屋 久遠（みくりや くおん）さんのキャラクターを例に、Substance Painterでどのようにキャラクターのテクスチャを作成したのかを紹介していきます。入門編、応用編では、フォトリアル（写実的）な作例で解説を行いましたが、Substance Painterはイラストチックなキャラクターでも活用できます。VTuberなどのキャラクターのテクスチャを作成したい場合には、この章を参照してもらえばと思います。

1-1 VTuberの3Dモデル

御来屋 久遠（みくりや くおん）さんは、2018年5月から活動している和風バーチャルYoutuberです。チャンネル登録者は、2020年10月現在2.6万人です。よかったら、チャンネル登録をお願いいたします。

画面右が、3D CG化された状態の御来屋 久遠さんです。Substance Painterをどのように活用したのかを、以降で解説していきましょう。

- 御来屋 久遠－ mikuriya 9on －
  https://www.youtube.com/c/mikuriya9on/featured

図1-1-1 バーチャルYoutuber「御来屋 久遠」（左：2D、右：3D）

1-2 ペイントの下準備

御来屋 久遠さんは、Unity で NPR 表現をしているので、必要なテクスチャは Base Color だけで大丈夫でした。そのため、最初から使用するチャンネルに絞ってペイントしていきます。TEXTURE SET SETTINGS の CHANNELS の項目で Base Color 以外のチャンネルを削除します。図の赤枠の「－」をクリックして不要なチャンネルを消しましょう。

Note

「NPR」とは、Non-Photorealistic Rendering の頭文字をとった略称で、入門編や応用編で取り上げた写実系のレンダリング CG 以外の表現のことです。

図1-2-1 チャンネルを「Base Color」のみにする

Base Color だけを確認できればよいので、ビュー上の描画もライティング表示は不要です。キーボードの「C」を押して描画チャンネルを切り替え、Base Color チャンネルを表示します。

最終的に、Unity でトゥーン表現したときの見た目とほぼ同じになったので、Substance Painter 上で完成するつもりで調整するとよいと思います。

図1-2-2 ライティングは非表示にする

1-3 デザイン画を利用した模様の投影

御来屋 久遠さんのデザイン画を見ると、ある程度は模様をそのまま投影して流用できそうでしたが、3D 的なバランスを考えていきなり描き込むのではなく、まず模様の位置のアタリを付ける工程が必要でした。

図1-3-1 御来屋 久遠さんのデザイン画

説明のために、いったん袖とスカートの模様を外したデータを用意しました。このデータに対して、デザイン画を投影してアタリをペイントしていきたいと思います。

まず、投影用のデザイン画を Substance Painter に読み込んだら（テクスチャインポートの詳細は、応用編 8 章を参照）、新規の空レイヤーを追加し、投影モードをオンにします。

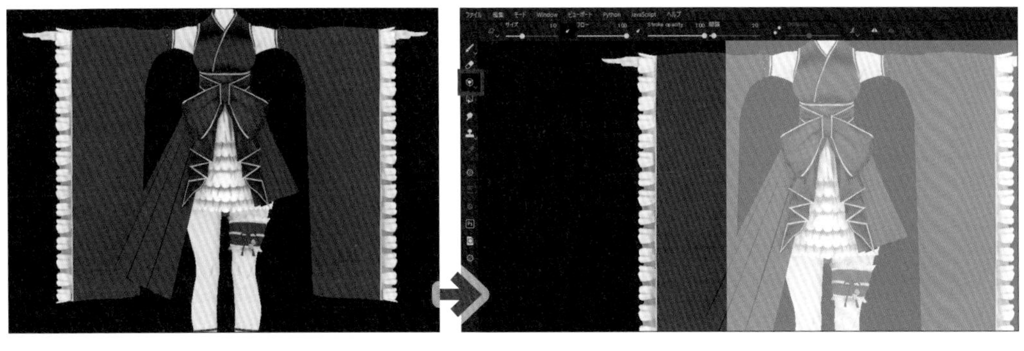

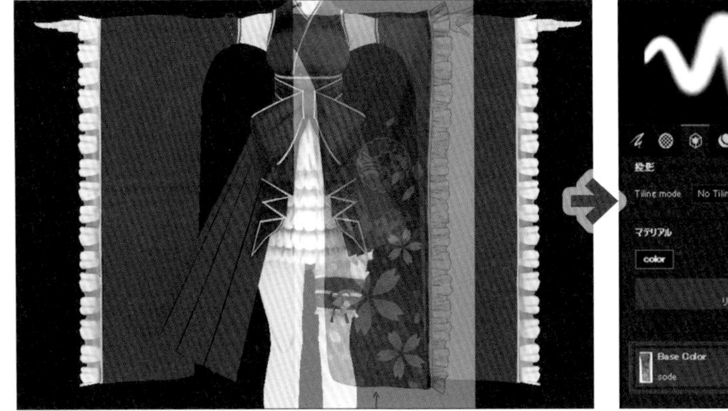

図1-3-2 ペイントの元となるデータを取り込んでモデルに投影させる

少しモデルを移動して、デザイン画の位置に合わせました。また、シンメトリをオンにして左右同時に投影します。

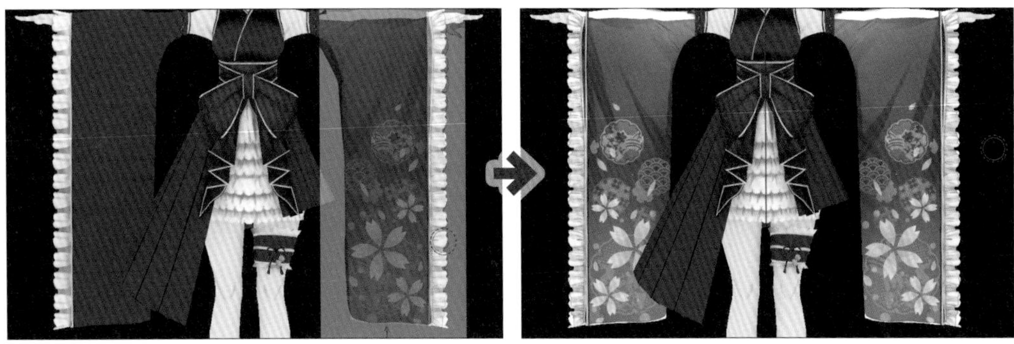

図1-3-3 位置を合わせ、シンメトリを設定

キレイに描けたので、不要な部分をマスクしていきたいと思います。投影したレイヤーの上で、右クリックから白のマスクを追加しましょう。

図1-3-4 白マスクの追加

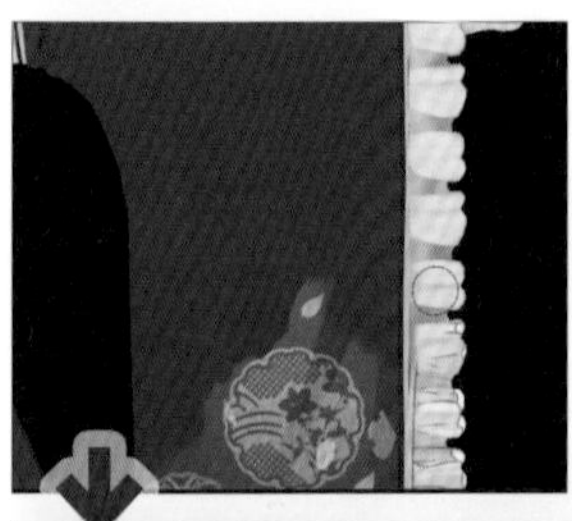

マスクを黒に設定して、ブラシで不要な部分を非表示にしていきます（図の左上）。キレイに模様だけを残すことができました（図の左下）！レイヤーを追加し、柔らかめのピンクのグラデーションをかけて、よりデザイン画の雰囲気に合わせていきます（図の右）。

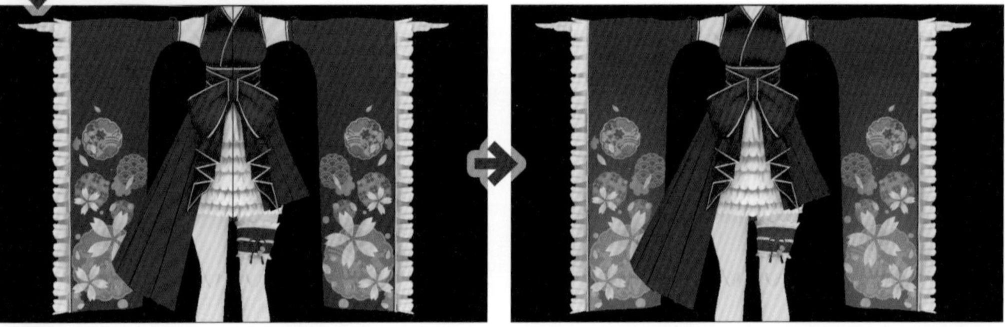

図1-3-5 模様だけを残して、グラデーションをかける

袖のペイントが上手くできたので、スカートにもデザイン画を投影して模様をペイントしていきます。

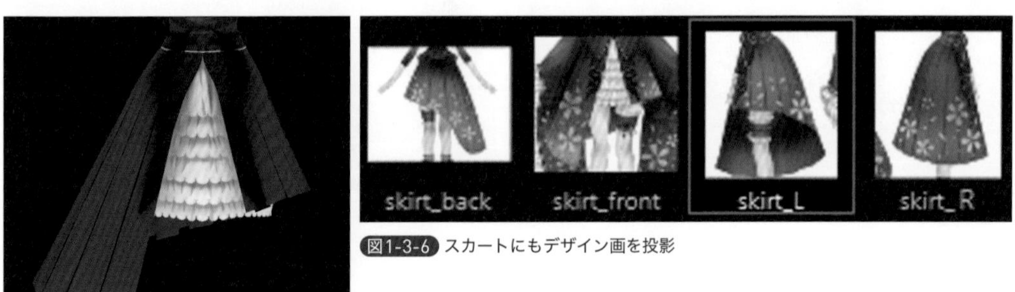

図1-3-6 スカートにもデザイン画を投影

袖と同じような工程で、スカート全体にも仮でペイントしていきました。

デザイン画をそのまま投影すると、どうしても3次元的におかしくなってしまうので、バランスを整えながら必要な模様だけを投影したりして配置していきます。そして袖のときと同じ行程で、不要な部分をマスクで非表示にしていきます。

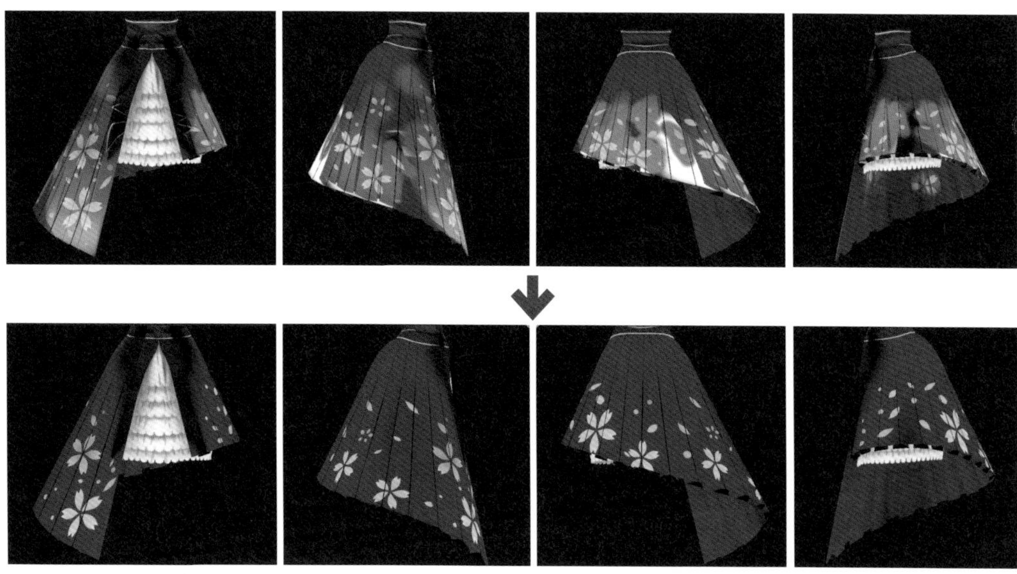

図1-3-7 必要な模様だけを残すように投影して配置

そのあとは、袖と同様にレイヤーを追加して、ソフトブラシでピンクのグラデーションを入れました。

今回は、デザイン画の時点でキレイに描き込まれていたので、投影してそのまま流用できる部分が多かったのですが、ここまでキレイに描かれているデザイン画は稀なので、ラフなデザイン画の場合はアタリ程度に使って、その後 Photoshop などでパスで正確に描くとよいと思います。

図1-3-8 スカートのテクスチャの完成

1-4 ラインを描くことによるデフォルメ表現

このキャラクターでは、デフォルメ表現の強調として「輪郭線」や「シワ」などを直接ラインとして描いています。袖にペイントした後の続きとして、どんな感じでラインを描いていくかを解説します。

デザイン画を参考にしながら、ハードめのブラシでクッキリと影を描いていきます。ソフトなブラシで柔らかく描きすぎると、影がぼやけてメリハリがなくなるので思い切って描いてみましょう。

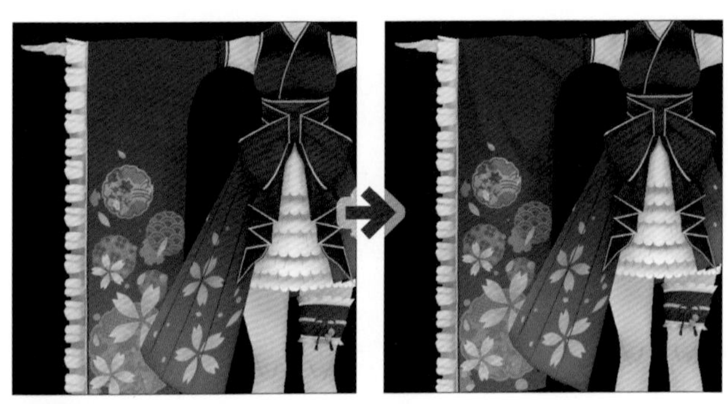
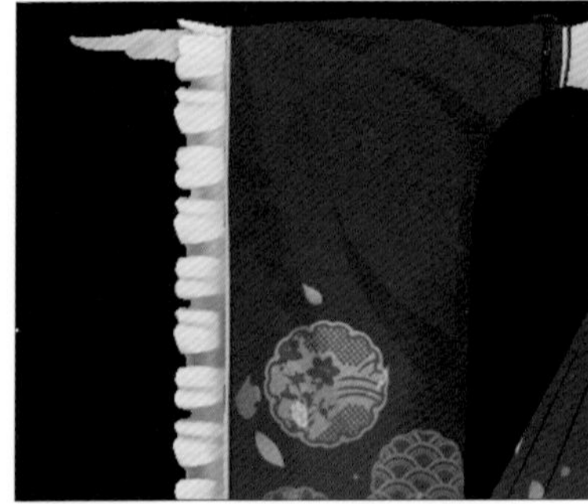

図1-4-1 輪郭線やシワでデフォルメ表現を追加

次に、布の柔らかさを表現するためシワの流れに沿って、薄くハイライトを入れました。微妙な変化ですが、見比べてみると一目瞭然だと思います。

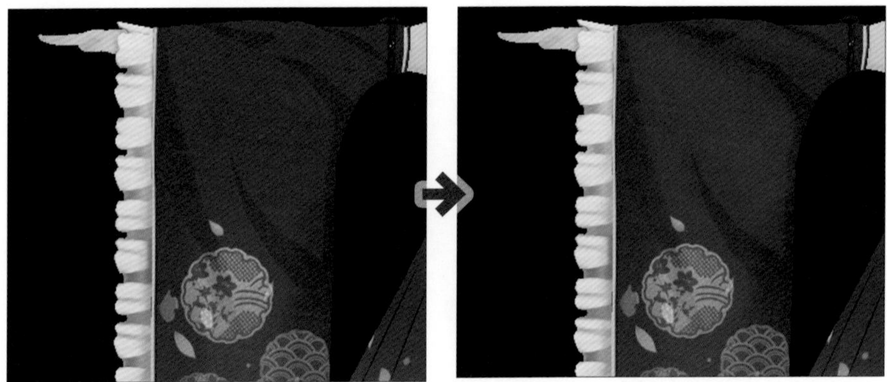

図1-4-2 シワの流れに沿って、ハイライトを入れる

さらに、影に合わせてラインを描いていきます。袖の白いフリルにも、合わせてラインを描きました。ほかにも、左ふとももにはめているパーツでもラインを描いて、デフォルメ感を強化していきます。

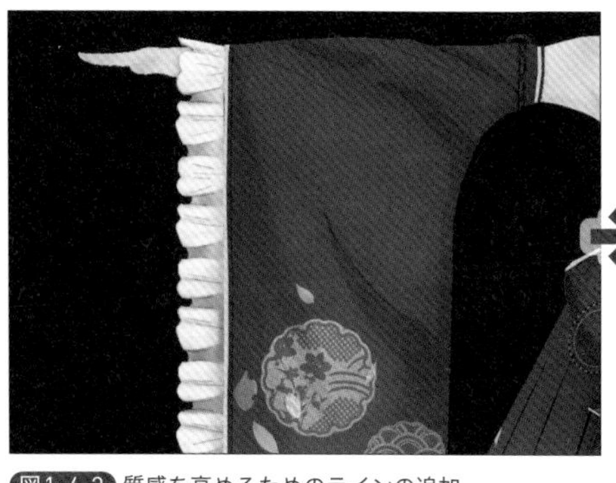
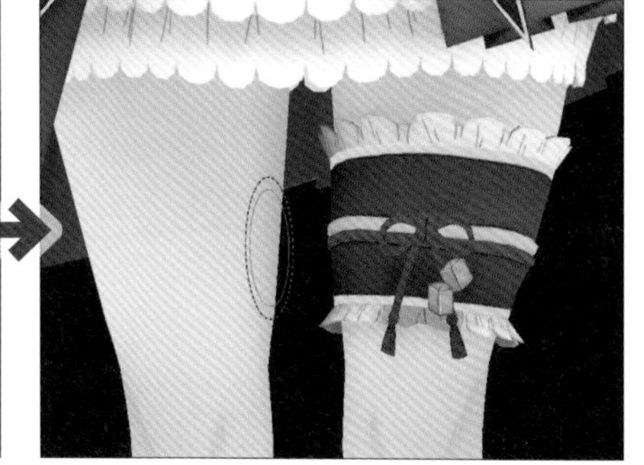

図1-4-3 質感を高めるためのラインの追加

背面にも同様に、影とラインを入れました。シワの入り方を自然に描くのには少しコツがいるかもしれませんが、斜めのジグザグを意識してみると、上手く描きやすいかもしれません。

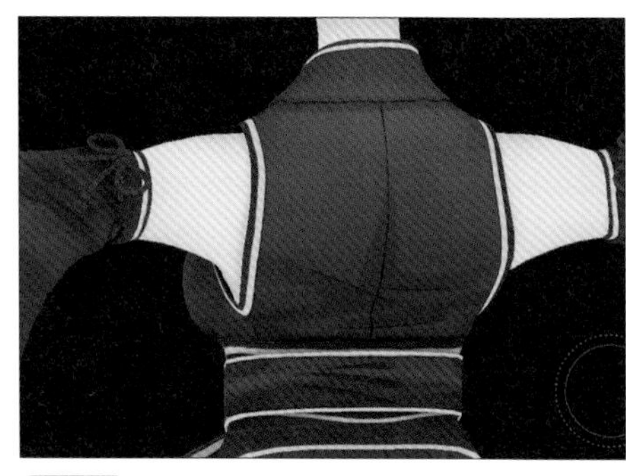
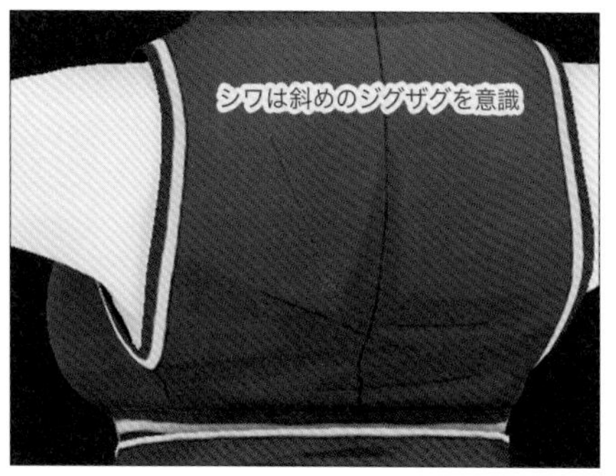

図1-4-4 背面にも影とラインを追加

足もラインを描いていきます。ちょっとした工夫として、縫い合わせを表現するために、ラインのすぐ横にハイライトの線を入れて、縫い目の溝があるように表現しました。

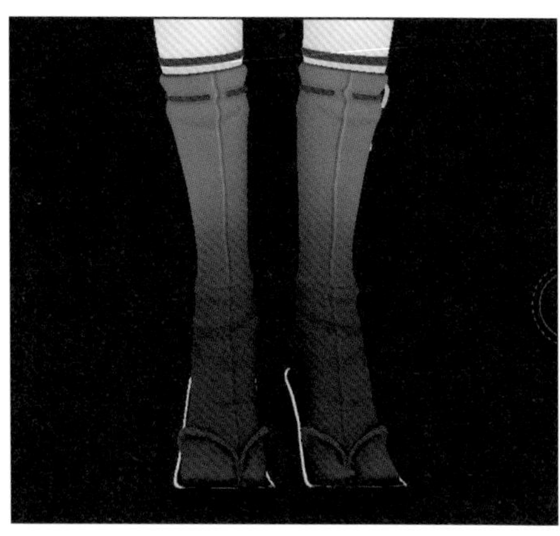
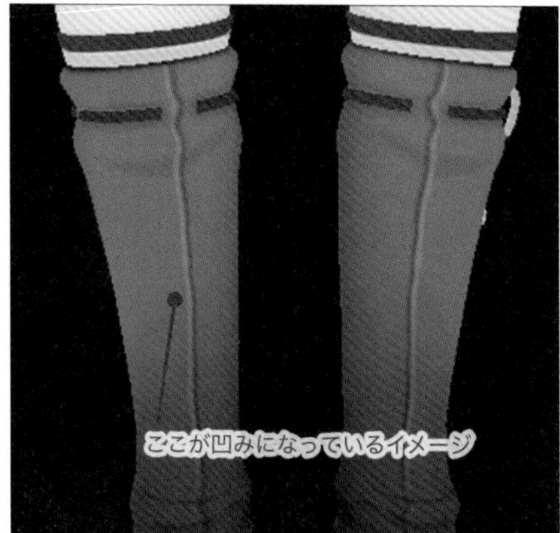

図1-4-5 足にもラインを描く

1-5 AOマップを使ったカラーシャドウの作り方

カラーマップにAOマップを重ねて立体感を補強するやり方はよくありますが、今回のデフォルメ系の美少女キャラのように可愛らしいキャラクターの場合は、色彩が濁ってしまい、雰囲気に合わなくなる恐れがあります。

そこで今回は、AOマップを使った応用的なテクニックで、カラーシャドウの作り方を解説したいと思います。

AOをカラーシャドウにした例

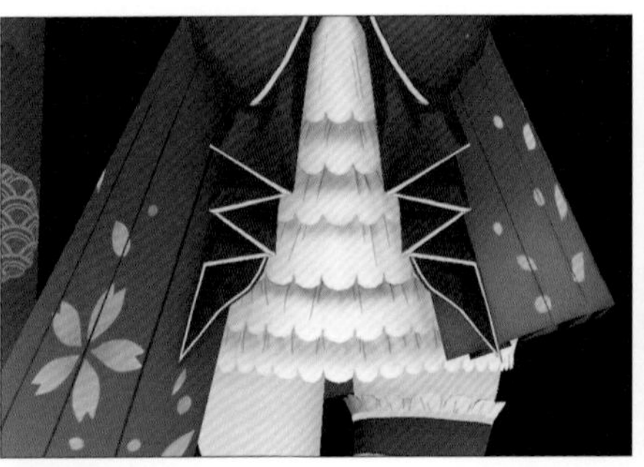

AOをただ重ねただけのNG例

図1-5-1 AOマップのOK／NG事例（フリルの部分に注目）

説明のためにいったん影を除去したので、どのように白いフリル部分にカラーシャドウを付けていくかを見ていきましょう。

まずは、影にしたい部分の色で塗りつぶしレイヤーを追加します。今回は、薄めの紫色にしました。次に、追加した塗りつぶしレイヤーの上で右クリックして、「ビットマップマスク」を追加します。ビットマップマスクは、画像をマスクにできるものと思ってください。

検索窓が開くので、AOマップを読み込みましょう。AOマップは、事前にSubstance Painter内に読み込んでおいてください。

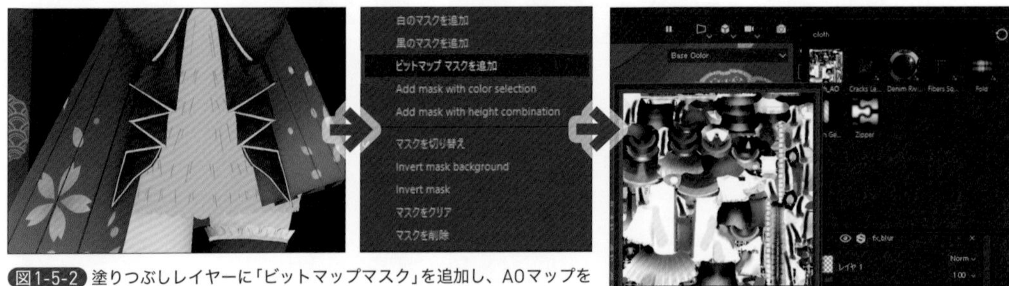

図1-5-2 塗りつぶしレイヤーに「ビットマップマスク」を追加し、AOマップを読み込む

選択すると、マスクにAOマップがセットされましたが、たいていのAOマップは影が入る部分が黒になっているので、マスク上では本来影が入って欲しい部分が非表示になってしまい、不自然な見た目になってしまいます。

今のままだとマスクが不自然なので、反転してあげましょう。塗りつぶしレイヤーの上で右クリックして、「Add levels」を選択します。

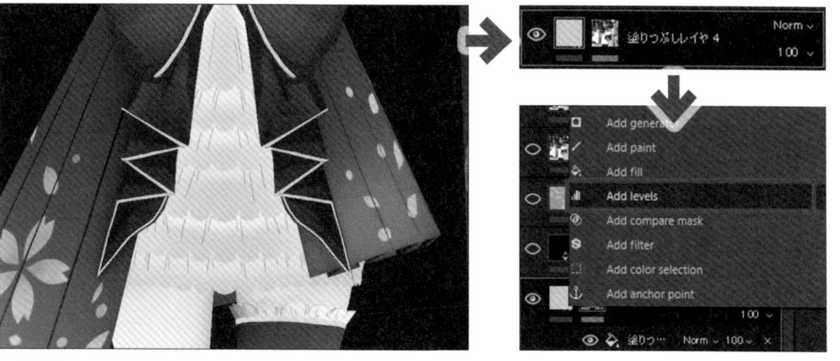

図1-5-3 マスクをレベル補正で調整

プロパティの項目で、レベル補正ができるようになりました。ここで「反転」を押します。ちなみにスライダーを動かすことで、白黒のバランスも調整できるので試してみてください。

調整の結果、画像のように陰影に色味を含んだ感じになりました。

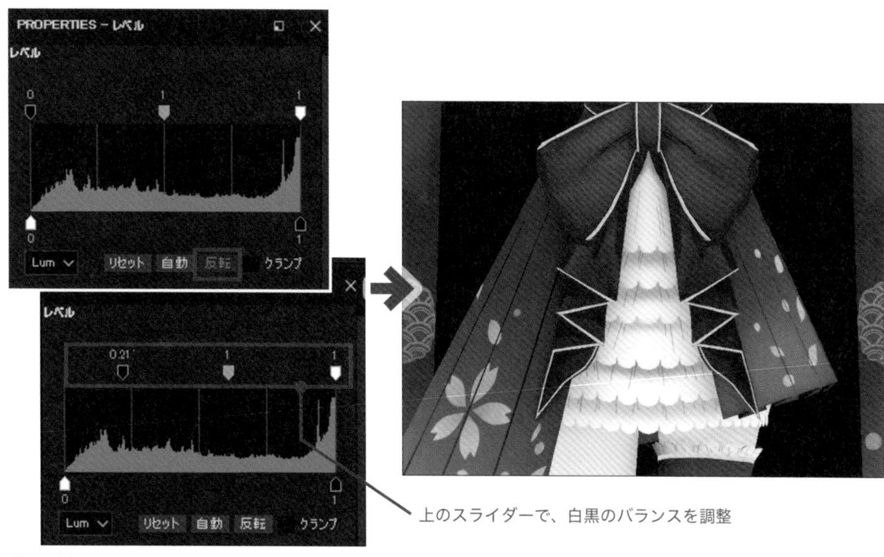

図1-5-4 白黒を反転し、AOマップによるカラーシャドウの完成

作例編
1
2
3
4
5
6
7
8
9
10

1-6 明度による奥行き表現

次に、リボン部分でやっている処理について解説します。

このキャラクターでは、ライティングはせずにBase Colorのみで奥行きや影を表現しておかなくてはいけなかったので、イラストを描くようにテクスチャを描く必要がありました。

では、図の完成形の状態までどのように進めたかを解説していきましょう。まずは説明のために、べた塗りで色分けした状態に戻しました（画面左）。

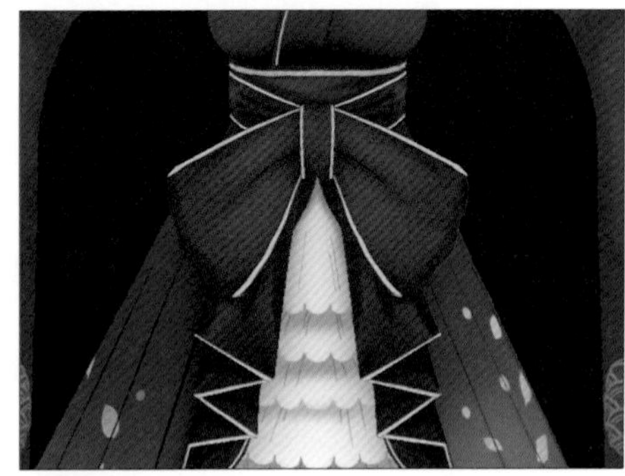

図1-6-1 リボンの完成形

まずはシワが発生する場所、折り重なって影になる部分にリボンのカラーと同系色で、明度を下げた色をペイントしていきます（画面右）。

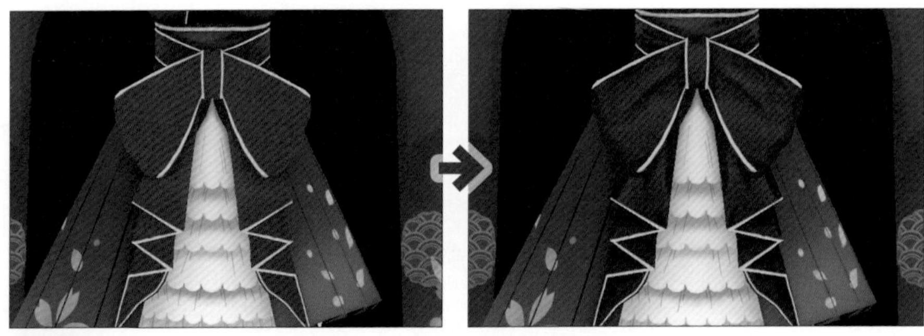

図1-6-2 シワを直接ペイント

影色の上にラインを描いていきます。輪郭線やシワの線を描くことによって、デフォルメ感が際立ってきました（画面左）。

最後に、リボンの結び目だけに明度を上げた赤をペイントしていきます。こうすることで明度の差が生まれ、奥行きがより強調されました（画面右）。重なりが上になっているものや光が当たりそうな場所は、意識的に明度を明るくしてみましょう！

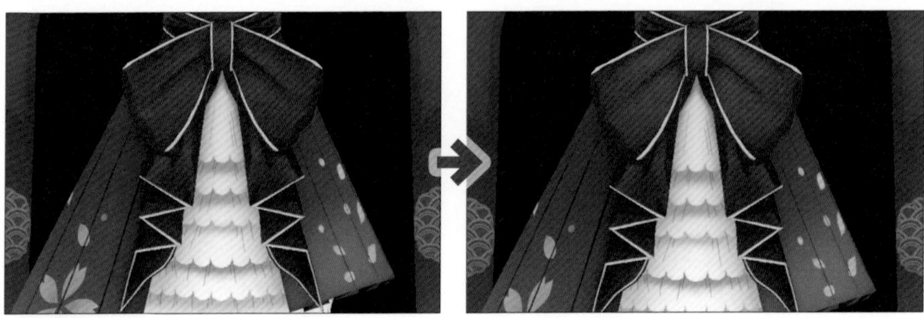

図1-6-3 質感を向上させて、リボンの完成

1-7 肌と髪の描き込み

最後に、肌と髪についてどのような点を意識してペイントしていったかを解説します。

肌も、ベタ塗りだけではテイストが合わなくなってしまいますので、先に解説したAOマップをカラーシャドウとして使用する方法で色味を付けていきます。その上で、肩やワキなどにソフトブラシで柔らかく赤みを足していきます。

脚にも同様に赤みを乗せて、血色のよさを表現します。

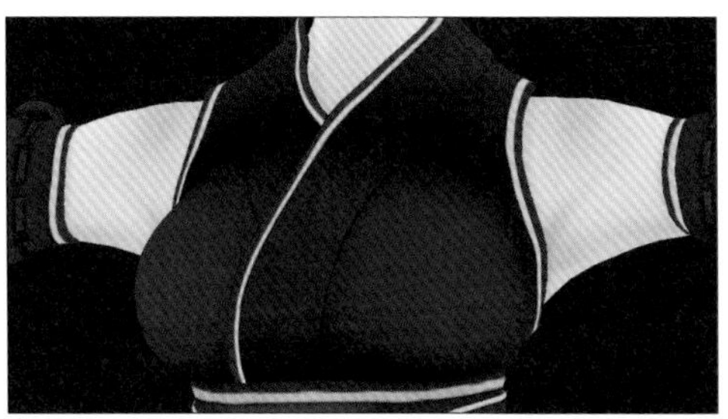

図1-7-1 肌にもAOマップをカラーシャドウで適応し、描き込む

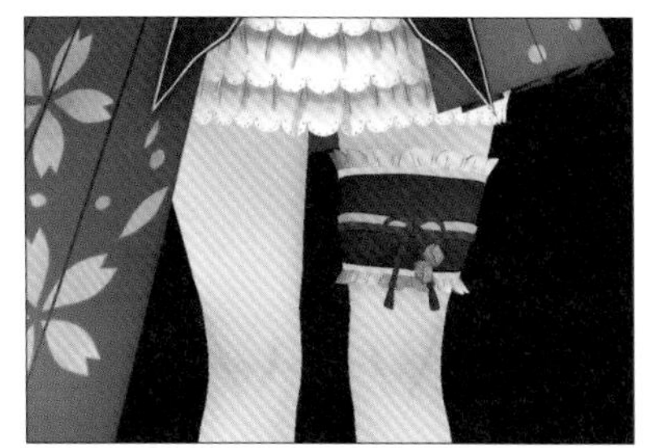

図1-7-2 足にも同様の処理を行う

手にも赤みをペイントしていきますが、この際に袖口のフリルから発生する影も、立体感を強調するためにテクスチャとして描いておきます。

顔も同様にペイントしていきます。耳と頬を中心に赤みを足しました。

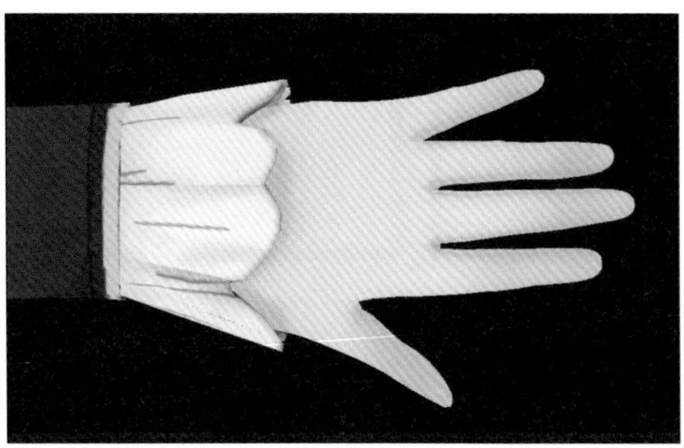

図1-7-3 手に赤みの追加と、袖の影を描く

図1-7-4 頬と耳に赤みを追加

Note

そもそもなぜ赤系の暖色を乗せるのかというと、光が半透明な物体である肌を透過した結果、肌の下で光が散乱し、赤みとして表面上に出て来るのを表現するためです。

フォトリアル系のキャラクターであれば、肌の赤みは「サブサーフェススキャタリング（表面化散乱）」といった現象を表現するためのテクスチャを別に用意したりしますが、今回のようにBase Colorのみで表現するイラストチックなモデルの場合は、直接描き込んでしまいます。

髪の毛のテクスチャも基本的にはデザイン画を投影し、それをアタリに清書するという流れで作成しました。

髪のハイライトは、テイストによってはシェーダー側で制御することも多いと思うので、必要ない場合は描かないようにしましょう。

ちなみに、目が半開きの状態でペイントしているのは、瞬きをしたときの状態をUV展開しておくことで、テクスチャが伸びないようにするためです。

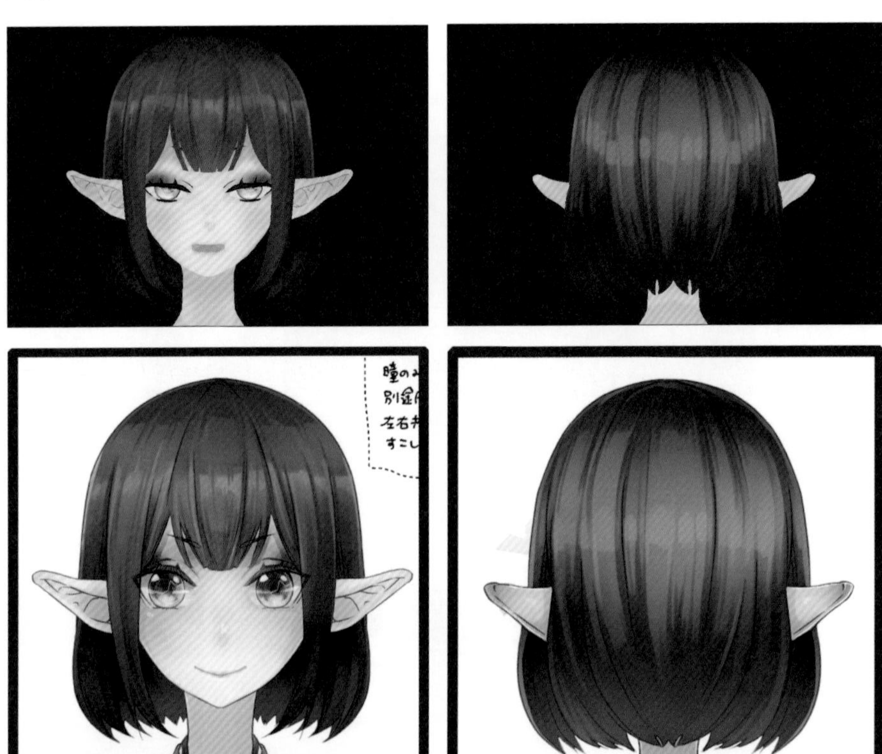

図1-7-5 髪の毛の描き込み（下は、デザイン画）

Mayaでテクスチャ表示してみると、図のようになりました。

図1-7-6 顔のテクスチャをMayaで表示

1-8 Unity での描画

最後に Substance Painter で作成したテクスチャが、Unity でどのように描画されたかを見ていきましょう。

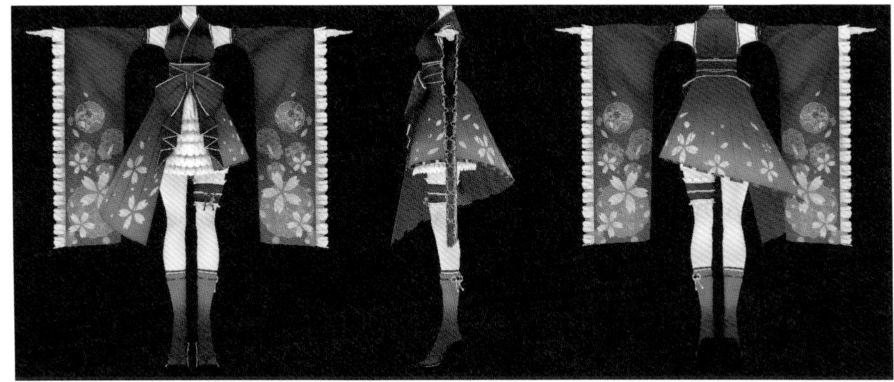

図1-8-1 Substance Painterでのテクスチャの完成

「ユニティちゃんトゥーンシェーダー」という Unity のシェーダーを使用しているのですが、アウトラインが追加されて、よりデフォルメ表現が強化されたルックになりました。デフォルメ表現でキャラクターを作ってみたい方は、試してみてください。

図1-8-2 Unityでのキャラクターの描画

AKMライフルを作例にした「ハードサーフェス」「メカ系」のペイント

玉ノ井 彰祥 [作例・解説]

この章では、作例として「AKM ライフル」を取り上げます。Substance Painter の使用例としては、「ハードサーフェス」や「メカ系」全般のテクスチャ制作を行う際の参考になると思います。「AKM ライフル」のモデルは、本章の最後にあるコラムで紹介している「CGWORLD Online Tutorials」とほぼ同じものですが、木目の質感の作成などは動画コンテンツとは違った制作手法を紹介しています。また、本章で使用する AKM のモデリングに挑戦したい方は、動画コンテンツの前半で、「Maya」での制作方法を解説していますので、ぜひご覧ください。

2-1 この章で使用するモデル

この章では、図のような AKM ライフルのモデルを作例に Substance Painter でのテクスチャ作成について解説します。AKM ライフルは、ロシア製の AK47 ライフルの改良型で、マズル部分は 47 のマズルを流用した合いの子のモデルという想定です。

この章では、Low モデルに High モデルの法線情報やオクルージョンなどを、きれいにベイクした前提で進めさせていただきます。本書冒頭の「本書での設定と使用する作例について」にあるダウンロード URL よりダウンロードした作例データ（AKM_Start.spp）は、この状態になっています。

図2-1-1 AKMライフルのモデル

2-2 ベースレイヤーの作成とフィルターの適用

最初に、金属のベースレイヤーを作成しましょう。塗りつぶしレイヤーを追加するため、「Add Fill」ボタンをクリックして「FillLayer」を作成し、右クリックから「Add Filter」を選択します。

検索窓に「MatFinish」と打ち込み、一覧から「MatFinishRough」フィルターを選択して適用します。Fillを選択して、Metallicを「1」に、図を参考にBaseColorをほんの少し青い黒にします。なお、実際の銃は青くないことも多いのですが、少し色を入れたほうが色気が出ると思います。

図2-2-1 塗りつぶしレイヤーの作成

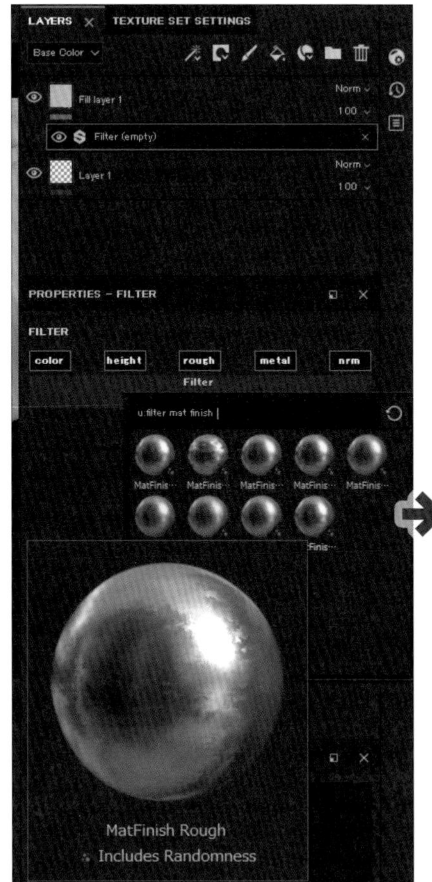

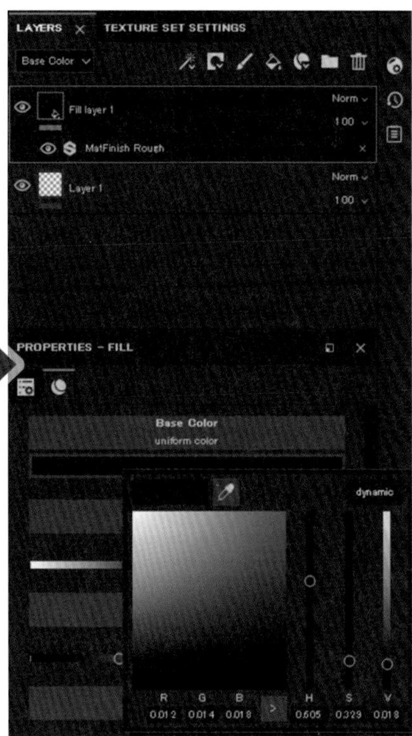

図2-2-2 「MatFinishRough」フィルターを適用し、色味を調整

図2-2-3 金属のベースレイヤーの完成

Note Filterは、ぼかしやSharpenなどPhotoshopのFilterのような機能ですが、この節では金属の質感を表現するための「FinishingFilter」を使用しています。

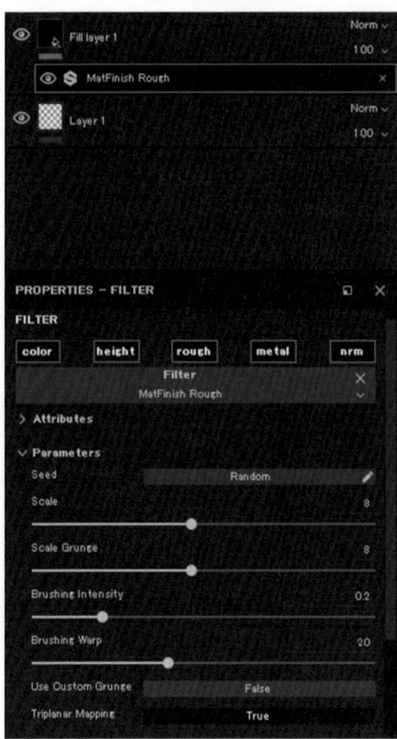

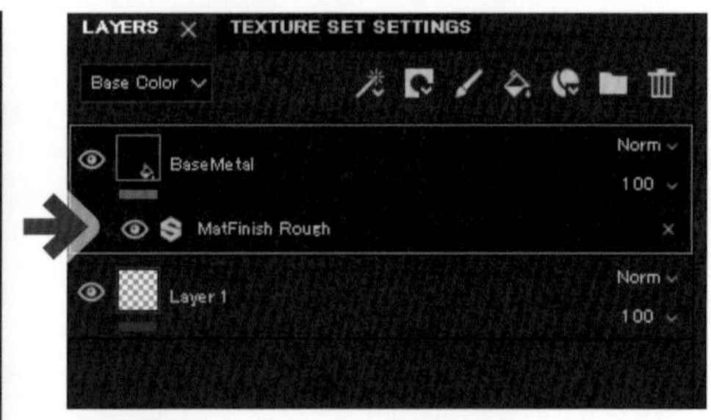

図2-2-4 MatFinishRoughの設定の変更

MatFinishRoughを選択し、UVの継ぎ目を消すためにTriplanarMappingを「On」、「Scale」「ScaleGrunge」「Brushing Intensity」をお好みで調整します。管理しやすくするため、Layer名を「BaseMetal」に変更しましょう。

Note 「TriPlanarMapping」とは、2Dテクスチャを3方向から投影して合成することで、UVに依存せず継ぎ目をなくす手法のことです。

2-3 銃全体の立体感を出すためのカラー情報レイヤーの作成

金属感のある銃のベースのテクスチャができたので、モデルにより立体感を出すための作業を行っていきます。

Fill Layerを追加し、右クリックから「AddBlackMask」を選択します。さらにマスクを右クリックし、「AddGenerator」を選択し、「MetalEdgeWear」を検索して適用します。

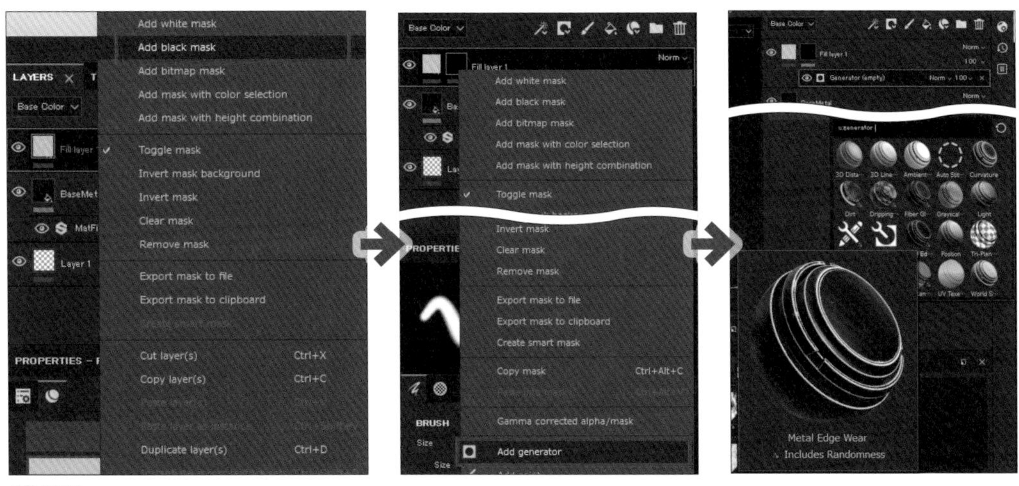

図2-3-1 黒マスクを追加し、「MetalEdgeWear」ジェネレーターを適用

「MetalEdgeWear」のパラメータを調整します。図2-3-2の右側の外観になるように設定してみてください。

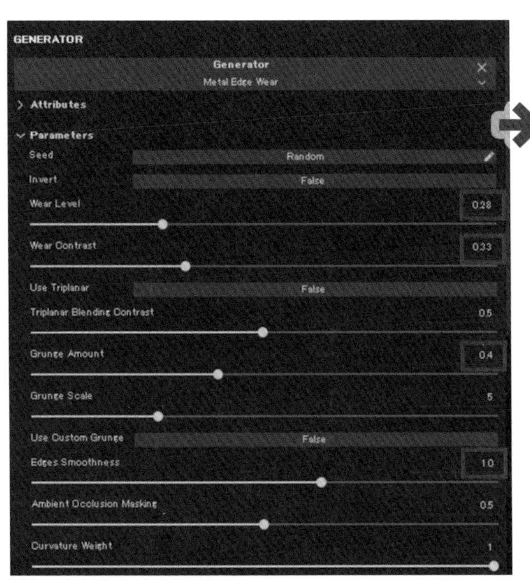

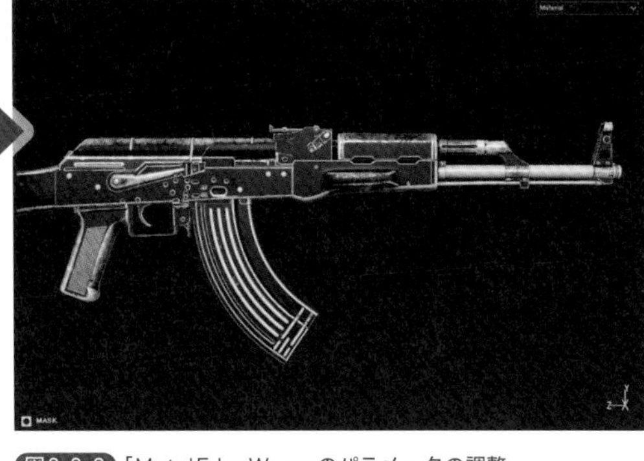

図2-3-2 「MetalEdgeWear」のパラメータの調整

Fill Layerを選択し、レイヤーのパラメータの「Color」のみをオンにします。こちらのレイヤーは、あくまで色情報のみに情報を乗せたいためです。応用編でも行っていますが、Substance Painterではレイヤーが影響を与えられる要素をこのスイッチで制御することができます。

レイヤーのカラーピッカーで、最初に作成したBaseMetalの色を拾い、少し明度を上げた色にしましょう。

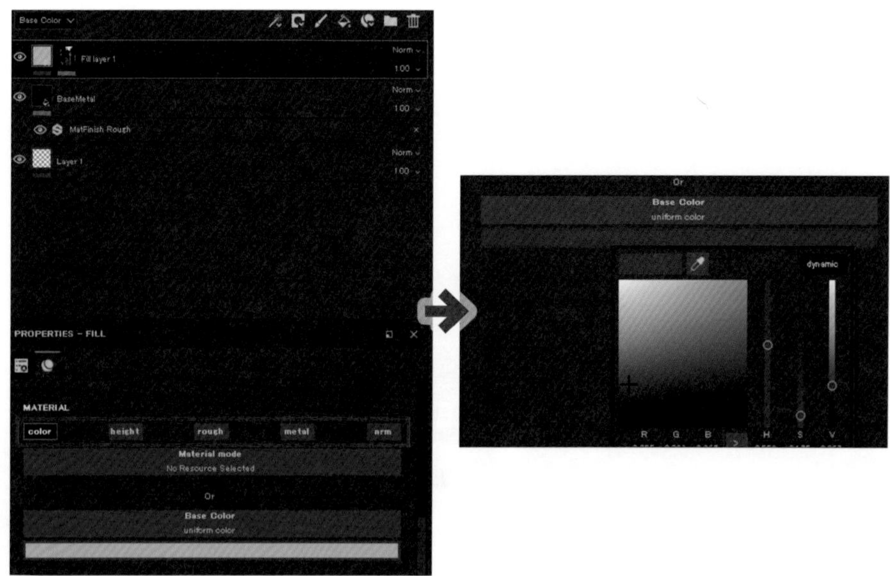

図2-3-3 色情報にBaseMetalと同じ色を設定

レイヤーの透明度を下げ、BaseColorにうすく乗っている状態にして、さらに名前を「EdgeHighlightColor」としておきます。レイヤーの透明度を下げることで、レイヤー全体を薄くすることができます。この点は、Photoshopと似ています。

Viewportの右上のモードを「BaseColor」にすると、カラー情報のみになり色味がわかりやすくなります。この節で行った作業は、モデルの目鼻立ちをよくするための作業で、プラモデルで言うところの「ドライブラシ」に近い作業といえます。

図2-3-4 透明度の調整とBaseColorのみでの確認

2-4 質感に変化を与えるためのラフネスバリエーションレイヤーの作成

基本的な質感ができたので、ここからラフネスに変化を与え、質感にバリエーションを出すためのレイヤーを作成していきます。

Fill Layerを作成し、「AddBlackMask→AddFill」して、レイヤーパラメータを「Rough」のみにします。Shelf に Grunge と入力すると「グランジマップ」が出てくるので、そのなかから画面右の「Grunge Map 007」を選び、「Fill」にして、下部の「Grayscale」部分にドラッグ＆ドロップします。

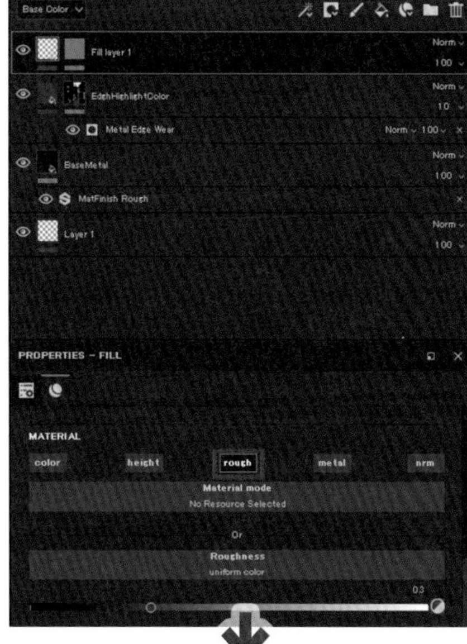

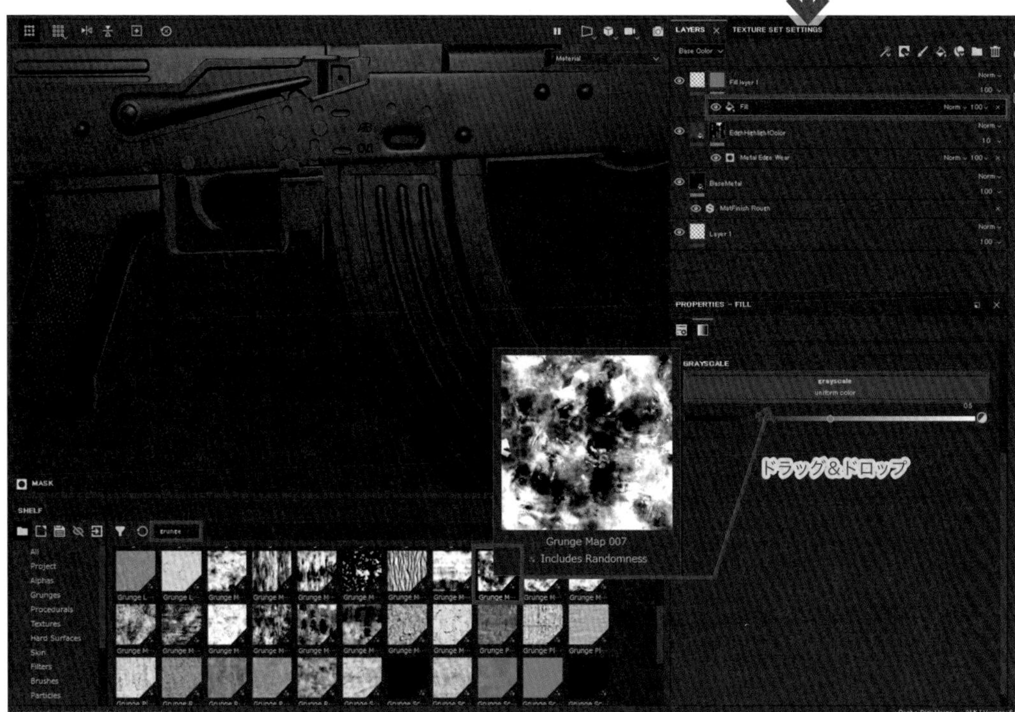

図2-4-1 新規レイヤーを作成し、「グランジマップ」を設定

GrungeMapのScaleに「7」を入れ、Mapの適用具合をプレビューして確認してみましょう。Viewportの右上のプルダウンをRoughnessモードにすると、Roughnessの状態をプレビューできます。

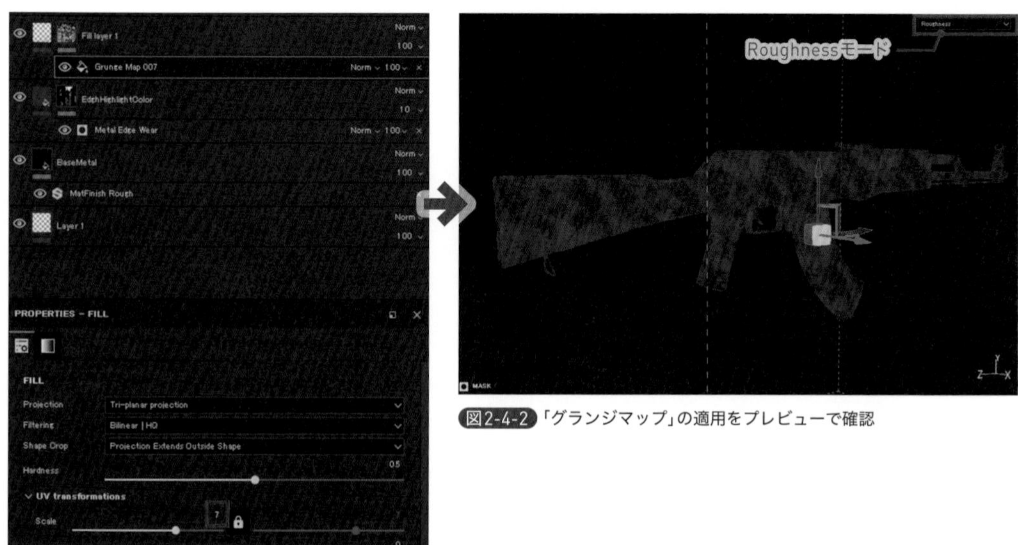

図2-4-2 「グランジマップ」の適用をプレビューで確認

プロジェクションを「TriPlanar」にして、継ぎ目を消します。試しに、Fill LayerのRoughnessを「0」まで下げて質感の状態を探ります。

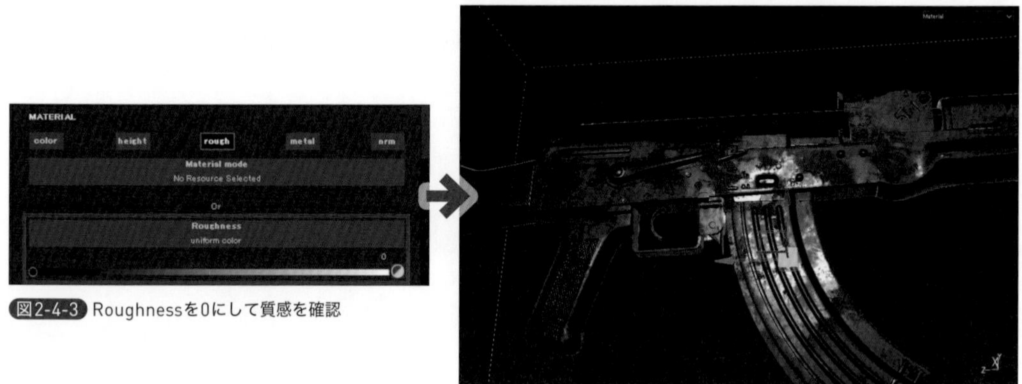

図2-4-3 Roughnessを0にして質感を確認

そのままだとコントラストが強すぎるので、Roughnessを上げてなじませます。いい感じになったら、レイヤー名をわかりやすいように「RoughnessVariation」としておきましょう。

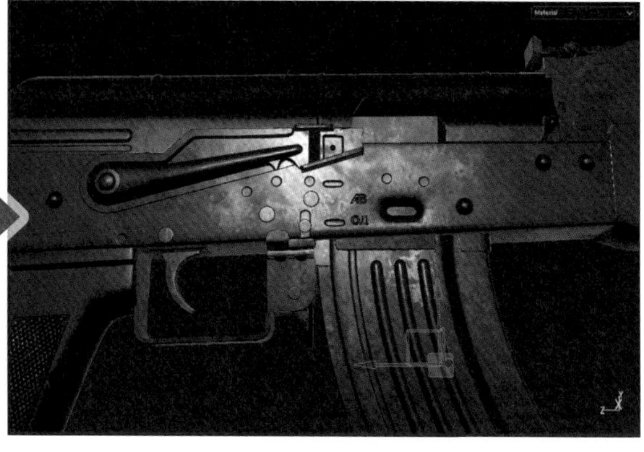

図2-4-4 Roughnessを調整して質感をなじませる

新規レイヤーを作成し、「Color」と「Metal」のみをオン、Metallicを「1」にします。さらに右の図を参照して、BaseColorを変更します。

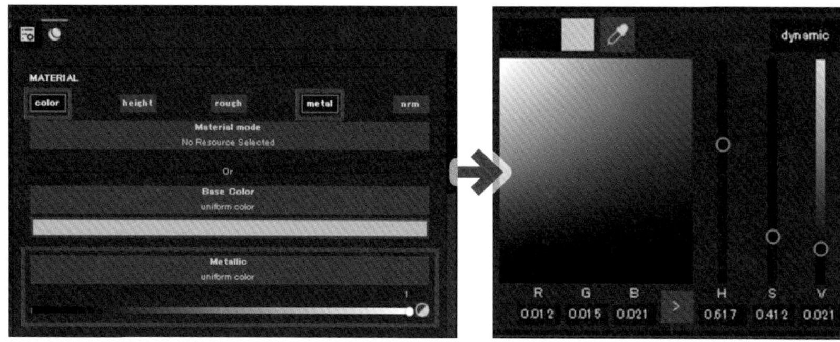

図2-4-5 新規レイヤーを作成してBaseColorを設定

作成したLayerにAddBlackMaskでマスクを追加し、Add Fillして、シェルフにCloudと打ち込み「Cloud2」をドラッグ＆ドロップします。Layer名を「BlueColorTint」としておきましょう。

> **Note** この一連の作業は、ベースカラーの際に行ったような青い色味を雲模様でマスクしながら追加することで、銃の色味により変化を与え、色気や雰囲気を上乗せする作業です。

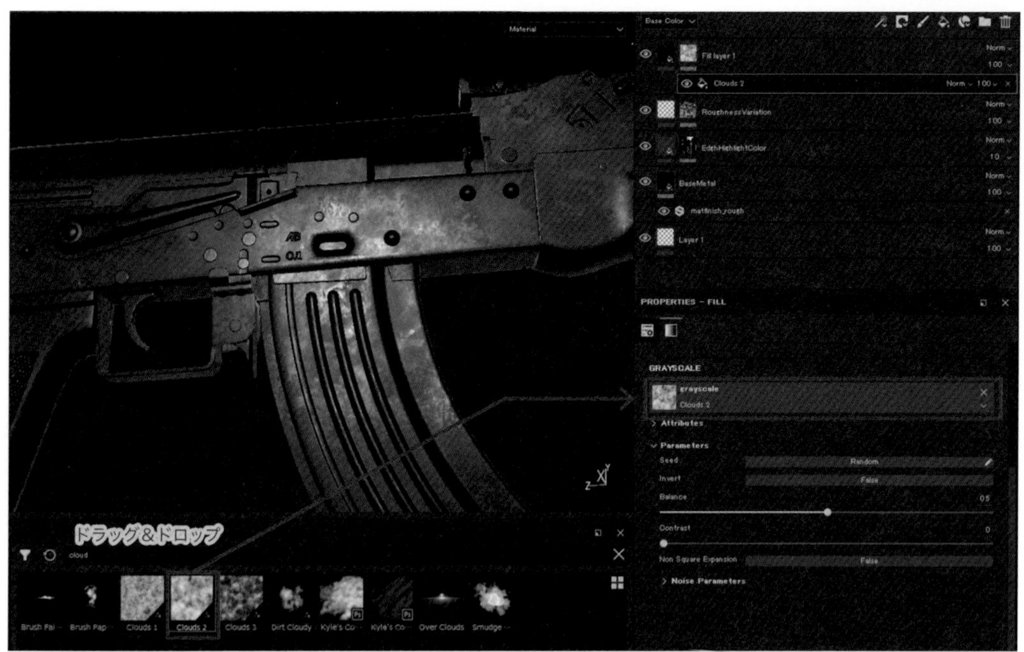

図2-4-6「Cloud2」をマスクとして適用

今まで作成したレイヤーをフォルダでグループ化し「BaseMetal」とリネームします。AddWhiteMask、PolygonFillとペイント機能を使用して画面の状態に持っていきます。

銃の傷はリアル？

この節で行った色味に変化を与える作業や、以降で解説している銃のモデルに傷や汚しを入れていく作業ですが、実際の銃にここまで傷や汚れがのることがあるのか？という疑問は常につきまといます。

答えは、あるともないとも言い切れないものです。ただ、このモデルはゲームで使われることを想定しています。本物に近いことよりは、ゲーム的な見栄えのほうが重要になります。そう考えると誇張された汚れは、正解と言えるのです。そういう意味においては、戦車模型の塗装などに近い概念かもしれません。

2-5 PolygonFill とマスクペイント

この節では、PolygonFill 機能を使って、金属のベースレイヤーの適用範囲を正しい状態にマスキングしていきます。前節で作成した「BaseMetal」レイヤーにAddWhiteMask します。

図 2-5-1 の作業画面一番左の赤枠で囲まれたボタンをクリックし、「PolygonFill」モードに切り替えます（数字の「4」キーが切り替えのショートカット）。すると、ビューポートのモデルに赤いワイヤーフレームが表示されます。

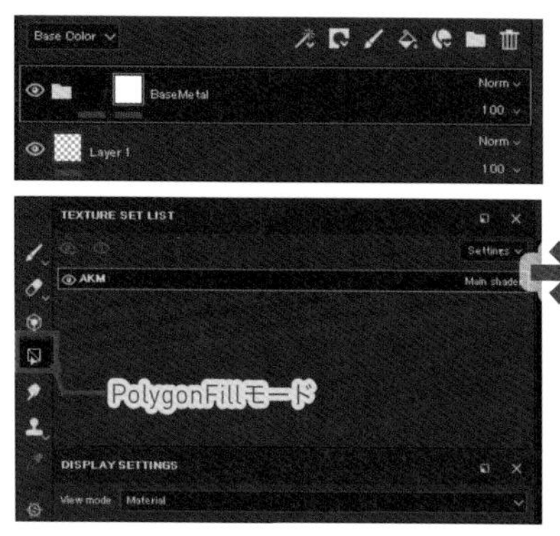

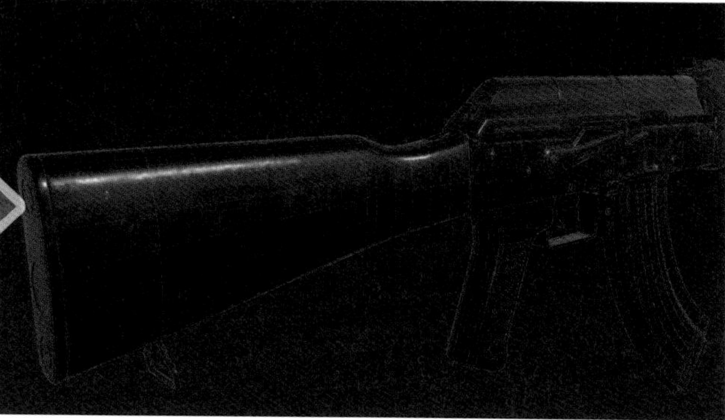

図2-5-1 「PolygonFill」モードに切り替え

「PolygonFill」の機能解説

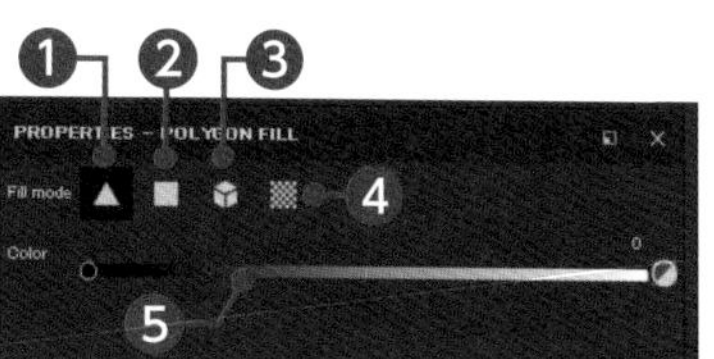

図 PolygonFillの4つのモード

PolygonFill 機能とは、選択したポリゴンをそのままマスクに変換できる機能で、図のように 4 つの選択モードがあります。

① TriangleFill：三角ポリゴンでの選択
② PolygonFill：四角ポリゴンでの選択
③ MeshFill：ひとかたまりのメッシュでの選択
④ UVChunkFill：UV がつながったひとかたまりでの選択
⑤ Color：上記の選択をこの色で塗りつぶす（「X」キーのショートカットで白黒の切り替えが可能）

注意点として、PolygonFill 機能は UV 領域が「0 ～ 1」の範囲内にないと反応しないので、左右で UV を折り返して反転側を「0 ～ 1」領域外に逃がしていると、その部分を選択しても反応しません。ダウンロードデータもそのようになっています。その点を留意して作業してください。

なお、入門編の 4 章でも取り上げているので、合せて参照してください。

それでは具体的に、PolygonFillでマスクを適用していく作業をしていきましょう。図2-5-2のストック部分をMeshFillモード、Color「1」で選択します。

肩に当たる金属部分をUVChunkFillモード、Color「0」で選択して除外します。

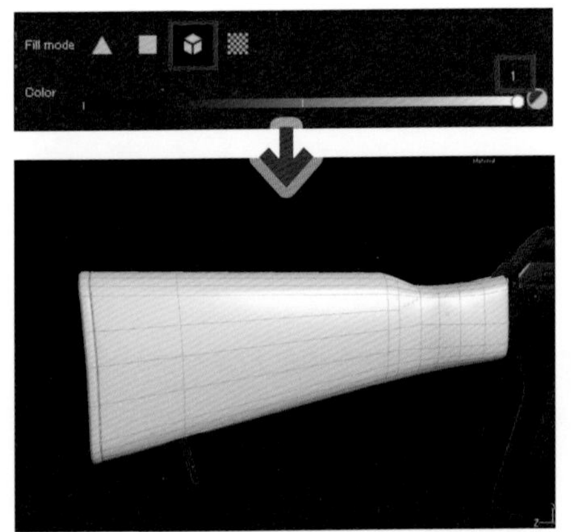

図2-5-2 ストック部分の選択

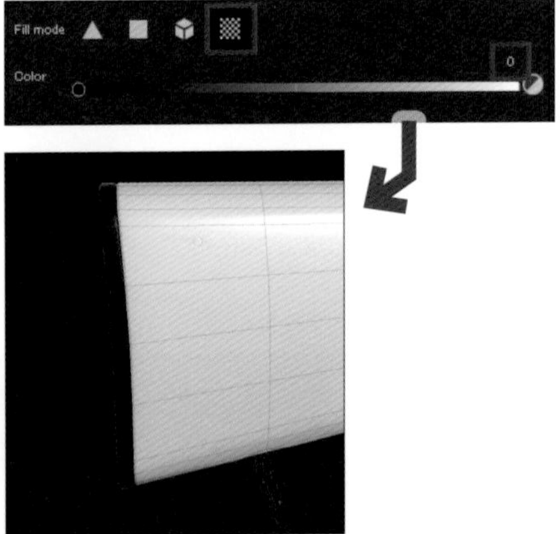

図2-5-3 金属部分はマスクを除外

フォアグリップ部分の上のパーツをMeshFillモード、Color「0」で選択して、マスクからはずします。その際、中身の金属パーツも選んでしまわないように、気をつけて選択してください。

フォアグリップ下部をMeshFillモード、Color「0」で除外します。こちらも中身を選ばないように注意します。最後にグリップも、MeshFillモード、Color「0」で除外して、マスキングの完成です。

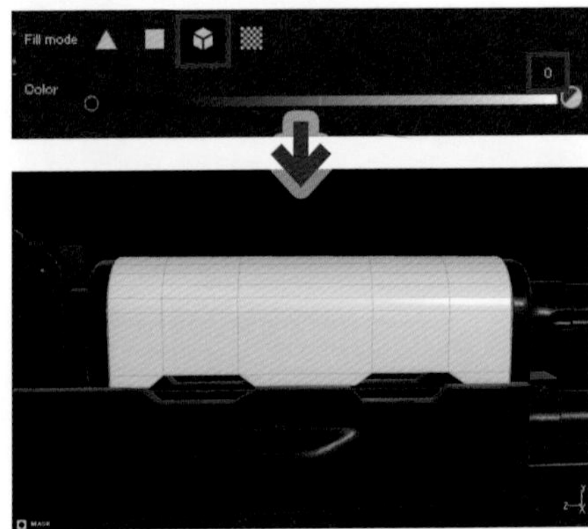

図2-5-4 フォアグリップ上のパーツもマスクから除外

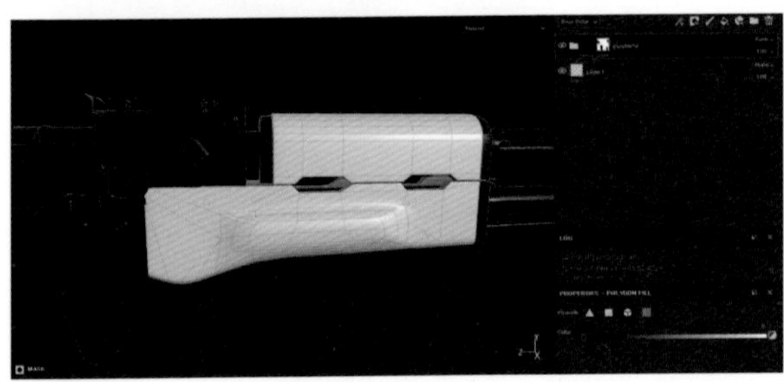

図2-5-5 フォアグリップ下部をマスクから除外

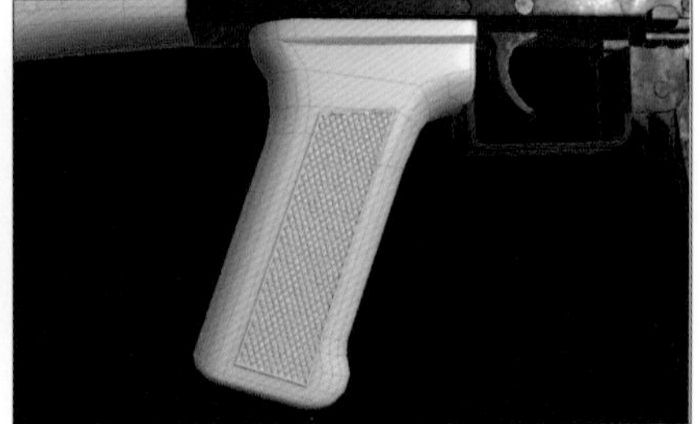

図2-5-6 グリップをマスクから除外

Note ここまでの一連の作業は、まずはじめに全体を白マスクで塗って、不要部分を黒マスクで除外するという作業です。これは、除外する範囲のほうが少ないためにこの順番にしています。

白マスクの適用範囲のほうが少ない場合は、逆にまず黒で全体をマスクして、適用したい範囲を白で選択していくという逆の順番をとります。要するに、足し算引き算でしかないので難しく考えず、状況に合わせて使い分けてください。

PolygonFillで大まかにマスクを適用できましたが、テクスチャに焼付けられていてPolygonFillでは塗り分けられない部分があります。それをマスクペイントで塗り分けていきます。

BaseMetalレイヤーのマスクを選択した状態で、ペイントモードに切り替えます。ペイントモードは、図2-5-7のアイコンです。数字の「1」キーのショートカットでも切り替えられます。

ペイントモードのブラシには、さまざまなパラメータがありますが、まずは2つのショートカットを覚えましょう。

図2-5-7 ペイントモードへの切り替え

Ctrl＋マウス右ボタン＋左右にドラッグ：ブラシサイズの変更

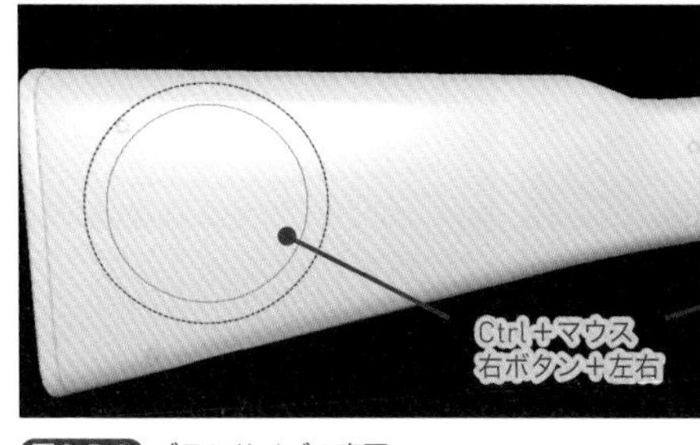

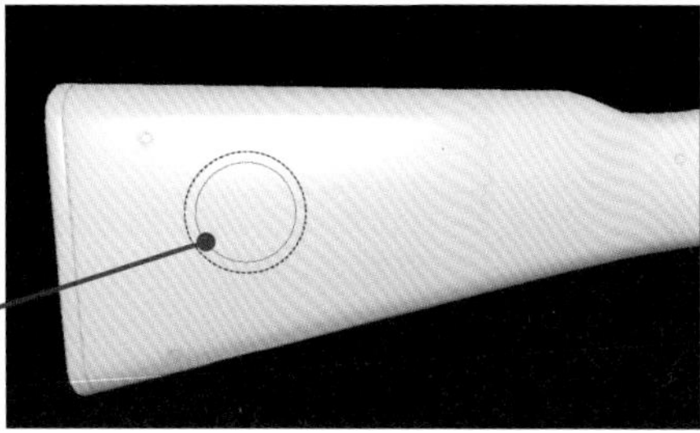

図2-5-8 ブラシサイズの変更

Ctrl＋マウス右ボタン＋上下にドラッグ：ボケ具合の変更

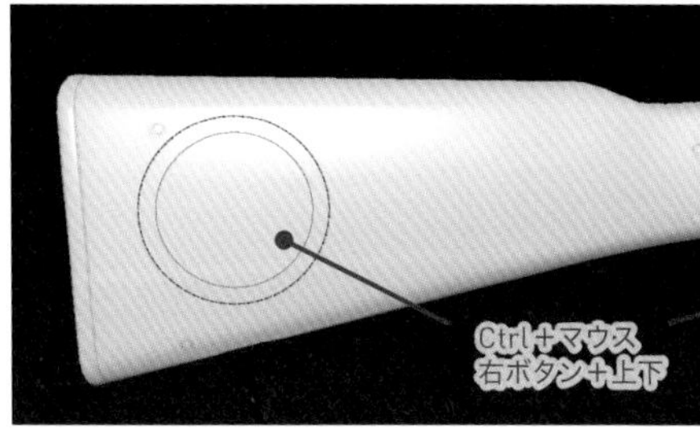

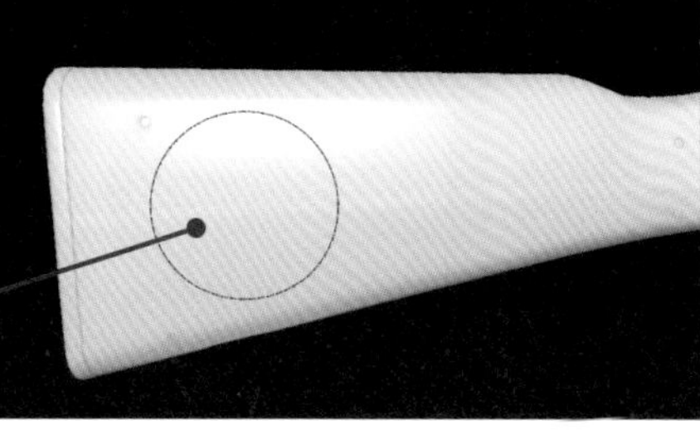

図2-5-9 ボケ具合の変更

ブラシのプロパティ部分を下にスクロールすると、ブラシの色を調整できる部分が一番下のほうにあります。今回は「1」（=白）にします。

ストック下部の図 2-5-11 の部分のビスが金属なので、ビスよりやや小さいくらいのブラシサイズにしてペイントします。左のビスも、同様にペイントしてください。

もう一箇所、グリップ下部の部分も金属の質感想定なので、図 2-5-12 のようにペイントします。

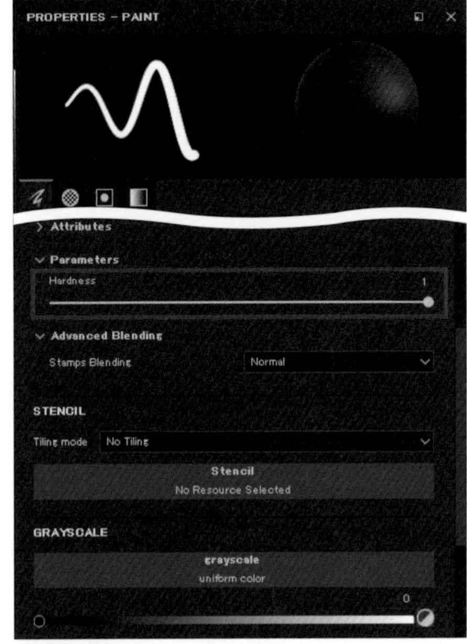

図2-5-10 ブラシの色を白に設定

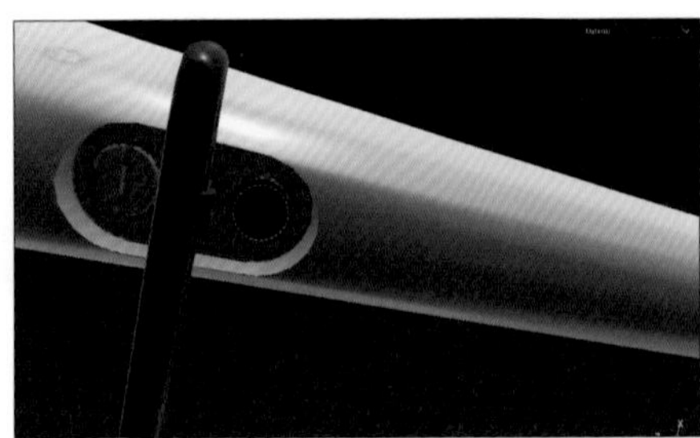

図2-5-11 ストック下部の金属部分のペイント

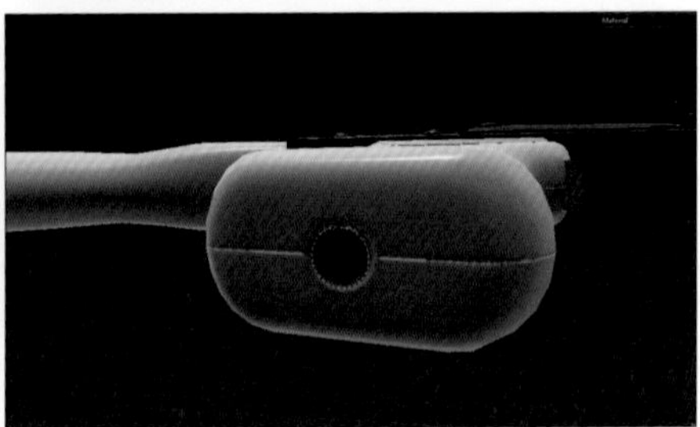

図2-5-12 グリップ下部の金属部分のペイント

PolygonFill とマスクペイントを駆使して、図 2-5-13 のような状態にもっていきます。

図2-5-13 この節での完成画像

2-6 エッジのはがれを追加する

ベースの金属の質感がだいたい完成したので、さらに使い込んだイメージにするために、銃のエッジ部分に塗装がはげて地の金属部分が見えるような質感を加えていきます。

エッジハイライト成分を追加するための Fill Layer を追加し、「EdgeHighlightBig」とリネームします。この Layer は Color のみに情報を乗せたいので、Color 以外をオフにします。

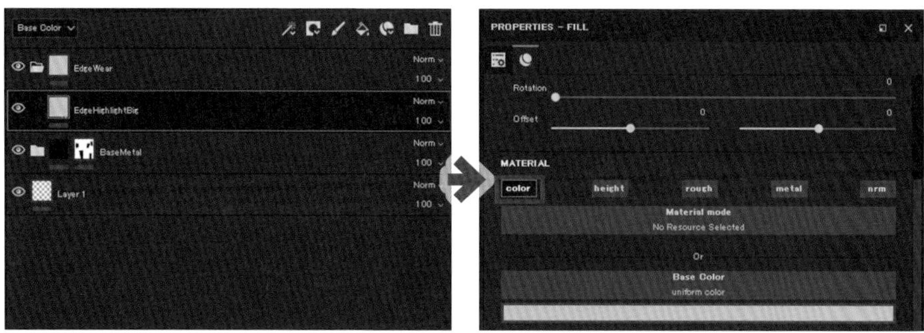

図2-6-1 エッジ用の新規レイヤーの追加

「AddBlackMask → AddGenerator → MetalEdgeWear」を選び、「MetalEdgeWear」のパラメータを調整します。図 2-6-2 の右側の外観になるように設定してみてください。

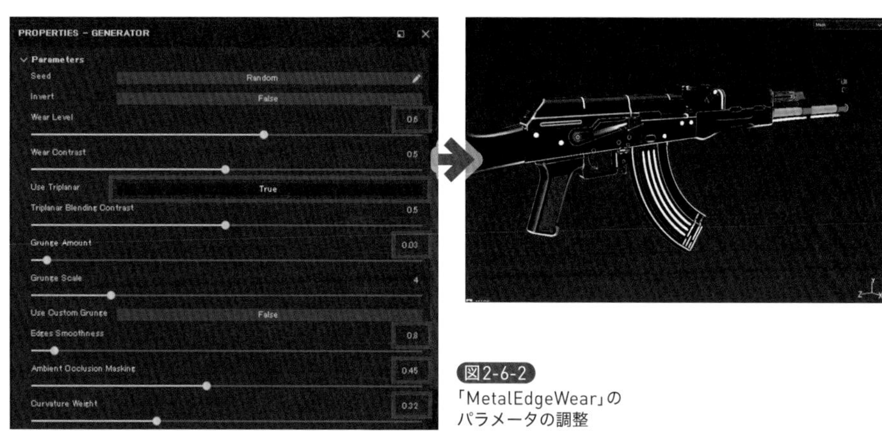

図2-6-2 「MetalEdgeWear」のパラメータの調整

EdgeHighlightBig のレイヤー透明度を「3」まで下げて、薄く色が乗るようにします。

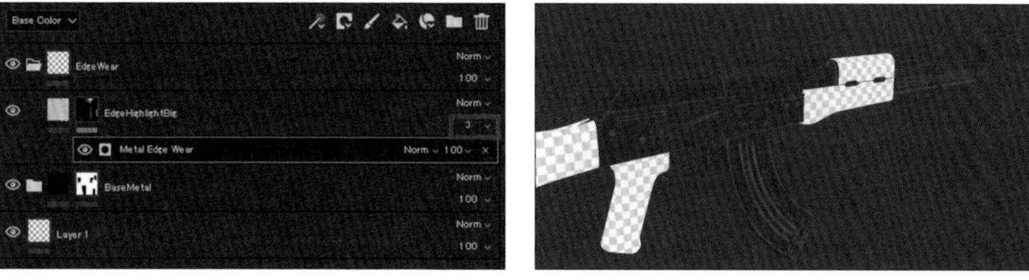

図2-6-3 レイヤーの透明度の調整

新たにFill Layerを追加し、「AddBlackMask → AddGenerator → MetalEdgeWear」を選択します。Fill Layerを選択して、Shelfから「SteelRough」をドラッグ&ドロップします。この作業は、エッジがはがれた部分にむき出しの金属が出ているという表現のための作業です。

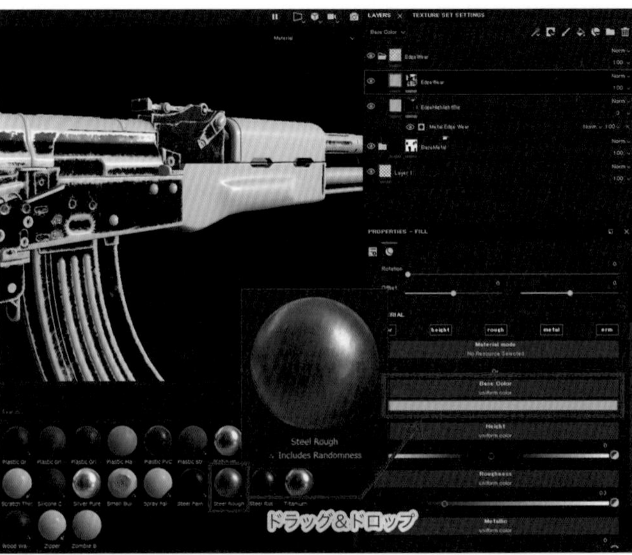

図2-6-4 「MetalEdgeWear」ジェネレーターの追加

MetalEdgeWearの上にさらにAddFillで塗りつぶしレイヤーを追加し、Shelfから「Grunge Map 008」をドラッグ&ドロップします。そして、Projectionを「TriP-lanar」にし、Scaleを「5」にします。

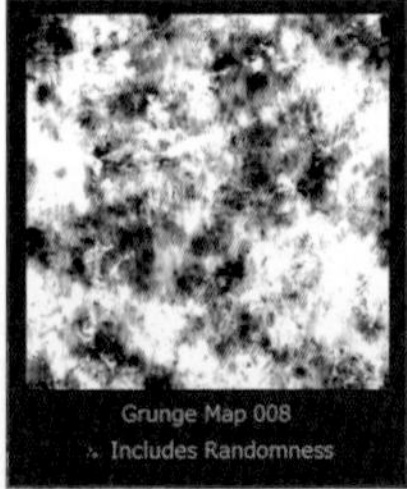

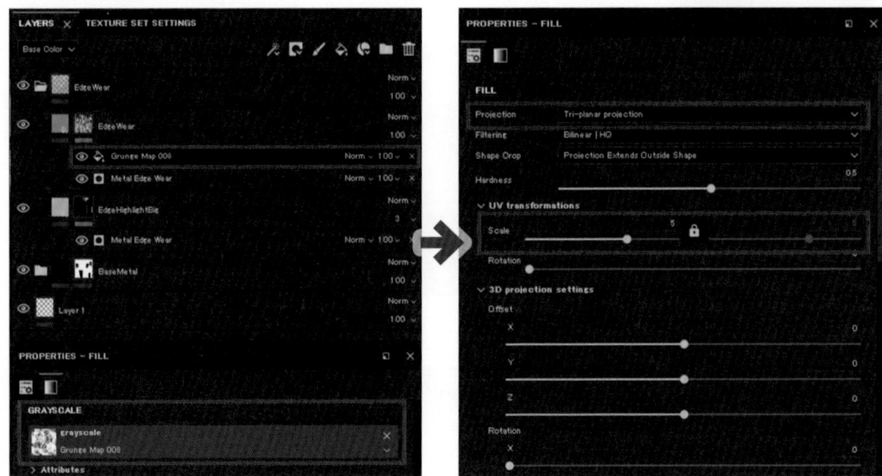

図2-6-5 新規レイヤーを追加し、「GrungeMap008」を適用

Layerのブレンドモードを「Subtruct」にし、透明度を「85」にします。

> **Note** こうすることで、MetalEdgeWearが均一に入るのをGrungeマスクでランダムに削ることができます。

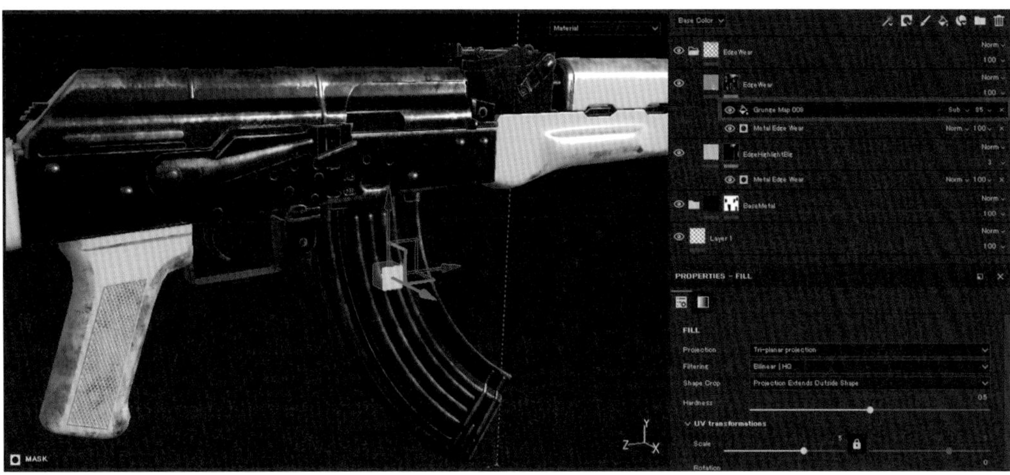

図2-6-6 「GrungeMap」をブレンドモード「Subtract」にして適用

これでもまだエッジはがれが強くでているので、PaintLayerを追加して、ブラシのマスクに「Moisture」を選び、ハゲが強く出すぎている部分を間引いていきます。ブラシカラーを黒にし、特に強くハゲが出がちな円柱状の形状の部分を重点的に消していきます。

図2-6-7
ペイントの手作業でエッジ部分の見た目を修正

ViewPortを「Maskモード」にすると、マスクのみが見れて作業がしやすいです。間引きの参考用に、いろいろな角度からの間引きが終わった状態の画面も載せておきます。

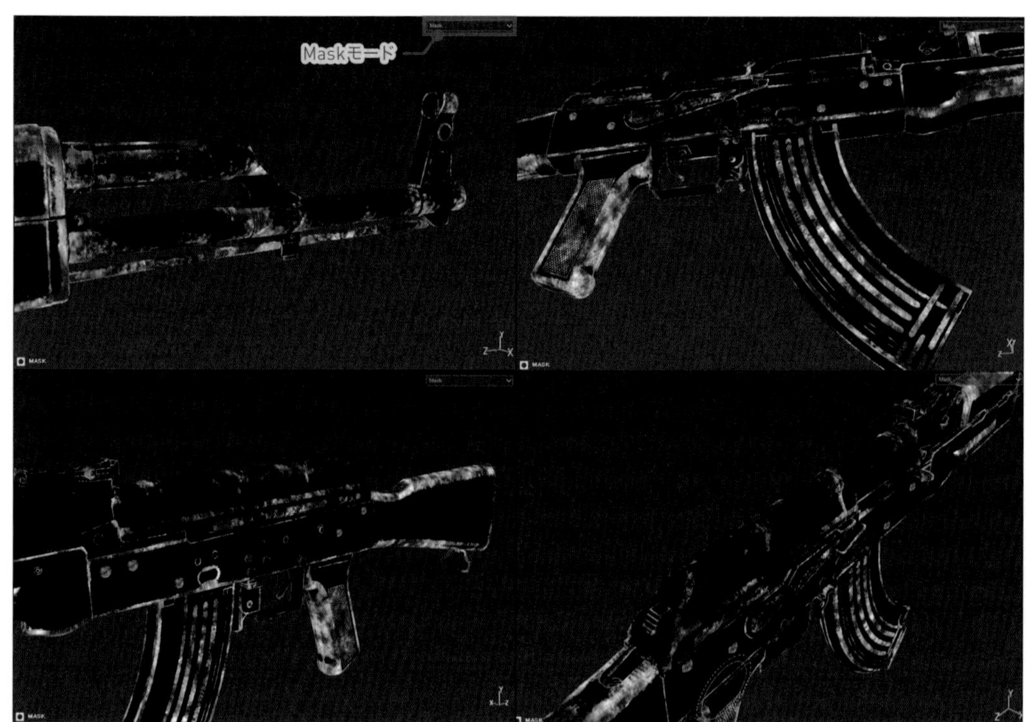

図2-6-8 エッジのはがれの修正完了の画面

完成例は、図2-6-10になります。このような状態になるまで、ペイントでハゲを間引いていきます。作業が完了したら、一連のハゲレイヤーをフォルダーに入れて、「EdgeWear」グループとしてください。

その後、BaseMetalフォルダのマスクを右クリックでコピーマスク、EdgeWearフォルダに「AddBlackMask → PasteIntoMask」するとハゲが金属部分にのみ適用されます。

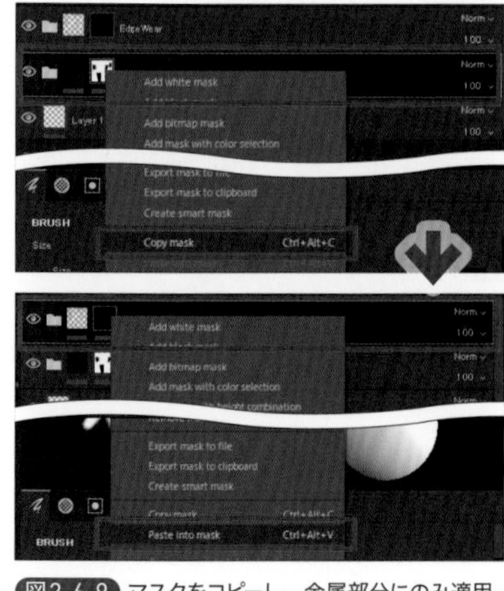

図2-6-9 マスクをコピーし、金属部分にのみ適用

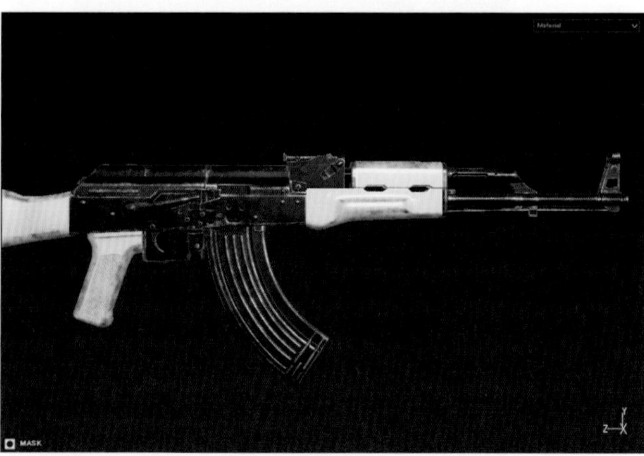

図2-6-10 エッジのはがれの質感の完成

2-7 グリップ部分のプラスチックの質感を作る

銃の持ち手であるグリップ部分の質感を作っていきましょう。持ち手はプラスチック素材（厳密に言うとベークライト）でできています。

「PlasticGlossy」というSmartMaterialをLayerタブにドラッグ＆ドロップし、「Add BlackMask → PolygonFill」でグリップ部分を選択します。応用編でも解説していますが、SmartMaterialは汚しや傷、質感などがある程度設定されており、ドラッグ＆ドロップするだけで、簡単にそれっぽい質感になるプリセットマテリアルのようなものです。自分で作ったものを簡単に登録することも可能です。

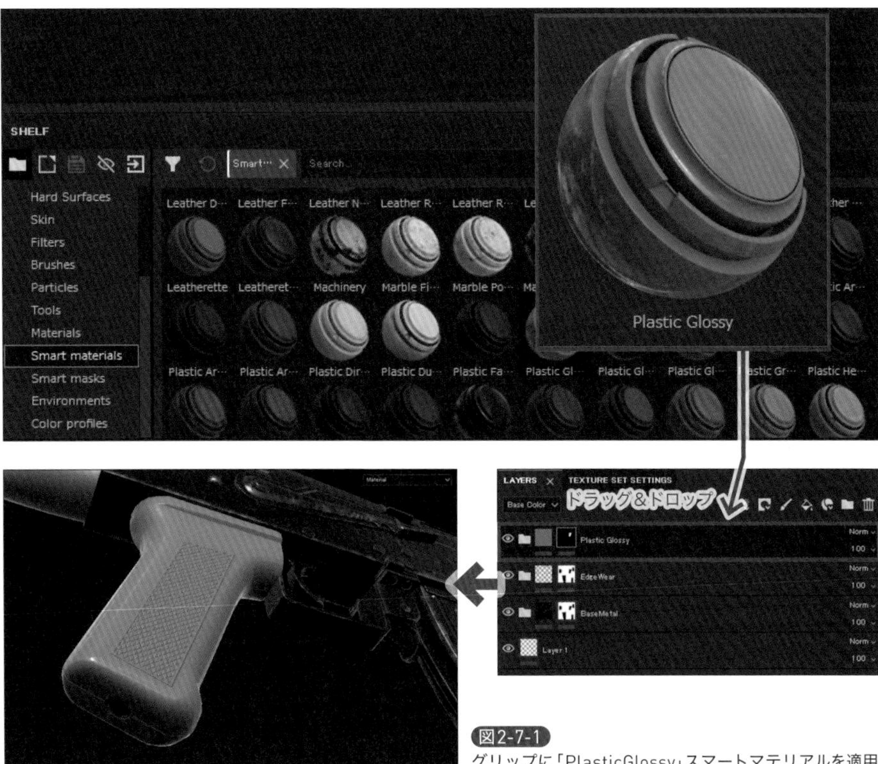

図2-7-1
グリップに「PlasticGlossy」スマートマテリアルを適用

SmartMaterialの中の「PlasticBase」レイヤーのカラーを、AKMライフルのグリップの色に変更します。Fillを選択して、「Height」をオフ、「Color」をオンにして、Fillのブレンドモードを「Ovrl」に、さらに透明度を下げます。

こうすることで、Height情報として乗っていたNoiseがColorに乗り、プラスチックの模様を再現することができます。

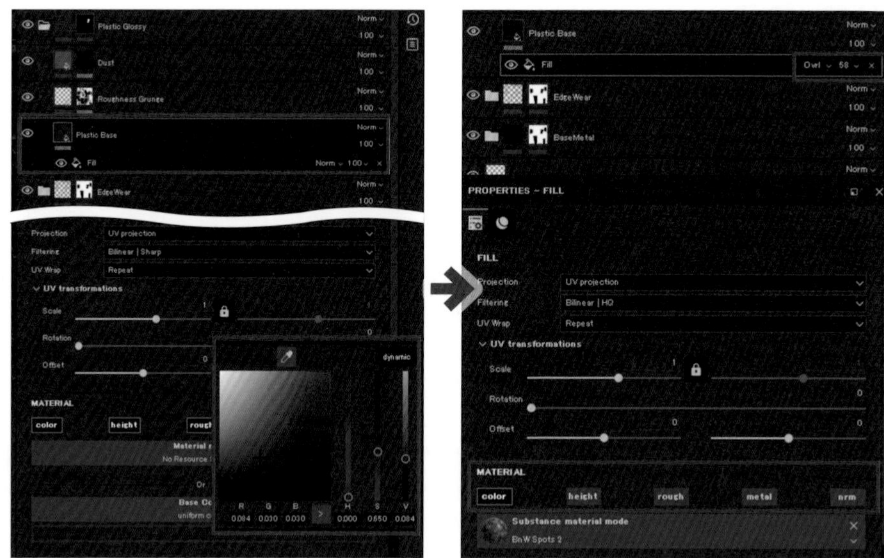

図2-7-2 色と質感の調整

Roughnessが低すぎるので、MATERIALの「rough」をオンにして「0.2」前後の値を入れると、画面のようになり完成です。

図2-7-3 グリップ部分の完成

2-8 木の質感の設定

銃の木の部分の質感を作っていきます。本章の最後にコラムで紹介している「CG WORLD Online Tutorials」とは違った方法で、1から作成する方法を紹介します。

新規フォルダを作成して、「Wood」とリネームします。Shelfから「WoodWalnut」というマテリアルをドラッグ＆ドロップし、2-5節で解説したPolygonFillとMaskPaintを駆使して、木の質感を付けたい部分にマテリアルを適用してください。

図2-8-1 木のマテリアルを適用

WoodWalnutのパラメータを「Tri-Planar」Projection、Scale「0.5」、Rotation「Y90」にして、木目のサイズ感を調整します。

FillLayerを作成し、「WoodGrainBig」にリネームします。「nrm」と「metal」はオフ、BaseColorを「100」の黒に、Heightに「-0.01」、Roughnessに「0.7」を入れます。

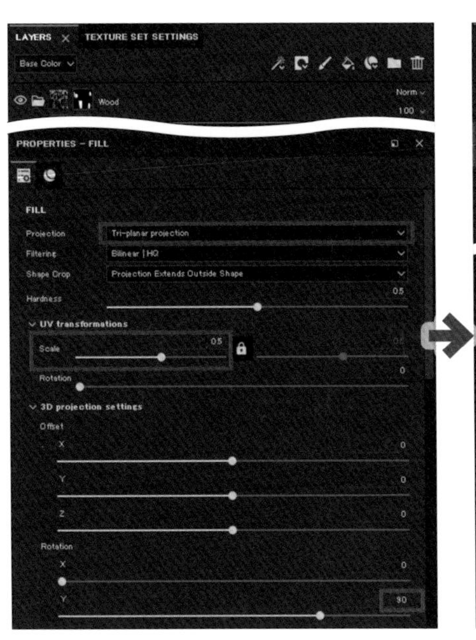

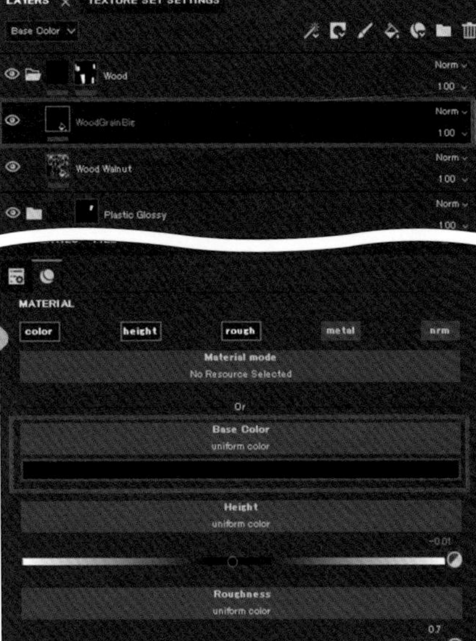

図2-8-2 木目の質感の調整

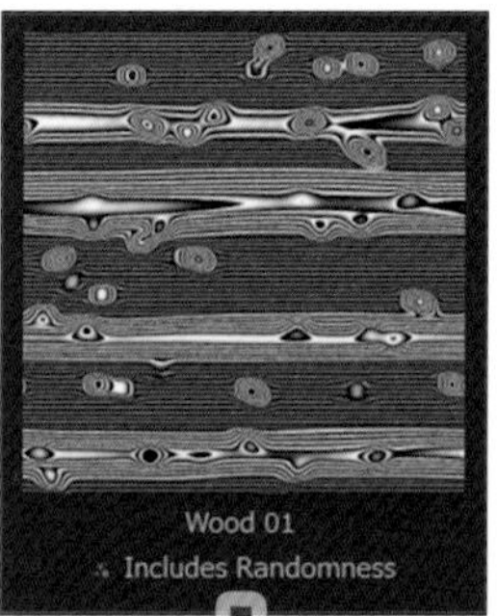

「AddBlackMask → AddFill」し、Shelfから「Wood01」をドラッグ＆ドロップします。そして、いつもどおりProjection「TriPlanar」にして、Rotation「Y90」にします。さらに、Wood01のKnotsを「0」にし、Fill側のScaleやRotation、Offsetを調整して、図2-8-4のような状態に持っていきます。

なお、Scaleの真ん中にある鍵マークをはずすと、縦横比を別々に調整できるようになります。

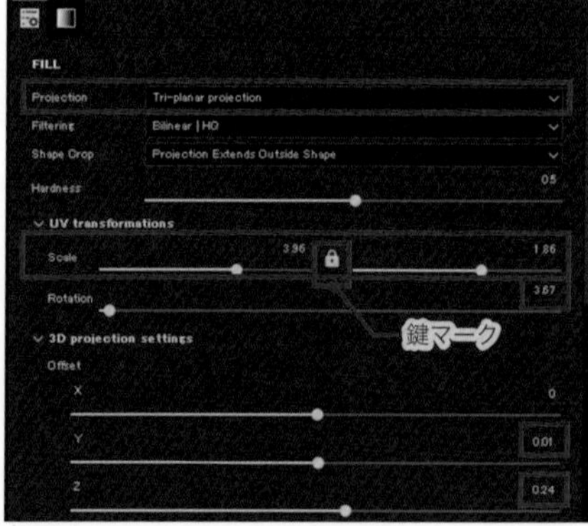

図2-8-3
「Wood01」マテリアルを適用し、木目の質感をさらに調整

図2-8-4 木の質感の途中経過

Fillの透明度を「64」程度にしてなじませます。

AddPaintLayer でペイントレイヤーを作成し、「DarkenEdges」にリネームして、ブレンドモードを「Passthrough」にします。

Passthrough にすることで、このレイヤーより下にあるすべてのレイヤーに影響を与えられるようになります。

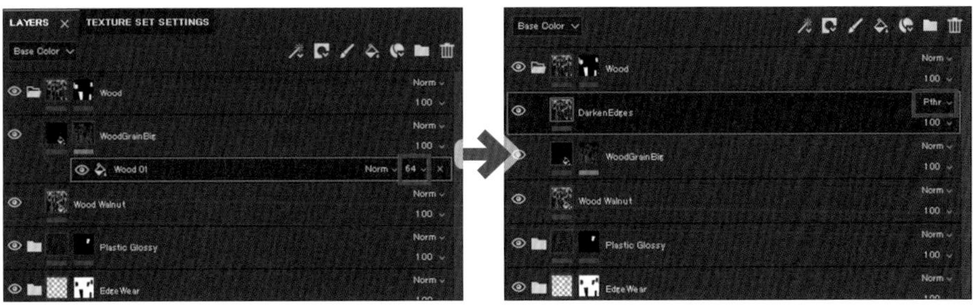

図2-8-5 木の色味を調整するレイヤーの追加

次に、AddFilter して「HSLPerceptive」を適用します。HSLPerceptive は、Photoshop の色相彩度レイヤーとほぼ同じです。ブレンドモードを Passthrough にすることで、これより下のレイヤーすべてに影響を与え、調整することができるようになります。

そして、「AddBlackMask → AddGenerator → MetalEdgeWear」をしたのち、先ほどの「HSLPerceptive」を選び、Lightness を「0.35」にして、エッジ部分を暗くする効果を作成します。

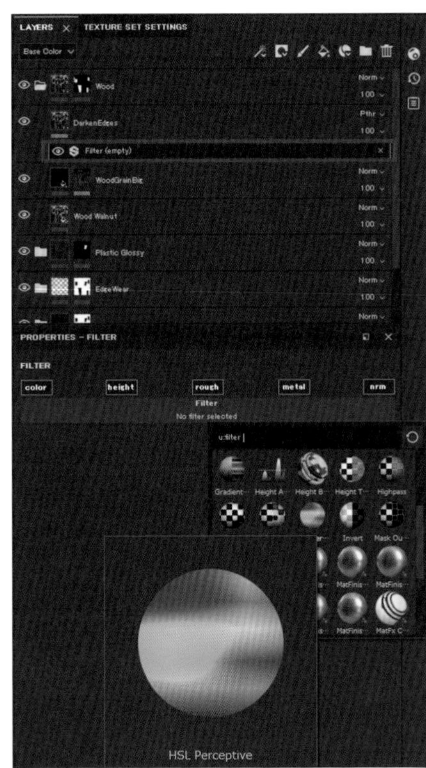

図2-8-6 「HSLPerceptive」フィルターの適用と「MetalEdgeWear」ジェネレーターの追加

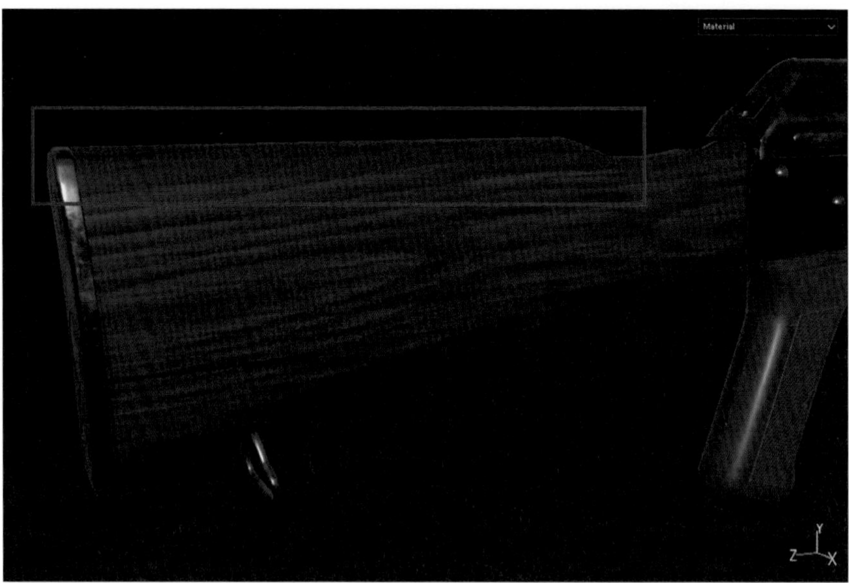

図2-8-7 木のエッジ部分を暗くする

レイヤーを選択し、HSLPerceptiveの上にもう1つ「HSLPerceptive」を作成して、Layerモードを「Roughness」に、Filterを「Rough」のみに、ブレンドモードを「Pass through」にして、ラフネス用の調整レイヤーを作成して、明度を少し上げておきます。

> **Note** このように調整をかけたい要素を分けて、HSLPerceptiveをかけることで、Color情報とRoughness情報を分けて調整できるようになります。

全体的にRoughnessが高いのでWoodWalnutを「0.4」、WoodGrainBigを「0.55」に調整します。

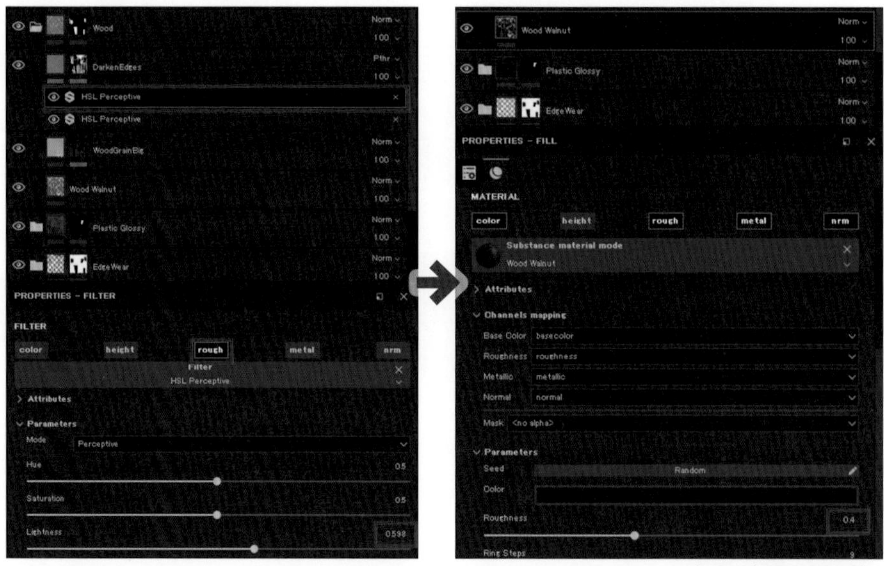

右ページの図2-8-8に続く

DarkenEdge レイヤーが「RoughnessMode」になっていることを確認し、透明度「50」にします。Layer のモードを変えることで、Roughness モードなら Roughness のみの透明度を調整することができます。

図2-8-8 ラフネス用の調整レイヤーの作成と質感の調整

木に色の変化を与えるためのレイヤーを追加します。モードを「BaseColor」に戻し、PaintLayer を追加して「ColorVariation」にリネームしてください。「HSLPerceptive Filter」を追加して、ブレンドモードを「PassThrough」に変更し、Hue を「0.515」にします。

「AddBlackMask → AddFill」して、Shelf のなかから「GrungeLeaks」をドラッグ＆ドロップ、TriPlanar、Rotation「Y90」と一連の作業をします。

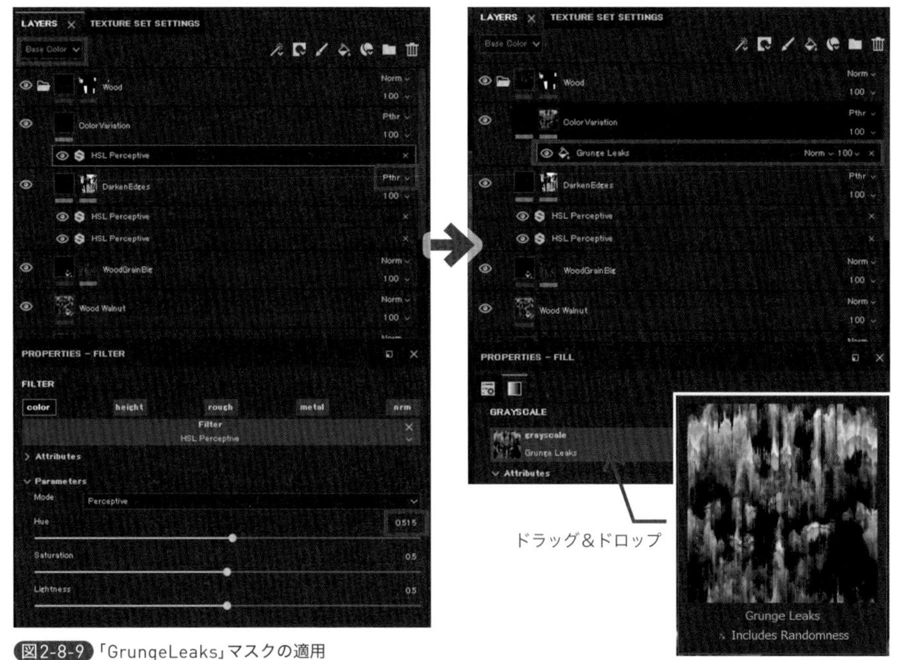

図2-8-9 「GrungeLeaks」マスクの適用

好みでスケールを調整し、木目に色のバリエーションを与えます。ぱっと見はわかりづらいですが、レイヤーをオン／オフすると違いがわかります。木目に微妙な色の違いが生まれていて、よりリアルになっています。

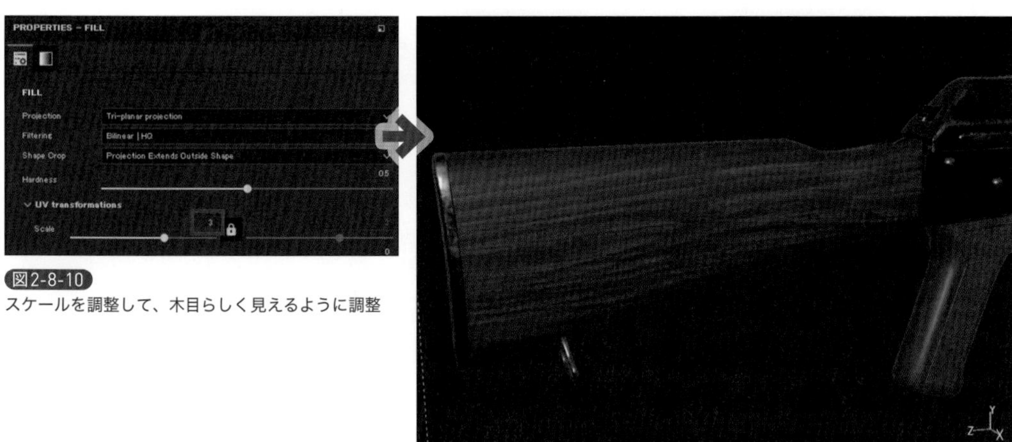

図2-8-10
スケールを調整して、木目らしく見えるように調整

傷を追加するためのレイヤーを作成していきます。FillLayer を追加して、「Scratch」にリネームします。画面を参考に色を調整して、Height に「-0.02」を入れます。「Add Mask → AddFill」して、「GrungeScratchesRough」マップを shelf からドラッグ& ドロップします。

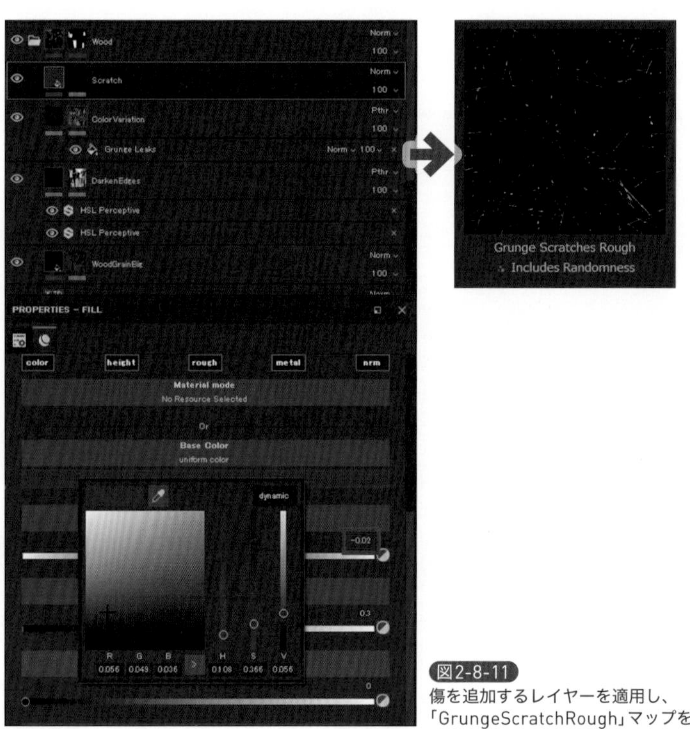

図2-8-11
傷を追加するレイヤーを適用し、「GrungeScratchRough」マップを適用

設定は、例によって「TriPlanar」、Rot「Y90」、Scale「3」とします。好みの状態になるまでパラメータ調整します。筆者は、画面右のようにしました。

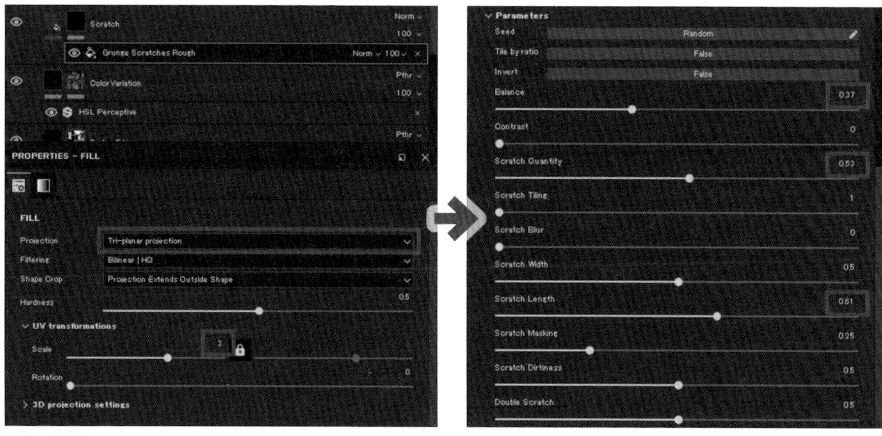

図2-8-12 傷のレイヤーの調整

木に傷が入り、より使い込まれた感が出ました。木の質感の作業は、これでいったん終了としたいと思います。

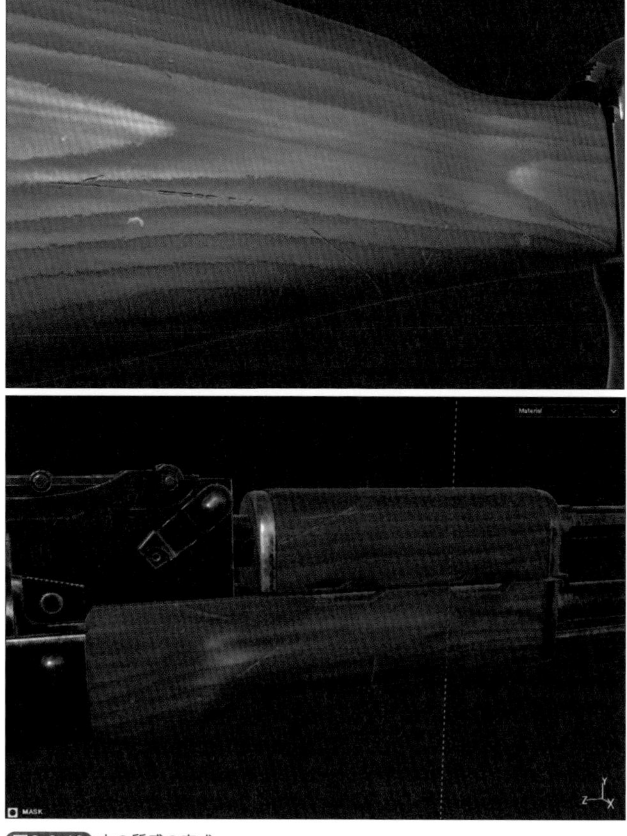

図2-8-13 木の質感の完成

2-9 数字のペイント

タンジェントサイト部分に数字の刻印を入れていきます。フォルダを作成し「Number」にリネームして、その中に「NumberPaint」という FillLayer を作成し、AddBlackMask します。

F3 キーを押し UV モードにして、数字をペイントしたい場所をアップにします。Shelf に Type と打ち込み、「FontLibreBaskerville」というフォントを選びます。

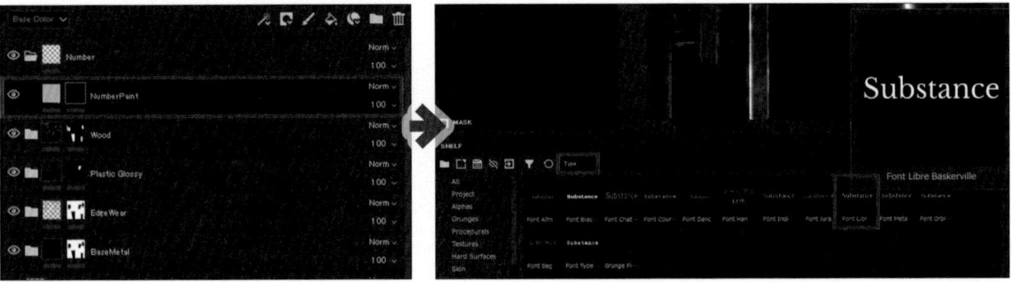

図2-9-1 数字用のレイヤーの作成とフォントの選択

Type の「Parameters → Text」の項目がペイントする文字になるので、「1」と入力して Size を調整します。サイズの変更は、Ctrl+ マウスの右ボタンで横にドラッグすることでも行えます。

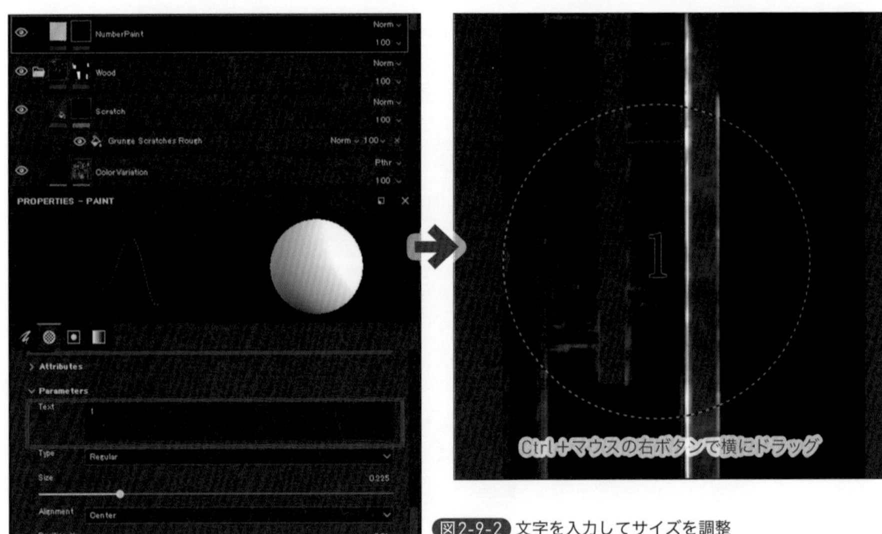

図2-9-2 文字を入力してサイズを調整

左マウスクリックして「1」のペイントができたら、これを「10」まで繰り返して画面の状態にします。

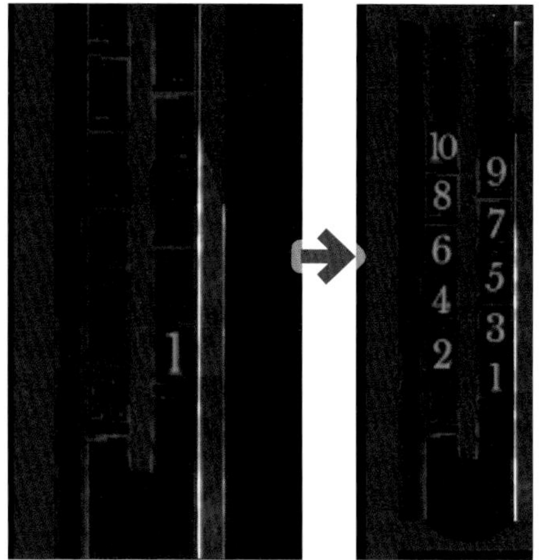

図2-9-3 数字の刻印のペイント

注意 「数字キー」は、1：ペイントモード、2：消しゴムモード、4：PolygonFill モードの切り替えのショートカットでもあるので、きちんと Text の項目に打ち込まないと、モードが切り替わってしまいます。

切り替わったらまたペイントモードに切り替えればよいだけなので、落ち着いて作業してください。

F2 キーを押して「3DView」に戻し、「Nrm」「Metal」をオフ、Height を「-0.05」にして凹みをつけます。

図2-9-4 数字の刻印の完成

2-10 全体に汚しを付けて完成

最後の仕上げとして、全体に汚れやサビといった汚しを付けて AKM ライフルのテクスチャを完成させましょう。

「GlobalDirt」というフォルダを作成し、中に「Dust」という FillLayer を作成して、「AddMask → AddFill」します。マテリアルの「Nrm」と「Metal」は Off にします。そして「GrungeDustSpread」マップを Fill にドラッグ & ドロップします。

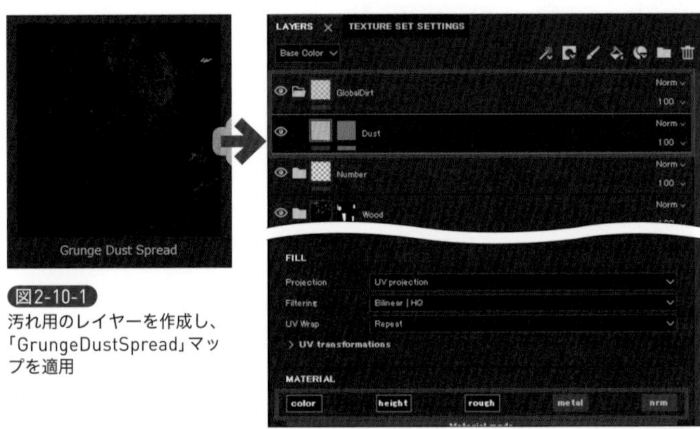

図2-10-1
汚れ用のレイヤーを作成し、「GrungeDustSpread」マップを適用

「AddLevel」してコントラストを調整し、ホコリの乗り具合を調整します。

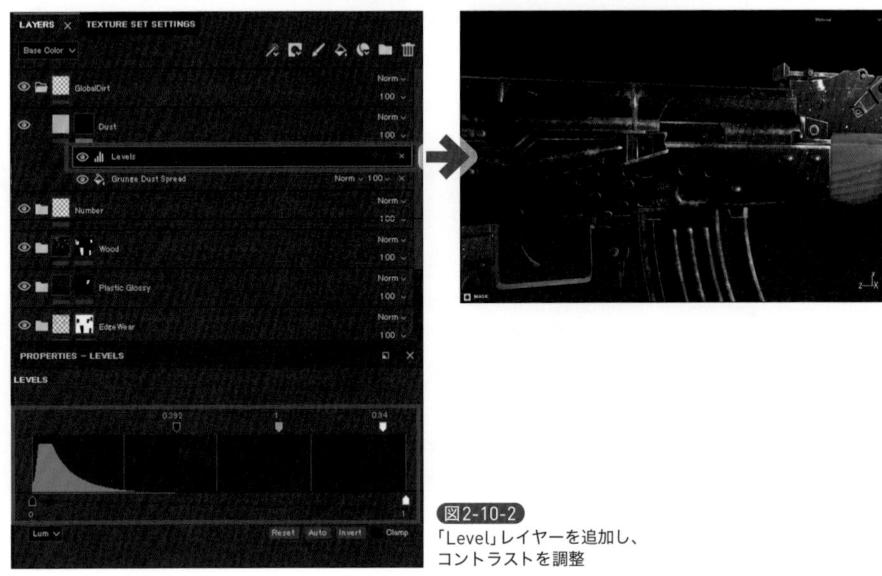

図2-10-2
「Level」レイヤーを追加し、コントラストを調整

FillLayer の明度を下げ、透明度を「60」に、Height を「0.01」にして、ほんの少し盛り上がった状態にします。

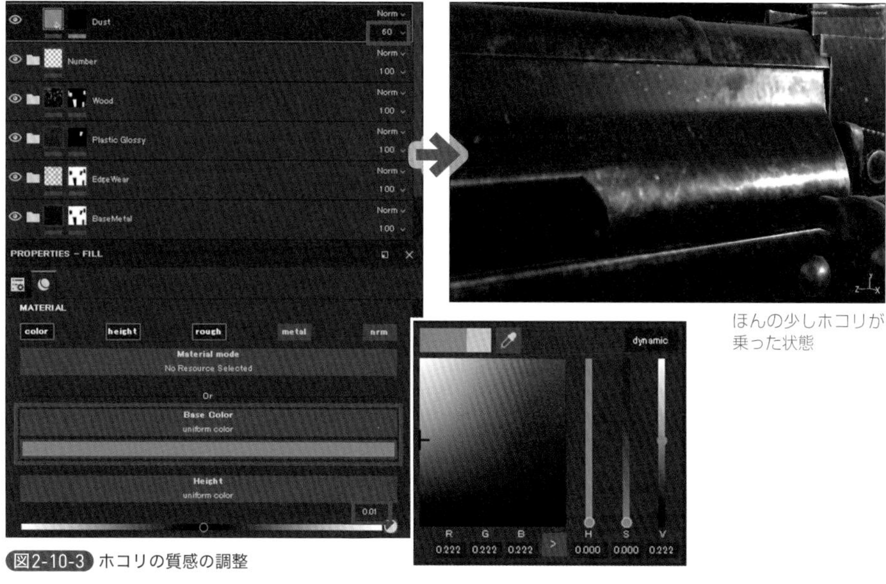

図2-10-3 ホコリの質感の調整

続いて、サビを追加します。「Rust」というFillLayerを作成して、「Nrm」「Metal」をオフ、BaseColorをサビ色にします。「AddMask → AddGenerator」で、「Dirt」ジェネレーターを追加します。

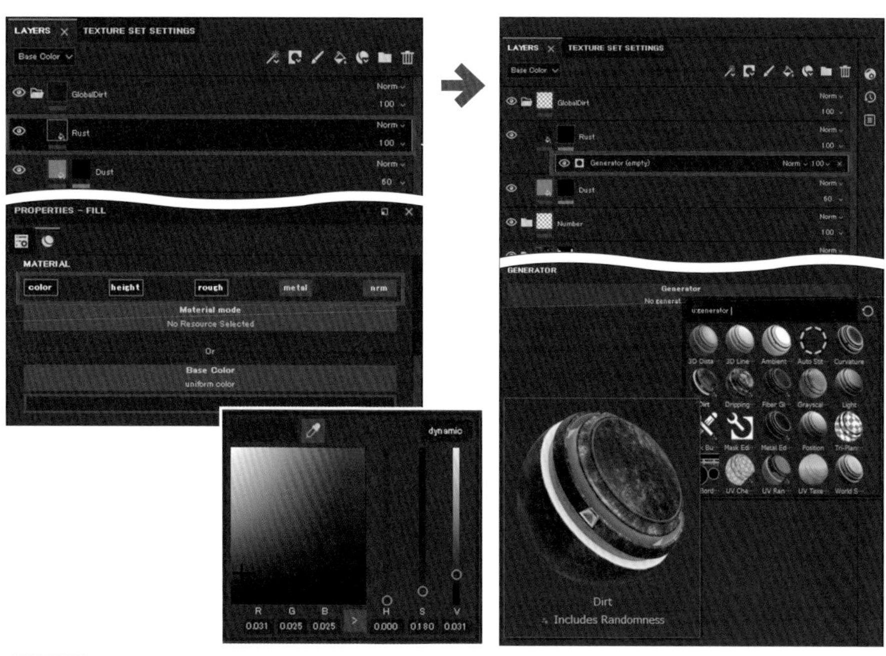

図2-10-4 サビ用のレイヤーを作成し、「Dirt」ジェネレーターを適用

好みの状態になるまで、DirtLevelやDirtContrastを調整しましょう。筆者は「Level」を少し下げるだけにしました。

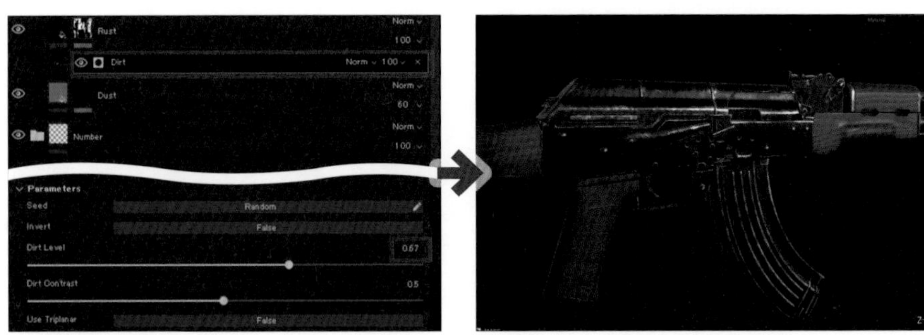

図2-10-5 サビの質感の調整

このDirtGeneratorで汚れを乗せると、Roughnessに奥まった部分を考慮したメリハリが生まれるので、モデルの印象が一気にぐっと引き締まります。

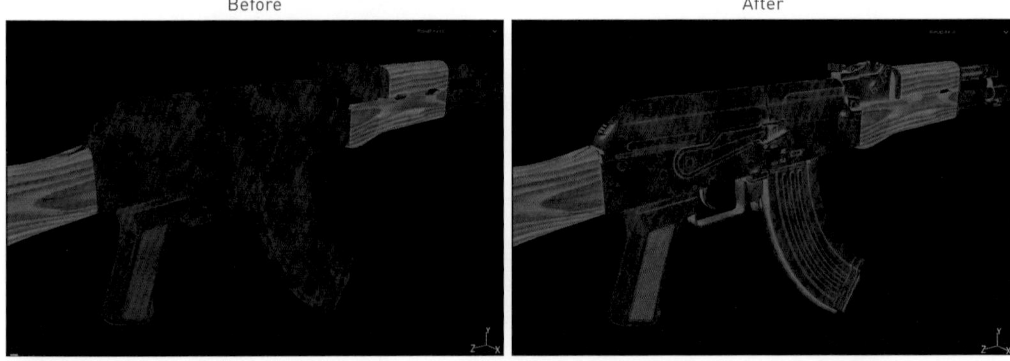

図2-10-6 「Dirt」ジェネレーターの効果

これでAKMライフルのテクスチャリングは終了です。テクスチャを書き出して各種エンジンでLowモデルに適用すれば、実際にゲームなどで利用できます。銃のモデルはもちろん、メカ系のハードサーフェスモデル全般に応用できる内容かと思います。

紙面の都合上、省略してしまった部分もありますが、次のコラムの「CGWORLD Online Tutorials」では、すべて収録されているので、興味のある方はぜひご覧ください。

図2-10-7 AKMライフルのテクスチャの完成

AKMライフルのモデル制作とテクスチャ制作を動画で学ぶ

ボーンデジタルでは「CGWORLD Online Tutorials」で、CGクリエイターに向けたさまざまな動画チュートリアルを有償にて提供しています。

- CGWORLD Online Tutorials
  https://tutorials.cgworld.jp/

本章の著者である玉ノ井 彰祥氏による「MayaとSubstancePainterで作るゲーム向けアサルトライフル」も公開されています。このオンライン講座では、本章で取り上げた「AKMライフル」のMayaでのモデリングから、Substance Painterでテクスチャを作成していく手順を、ゼロから最後まで解説付きで収録しています。

図「MayaとSubstancePainterで作るゲーム向けアサルトライフル」の概要

なお、木目の質感の作成は、本書の内容とオンライン講座では異なります。比較してご覧になると、さらにSubstance Painterの理解が深まりますので、ぜひご参照ください。

- 「MayaとSubstancePainterで作るゲーム向けアサルトライフル」
  https://tutorials.cgworld.jp/set/829

表 動画チュートリアルの内容（合計時間：13時間39分36秒）

内容	時間
1. イントロダクション【無料】	2分24秒
2. リファレンス収集の重要性	2分14秒
3. 【Maya】ストック部分	43分34秒
4. 【Maya】ロアレシーバー	20分15秒
5. 【Maya】フローターテクニックによるハイポリの時間短縮	37分04秒
6. 【Maya】マガジン	1時間05分20秒
7. 【Maya】トリガーガード、マグキャッチ、トリガー	22分16秒
8. 【Maya】セイフティ（セレクターレバー）	27分16秒
9. 【Maya】アッパーレシーバー	48分21秒
10. 【Maya】スプリングガイドのボタン他	13分15秒
11. 【Maya】ボルトキャリア	11分40秒
12. 【Maya】リアサイト	39分25秒
13. 【Maya】ハンドガード	21分32秒
14. 【Maya】ピストン部、バレルフロントサイト、マズル	1時間15分30秒
15. 【Maya】ローポリモデルを流用してハイポリを作る(1)	1時間07分59秒
16. 【Maya】ローポリモデルを流用してハイポリを作る(2)	28分43秒
17. 【Maya】ローポリモデルを流用してハイポリを作る(3)	43分57秒
18 .【Maya】効率的なUV展開のやり方や便利ツールの説明	32分53秒
19 .【SubstancePainter】ベイク・データ書き出し、命名規則	14分03秒
20. 【SubstancePainter】ベイク・IDマップ、書き出し設定	19分35秒
21. 【SubstancePainter】基本機能説明、ベースレイヤー作成	12分36秒
22. 【SubstancePainter】質感をのせる	9分59秒
23. 【SubstancePainter】ラフネスバリエーション	10分54秒
24. 【SubstancePainter】調整レイヤー、ポリゴンフィル	9分09秒
25. 【SubstancePainter】エッジの塗装はがれ	19分46秒
26. 【SubstancePainter】UV調整、グリップ部分のペイント	12分48秒
27. 【SubstancePainter】木目スマートマテリアル	10分47秒
28. 【SubstancePainter】マテリアル調整、はがれの調整	9分04秒
29. 【SubstancePainter】Mayaに戻ってUV修正	17分15秒
30. 【SubstancePainter】文字・数字のペイント、アンカーポイント	15分37秒
31. 【SubstancePainter】バレルのハゲ、汚れ調整	8分20秒
32. 【SubstancePainter】全体のさび、汚れ	14分49秒
33. 【SubstancePainter】全体調整、テクスチャ書き出し	5分08秒
34. 【SubstancePainter】リアルタイムライティング、リアルタイムレンダリング	26分08秒

作例編

CHAPTER 3

アンティークランプの作成とMaya でのテクスチャセット

留目 貴央［作例・解説］

この章では、「アンティークランプ」を作例として、Substance Painter でのテクスチャの作成方法を紹介します。入門編・応用編と重なる解説もありますが、細かい操作は省いている部分もあるので、復習の意味で入門編・応用編と合わせて読んでもらえればと思います。また、本章の最後では、Substance Painter で書き出したテクスチャを「MAYA (Arnold)」で利用する方法についても解説しています。それぞれのテクスチャをモデルにどのように割り当てるかを紹介していますので、こちらも参考にしてください。

3-1 作成前の下準備

最初に完成した「アンティークランプ」を示しておきます。リファレンス素材は示しませんが、著者は Web サイトからさまざまな情報を集めて検討し、最終的にオリジナルのランプをデザインしました。

この章では、この作例の Substance Painter での作成手順を見ていくことにしましょう。

まず作業に入る前に、下準備として質感ごとにマスクで分けていきます。空のグループに黒マスクをかけ、add paint で任意の場所を選択していきます。今回は、「polygon fill → UV chunk fill」を使用しました。

この工程を最初にやることによって、自分が今どこに何の質感を描いているかが明確にわかり、作業効率を上げることにつながります。また、後に追加する汚しやキズなどが意図しない場所に描かれるのを防ぐことができます。

図3-1-1 アンティークランプの完成例

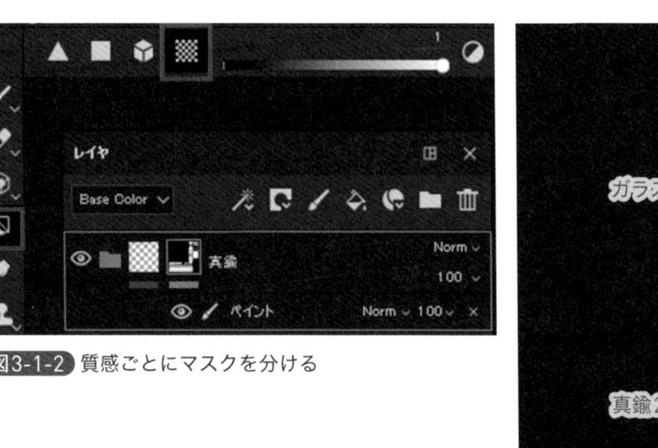

図3-1-2 質感ごとにマスクを分ける

3-2 真鍮の質感をつける

まずは、アンティークランプのメインの部分である真鍮から作っていきます。

ベースカラーを設定する際ですが、真鍮のリファレンス素材を事前に準備しておき、そこからスポイトツールを使用して、直接色を持ってくるとより違和感がなくなり、説得力を増すことができます。今回は、ベースカラーのラフネスは「0.2」、メタルネスを「0.8」に設定しました。

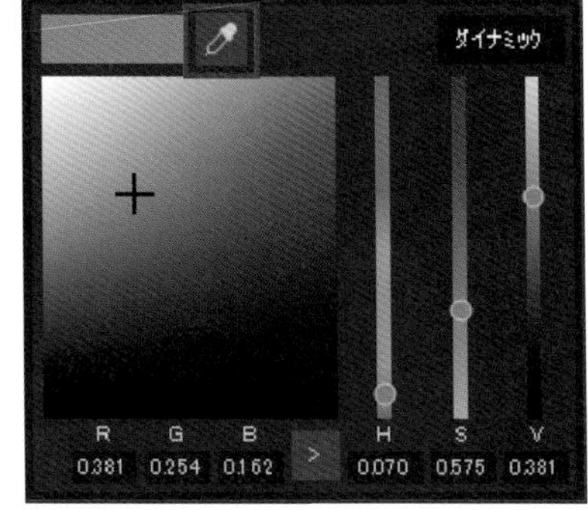

図3-2-1 真鍮の色とラフネス、メタルネスの設定

ベースとなるカラーが決まったら、より自然にするために最初のカラーの「彩度」「明度」「色相」を若干変えたものを、4～5色ほど重ねていきます。重ねる際は黒マスクをかけ、add fill や add generator、add paint で混ぜ合わせていきます。

テクスチャの選び方ですが、なるべく白、黒の値がはっきりとしているもののほうが、結果がわかりやすく、元のベースカラーの存在感も損なわれにくいです。

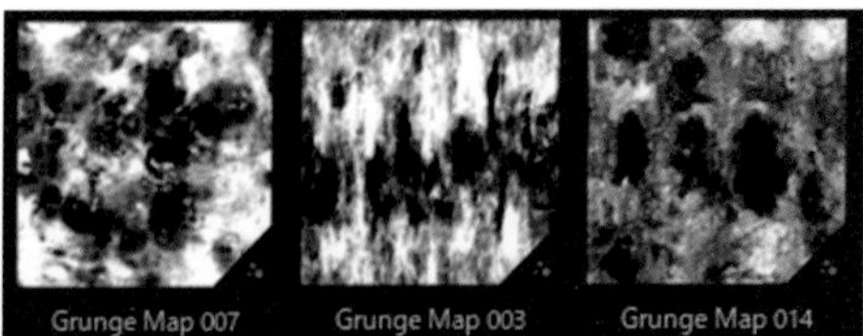

add fillで使用したテクスチャ

図3-2-2 より自然にするために複数の色で色ムラをつける

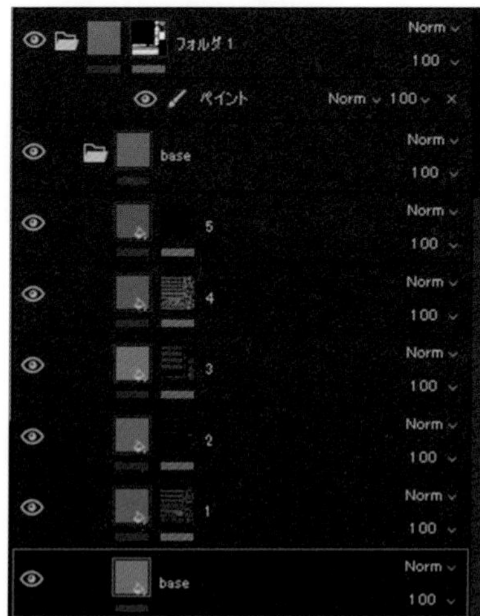

ここで大事なのは、あくまでこの工程はベースカラーに色ムラを入れているだけであって、汚しやキズを入れているわけではありません。ラフネスなどは、激しくいじらないようにします。

それぞれの画像の左側がベースカラーだけで、右が色ムラを足した後です。ほかの色の誇張が激しい場合は、不透明度を下げたり、境界線をブラーでぼかすなどして調整していきます。

ベースカラーのみ　　色ムラを追加

ベースカラーのみ　　色ムラを追加

図3-2-3 色ムラの効果の確認

3-3 normal や height でディテールを追加

ベースの真鍮の質感をつけることができたので、次は「normal」や「height」でディテールを追加し、よりリッチに仕上げていきたいと思います。

白黒情報だけで形成されている alpha 素材を用いて凹凸を表現していくのですが、今回は Substance Painter にデフォルトで入っている alpha 素材と、ARTSATION で購入した有償の素材を使用したいと思います。

- 画像投稿サイト「ARTSATION」
  https://www.artstation.com/

同じ素材を使用したい方もいるかもしれないので、参考までに著者が購入した素材の URL を示しておきます（購入時は 6 米ドル）。

- 150 Ornament Brush and 3D Models + 7 Video Tutorials-VOL 03
  https://www.artstation.com/marketplace/p/3LKy/150-ornament-brush-and-3d-models-7-video-tutorials-vol-03

図の左 4 つが購入した素材で、右の素材が Substance Painter のデフォルトの素材です。alpha 素材は無償のものをダウンロードしたり、もしくは購入することが多いですが、必要に応じて Photoshop などで作成することもあります。

「ARTSATION」の有償素材

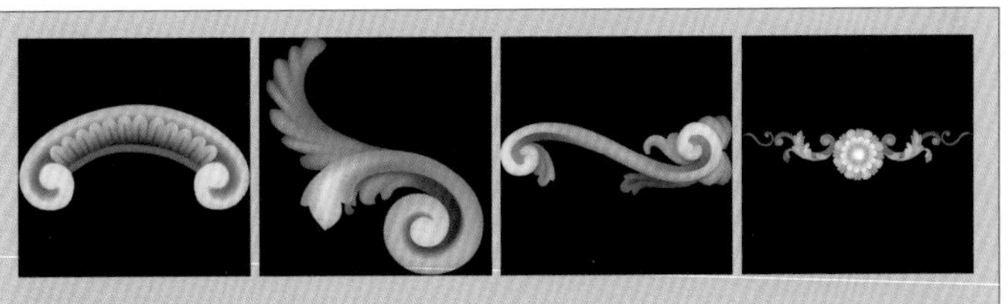

Shape Paraboloid

図3-3-1 使用するalpha素材

さっそく凹凸をつけていきます。normal と height のチャンネルだけにチェックを入れ、「黒マスク→ add paint」を選択します。今回は、①～③の 3 か所に normal で模様をつけていきたいと思います。

図3-3-2 模様をつける箇所

heightの値を0から変えることによって、ペイントしたときに実際の結果がわかりますが、①〜③を見たときにどれも円状になっていて、見た目だけでは正確にペイントすることは難しそうです。

そこで、Substance Painterのビューポートを「3D」から「2D」に切り替えて作業します。あらかじめUVを開く際に模様や汚れをペイントしやすいように、図3-3-3の左のように開いておくことで作業効率が上がり、より正確にペイントすることが可能です。

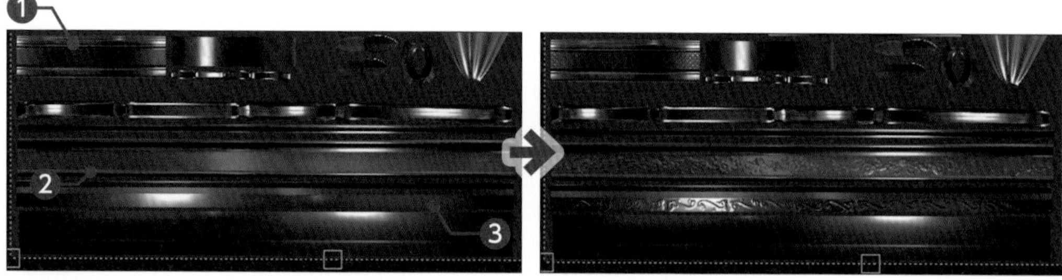

図3-3-3 ビューポートを「2D」に切り替えて作業

ブラシ設定のサイズ、間隔、角度などを調整して、shift + ctrlで等間隔にペイントしました。実際に凹凸をつけたものとの比較が、図3-3-4になります。

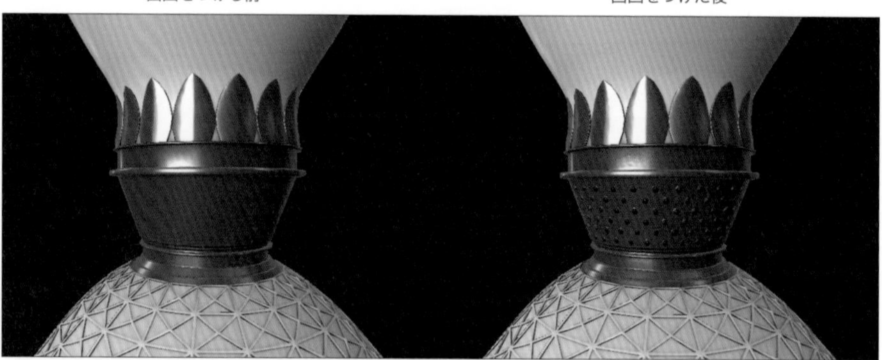

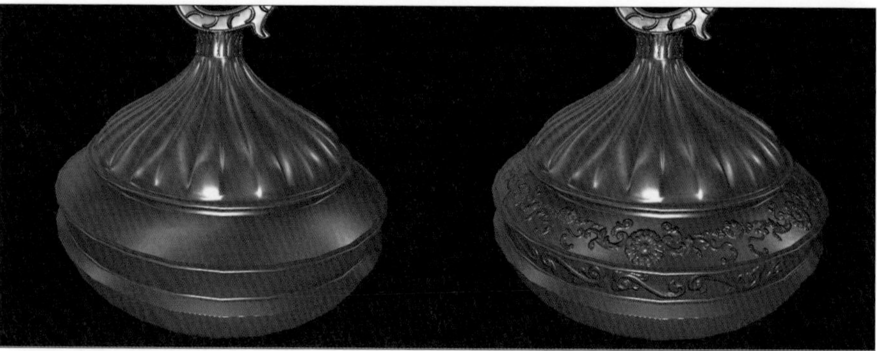

図3-3-4 出来上がった模様を3Dで確認

3-4 汚しやキズをつける

私がテクスチャを描く上で一番楽しく、かつ一番難しいと思っている汚しやキズ入れをしていこうと思います。一口に汚れやキズといっても、環境や人によるもの、室内か屋内かなどによって入り方がまったく違ってきます。しっかりとリファレンスを確認しつつ、説得力のある汚しやキズを描いていきましょう。

まずは、黒墨汚れをペイントしていこうと思います。最初に「Dirt」で大まかな汚れを足しました（図の①）。しかし、そのままでは全体に汚れが均一に入ってしまい不自然な感じがするので、上から乗算でテクスチャをかぶせて少しずつ汚れを削っていきます（図の②）。

その後、汚れがきっぱりしていたので若干のブラーをかけ（図の③）、最終調整で乗算のペイントで汚れが入り過ぎている個所を消していきました（図の④）。

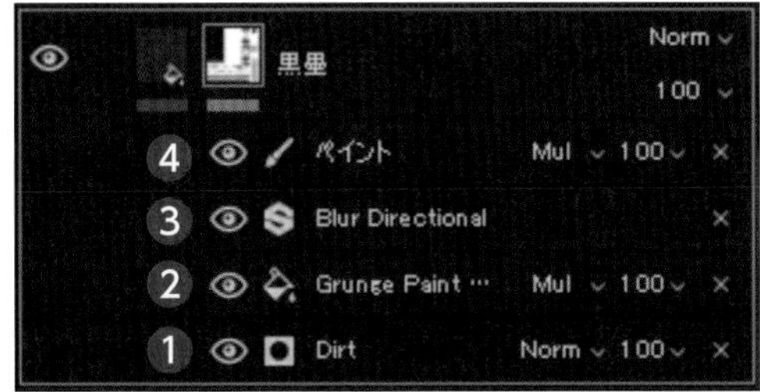

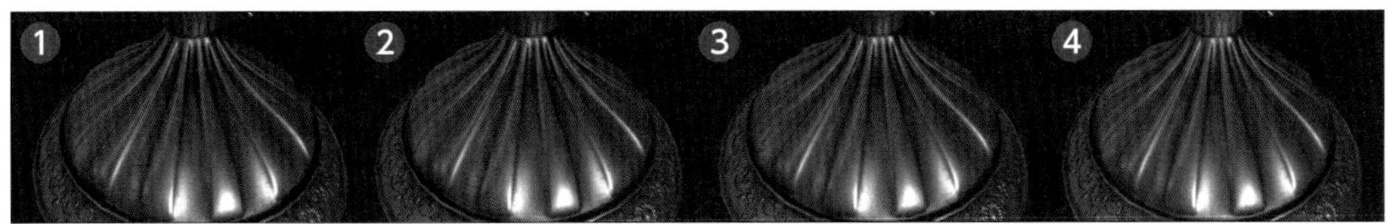

図3-4-1 黒墨汚れのペイント

真鍮の劣化経過を調べてみると、汚れ方やキズの入り方は、ほかの金属とまったく違います。

- 空気に触れたことで酸化による赤黒い変化
- 汗や水分によって緑青と呼ばれる錆の発生
- 細かい隙間の埃やゴミ
- 多少の擦りキズなど
- よく触る部分には輝きが残り、あまり触らない部分のほうが早く劣化する

次にペイントしたnormal、heightに対して、アンカーポイントを使用し、汚れを追加していきます。normal、heightをペイントしたレイヤーにアンカーポイントを追加します（図3-4-2の右）。

その後、汚れのレイヤーを作成して、add generatorの「Dirt」を追加しました（図3-4-2の右）。今回はheightの値を変えて凹凸をペイントしたので、Dirtの中にある「Micro height」をクリックし、anchor pointsの中の「height mask」を選択します。

さらに、「Micro details」を開き、その中のMicro heightをクリックし「True」にします。これで、先ほどのheightの情報に対して汚れが乗るようになります。

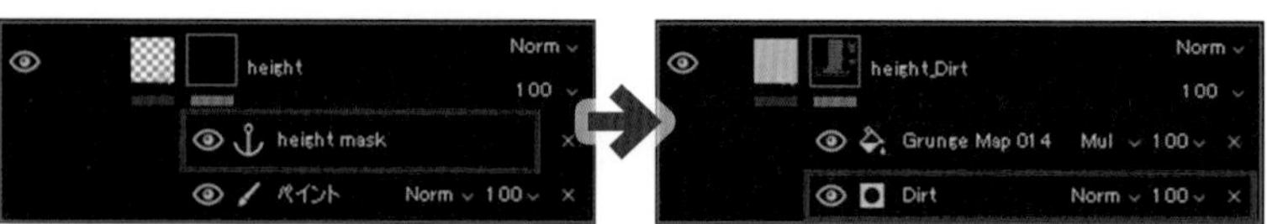

図3-4-2 「Dirt」ジェネレーターの追加

図3-4-3 アンカーポイントを使用し、汚れを追加する設定

heightの情報に対して汚れが乗ったのものが、図3-4-3の画像になります。Dirtで汚れが乗ったら、その上からadd fillを乗算で重ね、汚れを削り納得のいくように調整していきます。結果がわかりやすいように、ベースカラーだけにして汚れは白で描いています。

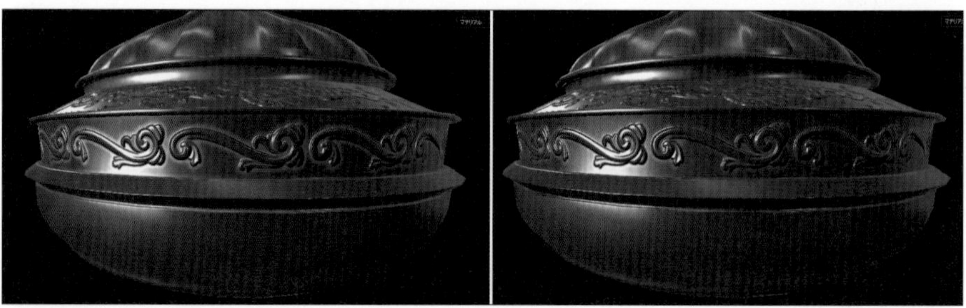

図3-4-4 Dirtの汚れを手作業で修正

これらの汚しやキズをつける作業を繰り返します。ここまでが、「真鍮1」のペイントのおおまかな手順になります。

真鍮1と同じ要領で、「真鍮2」もペイントしていきます。真鍮2も真鍮1とほぼ同じような質感なのですが、最終的に緑のガラスの上に覆いかぶさり、目を引くようにしたいので、真鍮1よりも明度を全体的に上げました。また、ラフネスの値も若干下げて、より輝いて見えるように表現しました。

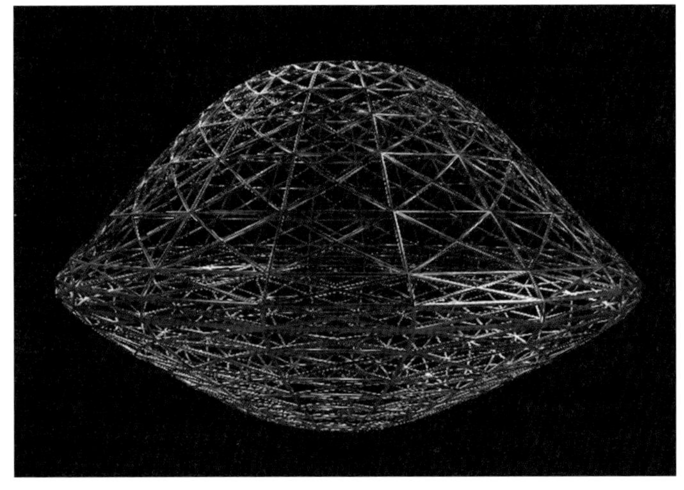

図3-4-5
「真鍮2」のペイントの完成

この節までの作業で完成した画面を、図3-4-6に示します。

図3-4-6 アンティークランプの汚しやキズの完成

3-5 ガラス部分のペイント

最後は、ガラスの質感をつけていきたいと思います。今回ガラス部分が2か所あるのですが、上の筒状の部分は無色のガラス、真ん中の双円錐の部分は有色のガラスにしました。

まず、ガラスの質感を作るにあたって、Opacityチャンネルを追加していきます。Texture Set SettingsのChannelsの右にある「+」をクリックし、リストの中から「Opacity」を選択します。すると、Heightの下にOpacityチャンネルが追加されているはずです。

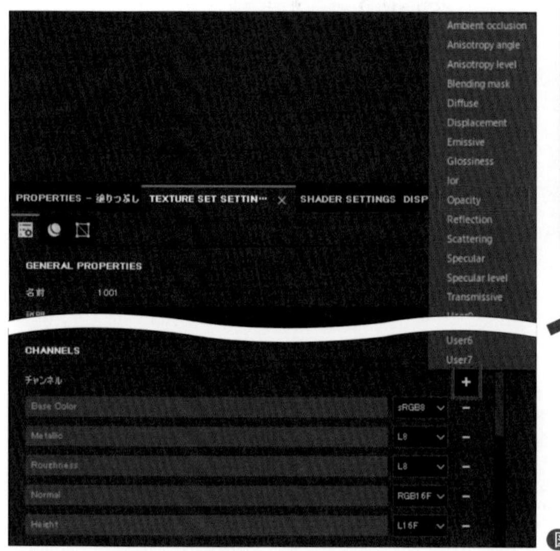

図3-5-1 Opacityチャンネルの追加

しかし、Opacityのチャンネルを追加しただけではまだ機能しないので、Shaderを変更する必要があります。Shader Settingsの中にある、「pbr-metal-rough」と書いてある部分をクリックして、「pbr-metal-rough-alpha-blending」に変更します。

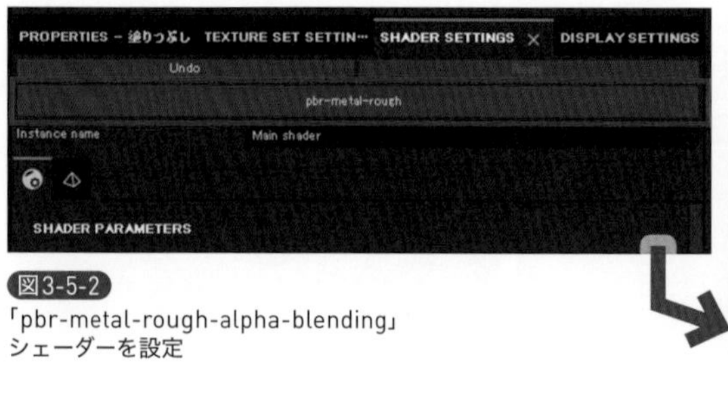

図3-5-2
「pbr-metal-rough-alpha-blending」シェーダーを設定

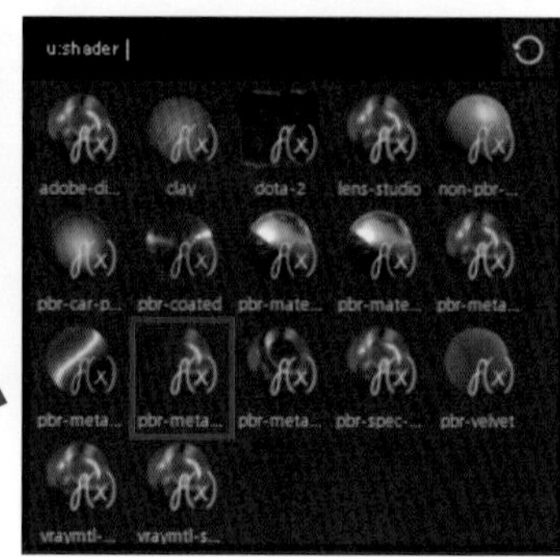

これでOpacityチャンネルの編集が可能になったので、さっそくガラスの質感をつけたいと思います。

最初は、上の筒状のガラスのペイントをしていきます。ベースカラーの設定は、図3-5-3のようにしました。また、色ムラを2色ほど追加しました（図右の①と②）。色ムラをつける際は、真鍮のときと同じく、カラー、ラフネスなどを若干変えたものを使用しました。

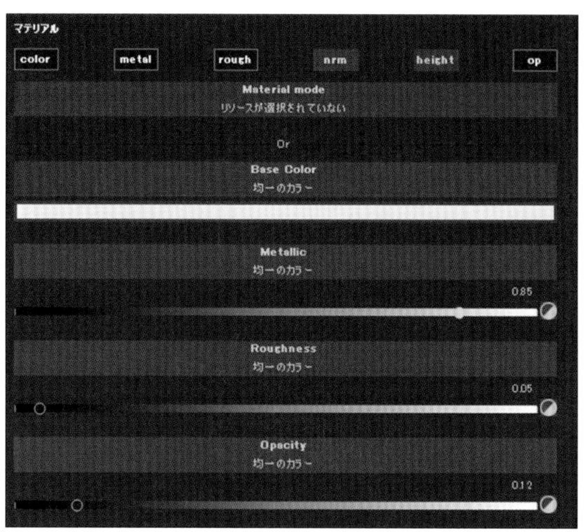

❶ Grunge Map 014

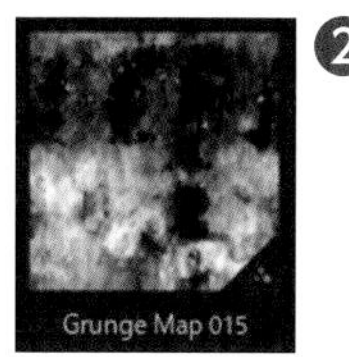

❷ Grunge Map 015

図3-5-3 上部のガラスのペイント

ベースカラーだけと色ムラを加えたものの比較が、図3-5-4の画像になります。

ベースカラーのみ

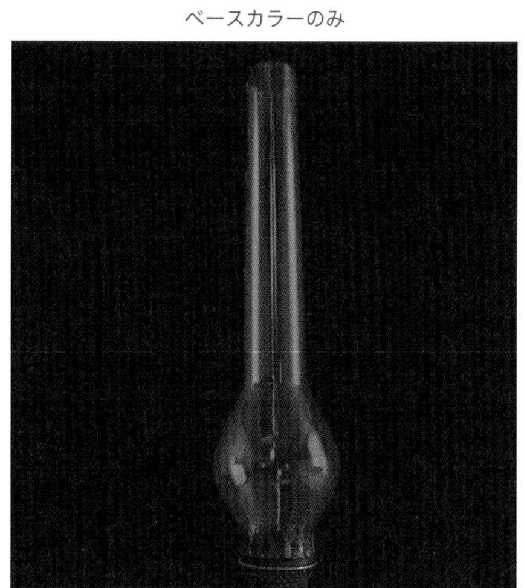

色ムラの追加

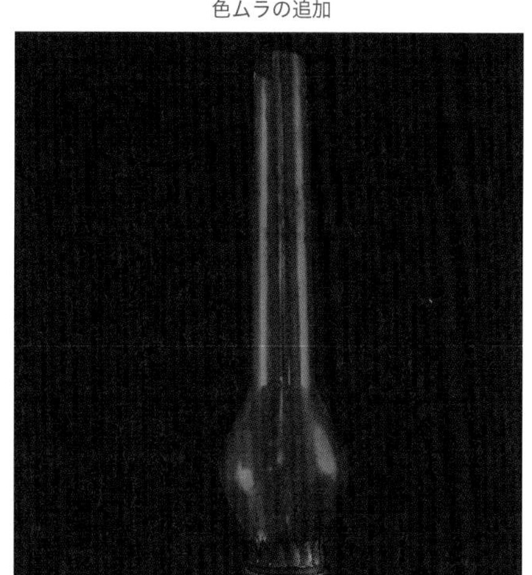

図3-5-4 ガラスに色むらを加えて完成

次に、汚しやキズをつけていきたいと思います。リファレンスを確認したところ、汚れはカラーというよりもラフネスのほうが強い印象で、キズは軽い擦りキズのようなものが確認できました。ガラス自体はとても固く、すぐにわかるぐらいの凹凸はできにくいので、キズを入れる際も凹凸をつけ過ぎないように心がけましょう。

キズには「Grunge Scratches Rough」を使用し、heightの値は「－0.006」ほどにしました。その後、軽い黒墨汚れなどをadd generatorで足して、（図3-5-5の右ではわかりにくいですが）使用感や劣化感を出しました。

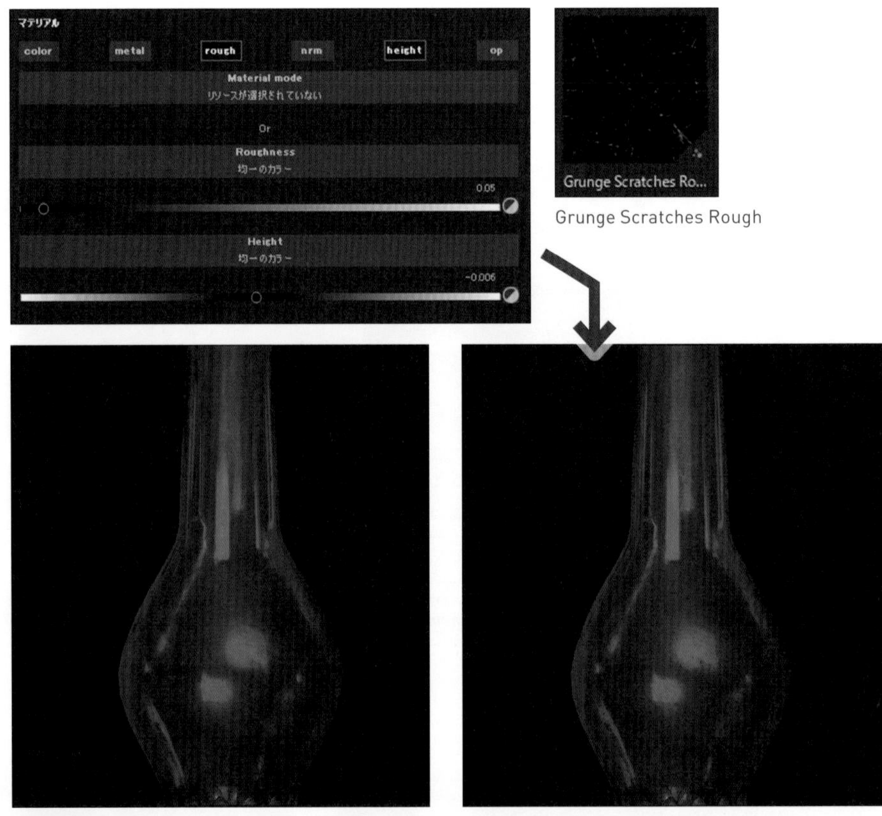

図3-5-5 ガラスに汚しやキズをつけて、上部のガラスの完成（左がキズが入る前、右がキズが入った状態）

続いて、真ん中の有色のガラス部分をペイントしていきます。先ほどの筒状のガラス同様に質感を設定したのち、カラーを緑にしました。その後、add fill を重ねていき、色ムラを２色ほど追加しました。

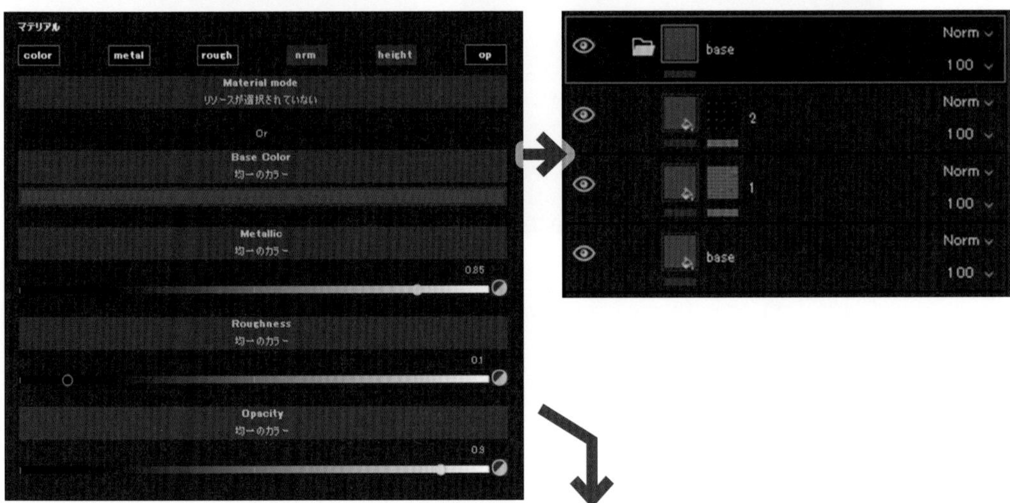

図3-5-6 真ん中のガラスの設定とペイント

ベースの緑のガラスができたら、汚しやキズを入れていきます。これらも筒状のガラス同様に、キズは浅めにします。また、緑のガラス部分には最終的に金網状のものが重なるので、筒状の部分よりも汚れが溜まりやすいことを想定して、少し強めに汚しを入れました。汚しには、add generatorの「Dirt」を使用しました。

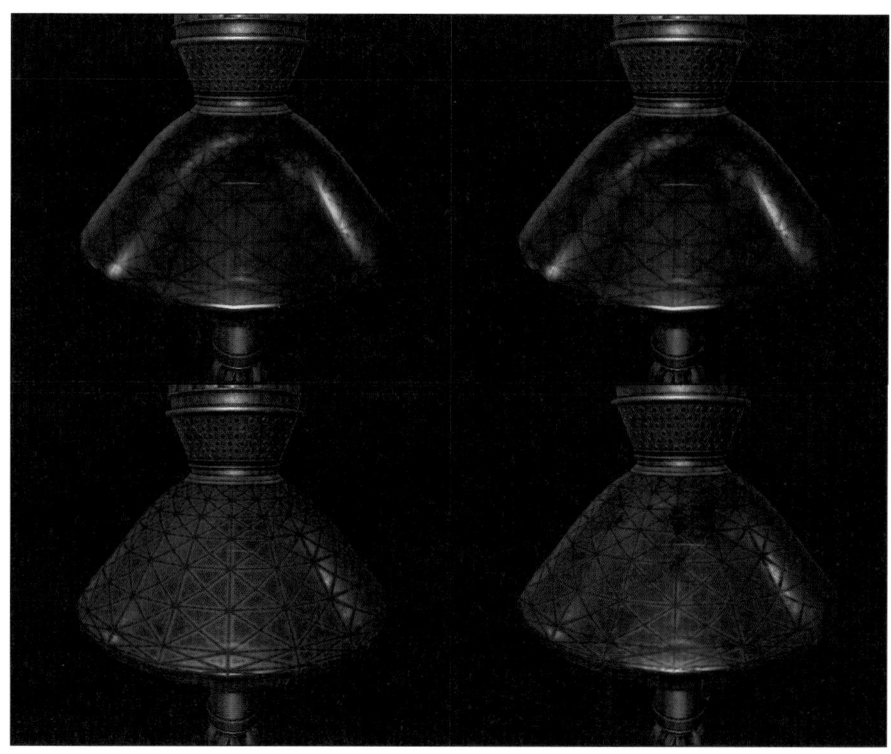

図3-5-7 真ん中のガラスの汚しとキズ

3-6 アンティークランプのテクスチャの完成

これらの過程を経て、アンティークランプのテクスチャリングは終了です。テクスチャリングはモデリングと同じぐらい、もしくはそれ以上に重要な作業だと思っています。

ただ単に物の色を乗せるだけではなく、それがどのような環境で、どのように使用されたかで色味も使用感も全然違ってきます。

図3-6-1 アンティークランプのテクスチャの完成画像（Irayでレンダリングしたもの）

3-7 テクスチャのエクスポート

Substance Painter でのペイント作業が終わったので、テクスチャを書き出して Arnold でレンダリングしてみたいと思います。

まずは、上部メニューの「ファイル→ Export Textures」をクリックして、Output templates を開きます。今回は Arnold でレンダリングしたいので、プリセット欄の「Arnold（AiStandard）」を使用します。デフォルトの設定から変更する場合は、上のほうにあるファイルのマークを押すとコピーできるので、それを変更して使用します。

Arnold（AiStandard）のデフォルト設定では、画面の右のようになっています。今回は「height」と「emission」は必要ないので、「×」を押して消します。

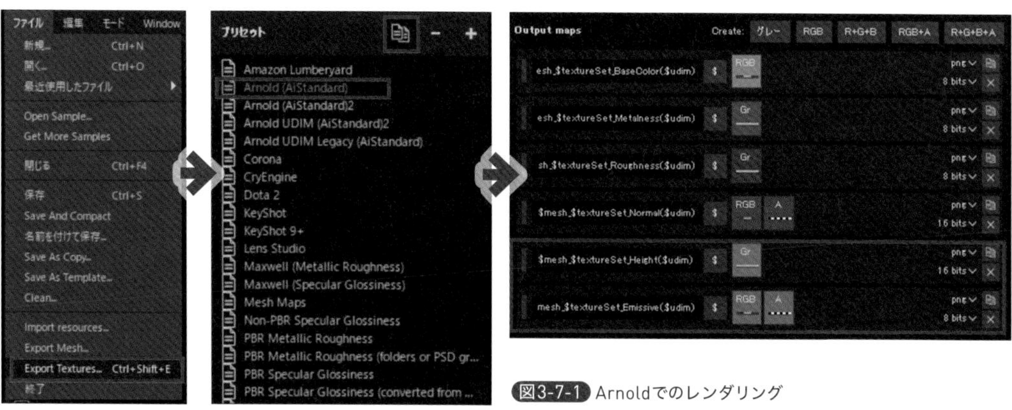

図3-7-1 Arnoldでのレンダリング

そして、Opacity を追加します。create の横にある「RGB」をクリックし、map を追加します。追加した map の RGB のエリアに、右側の「Opacity」をドラッグ＆ドロップします。すると、プルダウンメニューが表示されるので、「Gray Channel」を選択します。

これで Alpha map を書き出すことができるようになります。必要な map を追加して、リネームしたものが右の画面になります。

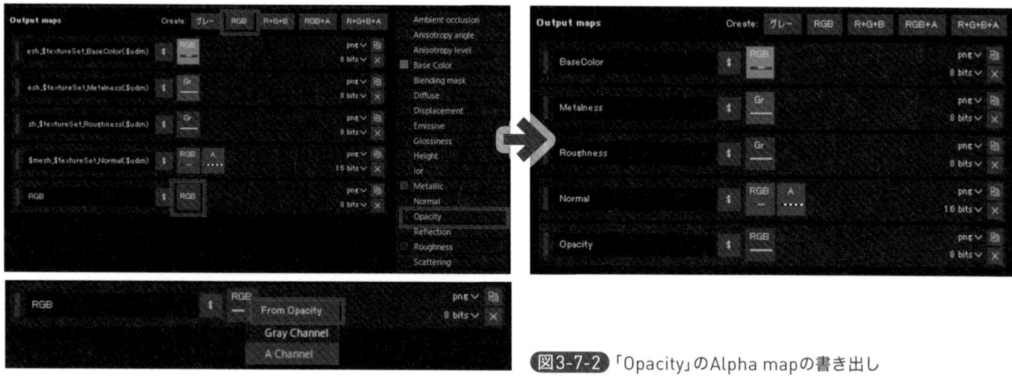

図3-7-2 「Opacity」のAlpha mapの書き出し

Global settings の Output template を先ほど変更したプリセットにすることで適用

されます。そのほか解像度やテクスチャの書き込み先を変更後、テクスチャを書き出します。

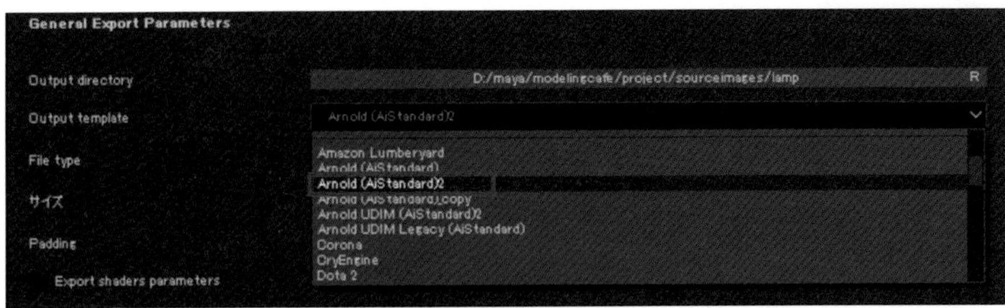

図3-7-3 templateを変更して、テクスチャの書き出し

3-8 MAYA（Arnold）でのテクスチャセット

今回は、「MAYA（Arnold）」を使用している場合を想定して、先ほど書き出したテクスチャのセットを行っていきたいと思います。

図3-8-1 Substance Painterで書き出されたテクスチャ

まずは、テクスチャを割り当てるオブジェクトを選択し、「Assign New Material」を開きます。その後、Arnoldタブの中の「aiStandardSurface」シェーダーを選択します。Attribute Editorの中に、aiStandardSurfaceというシェーダーがあるので、最初に名前を「lamp」に変更しておきます。

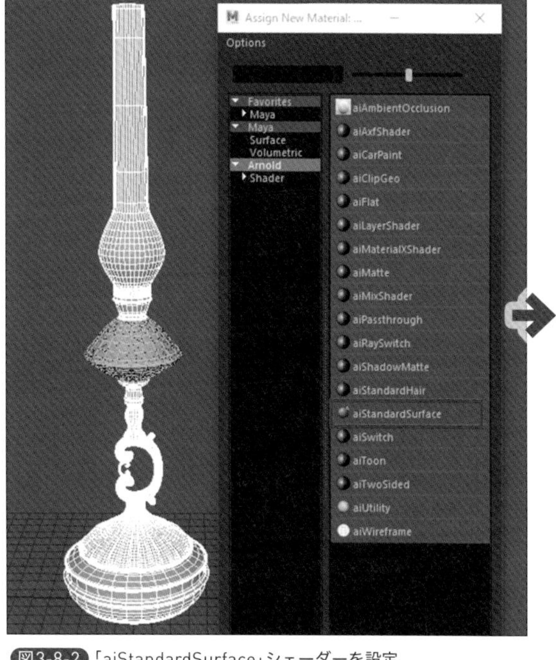

図3-8-2 「aiStandardSurface」シェーダーを設定

ベースカラーの割り当て

最初にベースカラーを割り当てていくのですが、デフォルトだとWeightの値が0.8になっているので「1」に変えておきましょう。Weightの値を変え終わったら、Colorの右にあるチェッカーマークをクリックして、Fileを選択します。

すると画面右が出てくるので、その中の「Image Name」と書いている場所に先ほど書き出した、テクスチャを割り当てます。ベースカラーの場合は、Color Spaceは「sRGB」のままで大丈夫です。

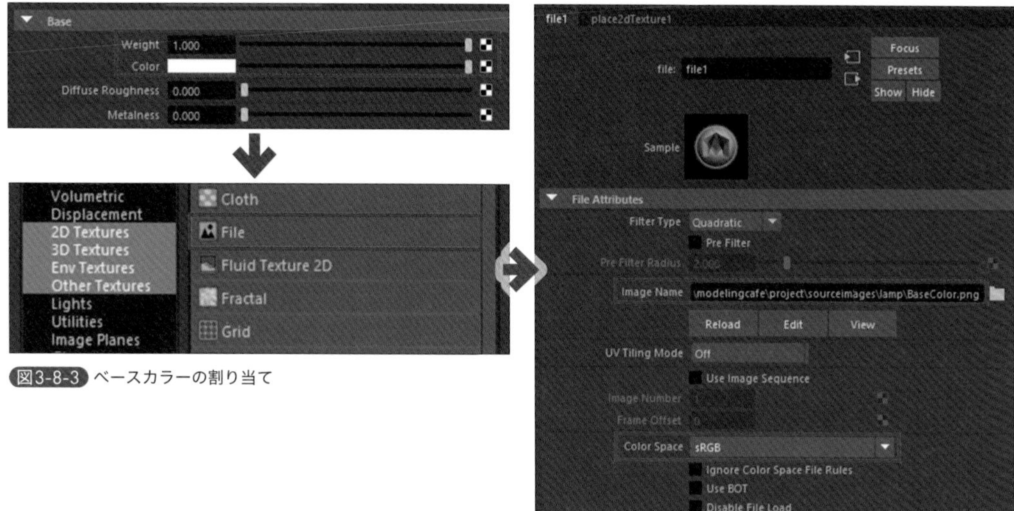

図3-8-3 ベースカラーの割り当て

メタルネスの割り当て

ベースカラーの次は、メタルネスを割り当てていきたいと思います。Metalmessの右側にあるチェッカーマークをクリックし、Fileを選択します。ベースカラー同様に、Image Nameの場所に書き出したテクスチャを割り当てます。

ベースカラーではColor SpaceはsRGBのままでしたが、メタルネスのmapは白黒の情報で作られているので、sRGBから「Raw」に変更します。その後、Color Balanceタブの中にある「Alpha Is Luminance」にチェックを入れます。Alpha Is Luminanceは、白黒情報を輝度として読み取るときにチェックを入れる必要があります。

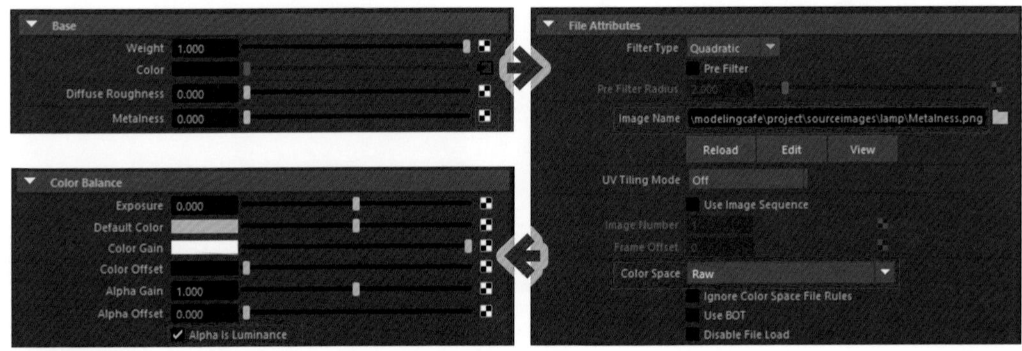

図3-8-4 メタルネスの割り当て

ラフネスの割り当て

次に、ラフネスを割り当てていきます。Roughnessの右側にあるチェッカーマークをクリックし、Fileを選択します。ラフネスもメタルネス同様に白黒情報で作られているので、Image Nameの場所にテクスチャを割り当て、Color Spaceは「Raw」にします。「Alpha Is Luminance」にもチェックを入れます。

図3-8-5 ラフネスの割り当て

オパシティの割り当て

引き続き、透明度を表現するオパシティを割り当てていきます。Opacityの右側にあるチェッカーマークをクリックし、File を選択します。オパシティも白黒情報で作られているので、Image Name の場所にテクスチャを割り当て、Color Space は「Raw」にします。「Alpha Is Luminance」にもチェックを入れます。

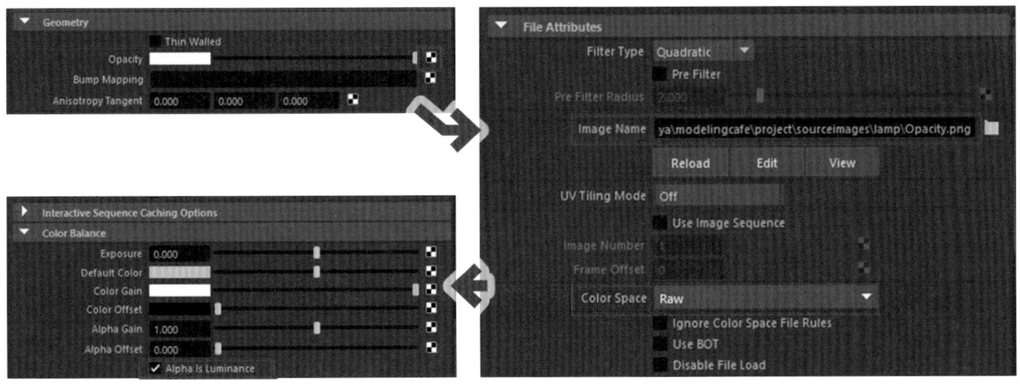

図3-8-6 オパシティの割り当て

ノーマルマップの割り当て

最後に、ノーマルマップを割り当てていきます。Bump Mapping の右側にあるチェッカーマークをクリックし、File を選択します。クリックすると図 8-6-7 の右の画面が出てくるので、Use As の右側の Bump を、「Tangent Space Normals」に切り替えます。

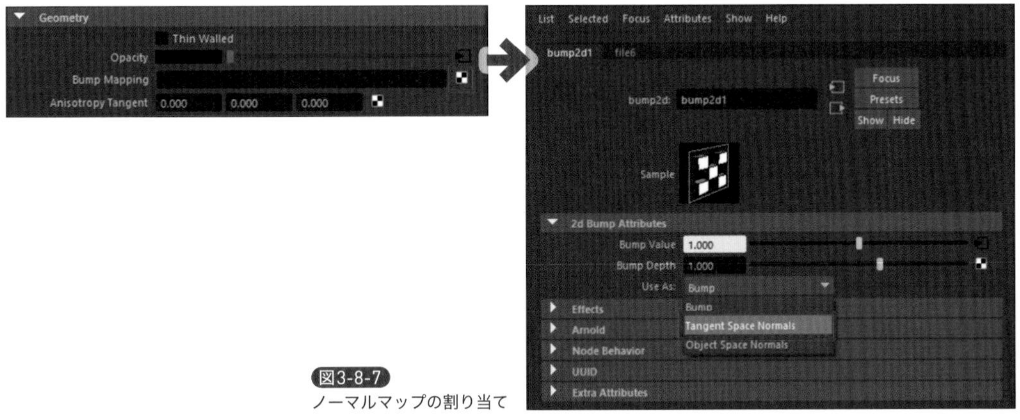

図3-8-7 ノーマルマップの割り当て

次に Arnold タブの中にある、「Flip R Channel」と「Flip G Channel」のチェックを外します。Arnold は DirectX を前提としているので、最初からチェックが入っています。しかし今回は、OpenGL でノーマルを書き出しており、チェックが入ったままだと、凹凸が逆になってしまうので、チェックを外して反転させてあげる必要があります。

その後、Image Name の場所にテクスチャを割り当てて、カラースペースは「Raw」にします。「Alpha Is Luminance」ですが、ノーマルは白黒情報ではないのでチェックを外しておきます。

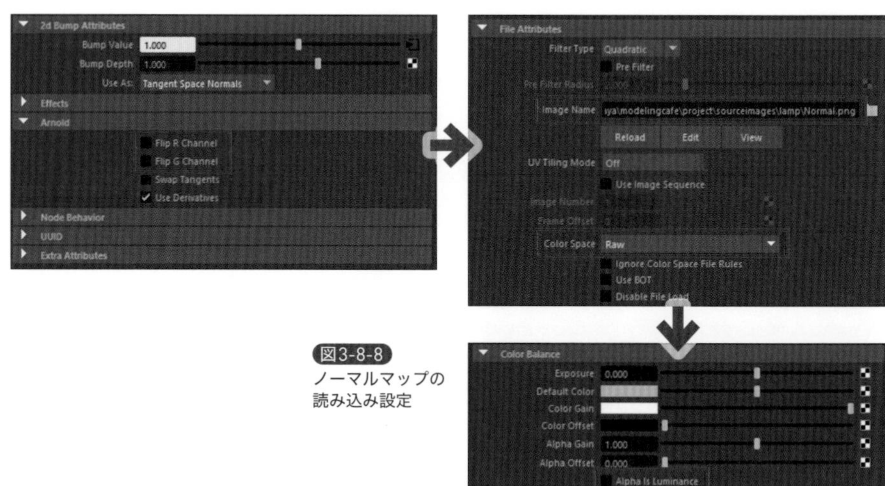

図3-8-8
ノーマルマップの読み込み設定

MAYA でのテクスチャセットの完成

すべてのテクスチャを割り当て、Arnold でレンダリングしたものが図 3-8-9 になります。Substance Painter でのルックとほぼ同じものになったと思います。

Substance Painter でのペイントと、Arnold でのテクスチャセットの解説は、以上になります。自分自身まだまだ至らない点もありますが、今回の作例が少しでも参考になれば幸いです。

図3-8-9
「Arnold」でのレンダリング結果

3-9 Quixel Megascans との併用

アンティークランプの作例は完成しましたが、この節では話題を変えて、Substance Painter と組み合わせて使うと便利なサービスを紹介しておきましょう。

この章のアンティークランプのペイントでは、既存のテクスチャを使用せず 1 から制作しました。地面などのかなり広いスペースをペイントしたい場合や、時短でクオリティーの高いテクスチャを制作したい場合は、自分で作るのではなく、高品位で豊富な素材が用意されている「Megascans」のテクスチャやデカールを使用するのも 1 つの手です。

- Quixel Megascans
  https://quixel.com/megascans

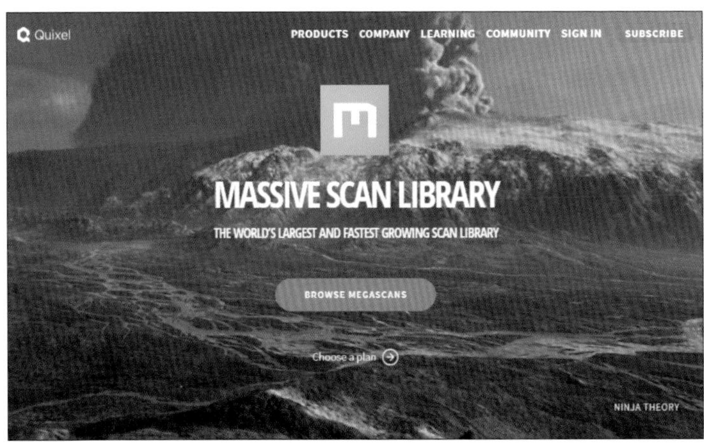

図3-9-1 世界代々規模のスキャンライブラリー「Megascans」

Megascans とは、スウェーデンの Quixel 社が提供する、物理レンダリングに対応した 3D アセットの世界最大規模のスキャンライブラリーです。Megascans では、現実に存在するものを 3D スキャンして作成したマテリアルが、有償で多数提供されています。

使用方法としては、Megascans からダウンロードしてきた「Albedo」「Normal」「Roughness」マップを、塗りつぶしレイヤの「Base Collor」「Normal」「Roughness」の場所にドラッグ & ドロップするだけです。

実際に割り当てた例を、図 3-9-3 に示します。ペイントする範囲によっては、リピートしなければいけない場合もありますが、上から汚しや色むらを追加することによって、リピート感もだいぶ消えると思います。

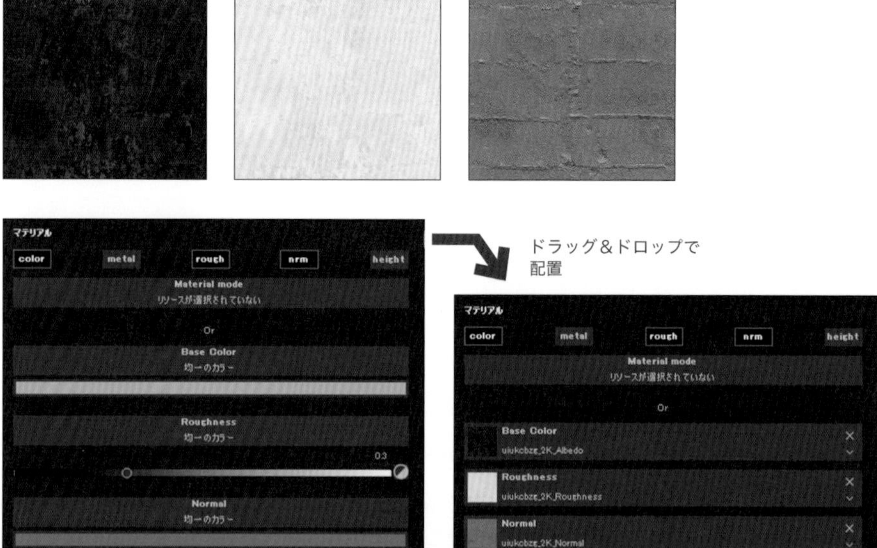

図3-9-2 「Megascans」でダウンロードしたデータの利用

図3-9-3 「Megascans」のテクスチャを適用した例

Megascanには「デカール」も多数あり、それらをスタンプのように追加することもできます。

それでは、マンホールをペイントしてみたいと思います。今回は塗りつぶしレイヤではなく、「Add a paint layer」を追加します。塗りつぶしレイヤー同様に、「Albedo」「Normal」「Roughness」をドラック＆ドロップします。次に、「アルファ」に、先ほどダウンロードした「Opacity」をドラッグ＆ドロップします。

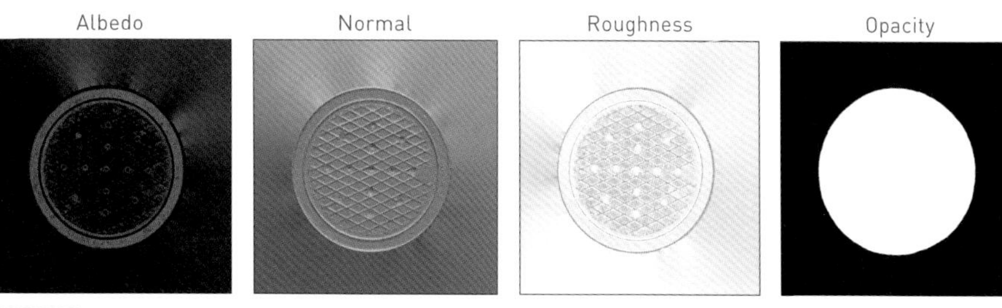

図3-9-4 「Megascans」のデカール素材

図3-9-5 ダウンロードしたデカールの利用

これでペイントする準備が整ったので、実際にペイントしてみました（図 3-9-6）。アルファで回りが抜かれているので、スタンプのように簡単にデカールを配置することができます。

図3-9-6 「Megascans」のデカールを適用した例

簡単な説明ではありますが、「Megascans」は活用するとかなり便利なので、ぜひ Substance Painter と併用して使ってみてください。

作例編

CHAPTER 4

チームを前提にしたゲームの背景作成

黒澤 徹太郎［作例・解説］

この章では、ゲーム会社での背景のチーム制作を想定した作例を紹介します。シンプルな作例ではありますが、チームで仕事をする上で大切な「他人が見てもわかりやすいデータ」と「修正に強い作成方法」を軸に解説します。他人が見てもわかりやすいデータは、数カ月後の自分が見てもわかりやすいデータということでもあります。Substance Painter はできることの幅が広いため、雑に作るとわかりにくいものになってしまいがちです。そのため名前をしっかり付けることや、重複する情報を持たないようにすることが大切です。

4-1 この章の作例について

まずは、この章の作例の完成例を示しておきます。図 4-1-1 のようなドアの付いた壁の作成を行います。ゲームの背景制作の一部を担当して、すでに用意されている壁に対し、ドア付きの壁を作るという想定です。

図4-1-1 この章の作例の完成例

今回の作例は、以下の要素で成り立っています。

> **ドア**：ドアとドアの木枠／金属の留め金／ドアノブ／基礎
> **壁**：レンガとモルタルの壁

ページの都合上、ドアノブと基礎についての解説は省き、「ドアとドアの木枠」「金属の留め金」「レンガとモルタルの壁」に絞って解説します。ほかのパーツについてもデータは付属しますので、ダウンロードしたデータを確認してみてください。

モデリングは、非常に簡易的に作成しました。HighDefModel と LowDefModel の違いは、ベベルのディテールとドアノブの作り込みです。ドアノブはスカルプトし、リダクションしたモデルを LowDefModel に使用しました。

マテリアルは、2つに分けました。マテリアル1は、ドアの付いた壁部分です。建物の壁のほかの部分と馴染むようにテクスチャサイズも揃える必要があります。Substance にマテリアルの素材があるので、そのマテリアルをうまく活用して制作を進めます。

マテリアル2は、ドア部分です。こちらはテクセル比をおおよそ揃えればよいのですが、形状が縦長なので、テクスチャも「1：2」の比率で制作してデータを節約します。

図4-1-2 作例のLowDefModelとワイヤーフレーム

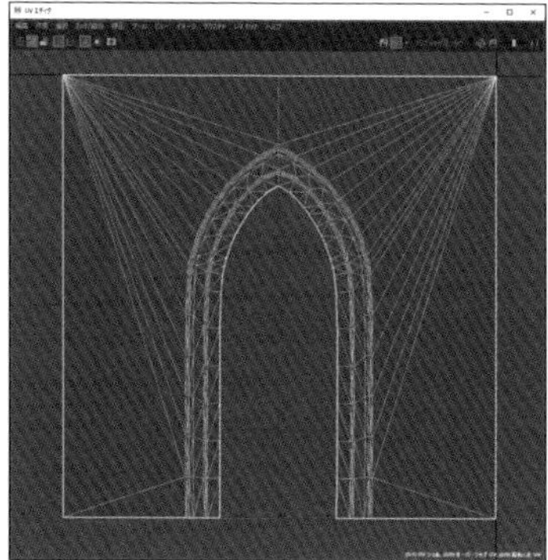

図4-1-3 作例のマテリアル1のUV

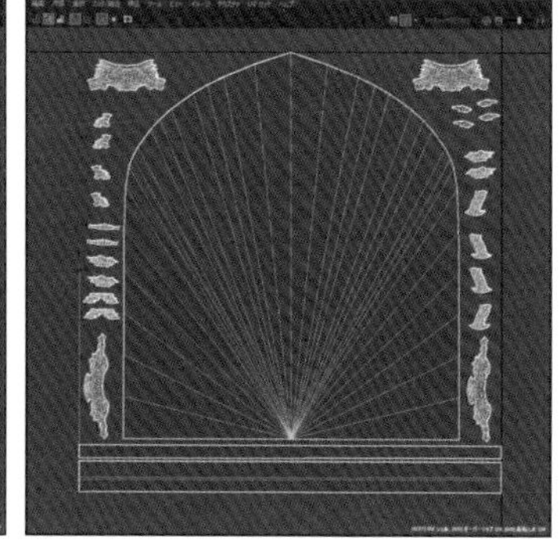

図4-1-4 作例のマテリアル2のUV

COLUMN

可動するかどうかを確認しよう

今回の作例のようなドアの場合、どの壁とつながるのか、ドアは開くのか開かないのか、などは制作する前にあらかじめ知っておきたい情報です。作例では「開かないドア」という想定で制作しています。

事前情報を得るためには、思い込みを捨てて、いろいろな角度から必要な条件を探すことも重要です。リアリティを重視するならば、扉と扉の間には僅かな隙間が必要です。

ですが今作ろうとするモデルに、それは本当に必要なことなのかを疑ってみてください。ゲームの仕様上、扉の向こうは作らないかもしれませんし、たとえ扉の向こうに背景があったとしても、待ち構えているボスモンスターがドアの隙間からわずかでも見えると興が冷めてしまうかもしれません。

「リアルだからこうすればよい」という先入観は捨てて、仕様書を確認したりほかのモデルを参考にして、わからないことは質問してから制作する習慣をつけましょう。

4-2 ペインティングの基本的な進め方

ほとんどのディテールは、ドアやドアノブなど、部材ごとに完結します。部材ごとにレイヤーフォルダを作り、「Color selection」でマスクすることで、ほかの部材に影響するのを防ぐことができます（図4-2-1）。

レイヤーフォルダの中にはレイヤー（多くの場合はFill Layer）を重ね、質感を表現します。レイヤーの順番は「ものが経てきた歴史」をたどるように構成します。少し難しく聞こえるかもしれないので、ドアの木の部分を例に挙げて解説しておきます。

ドアは複数の木板の組み合わせで作られており（①）、風雨にさらされて塗装が一部薄くなります（②）。そして汚れなどが溝部分にたまり（③）、足元には泥などがはねかかってさらに汚れ（④）、ドアノブの付近は人が多く触るために汚れが付着します（⑤）。

細かな順番は大きな問題ではありませんが、決して汚れのあとにドアの木枠ができることはありません。このことを意識してレイヤーを順番に組み立てることで、説得力のある見た目が保ちやすくなります。

図4-2-1 部材ごとに色を分けてマスク

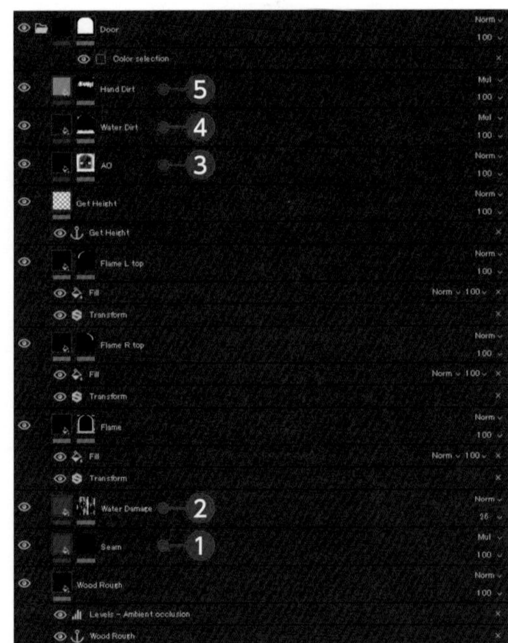

図4-2-2 ドアの木の部分のレイヤー構成

4-3 ドアの作成

ドアを構成する木材が重なり合った様子や汚れをペイントします。この章で作成するパーツの中で一番複雑ですが、作り方のコツが詰まっているので、ぜひ習得してください。

ドアのペイント

Substance Painterに標準でインストールされている「Wood Rough」というマテリアルを割り当てます。色などは、お好みで調整してください。レイヤー名もマテリアル名と同様に、「Wood Rough」と付けてください。

図4-3-1 この項目の完成例

溝を入れる

溝部分をFill Layerで表現します。名前は「Seam」としておきます。溝部分は凹んでいるので、Heightの値を低く設定します。また、BaseColorは少し暗くしてRoughnessも高い値にしておきます。Base ColorはMultiply（乗算）で合成します。

こうすることで凹んだ部分に、光が届かなくて少し暗いということも同時に表現します。

図4-3-2 この項目の完成例

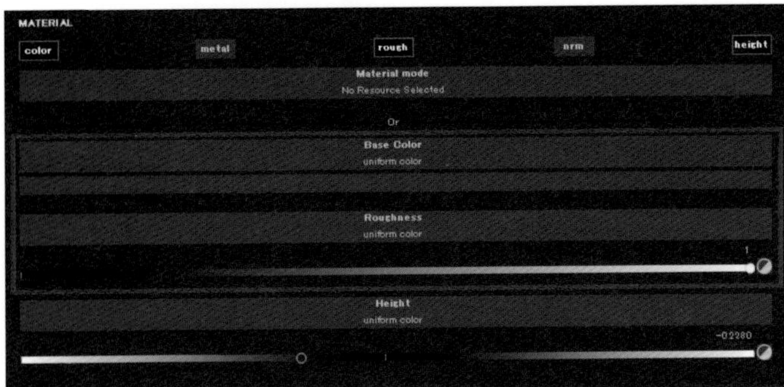

図4-3-3 溝部分の「Base Color」と「Roughness」の設定完成例

ドアの木材は縦に貼り合わせてあり、溝に注目すると細いストライプ状になっています。これを作るには「Tile Generator」を使いました。マスクにFillエフェクトを追加してTile Generatorを追加します。

Tile Generatorは文字どおりタイルを作るための機能ですが、幅を細くして（Size X）、横方向の繰り返し（Number X）を増やし、縦方向の繰り返し回数（Number Y）を「1」にしておくとシンプルな縦方向の溝になります。

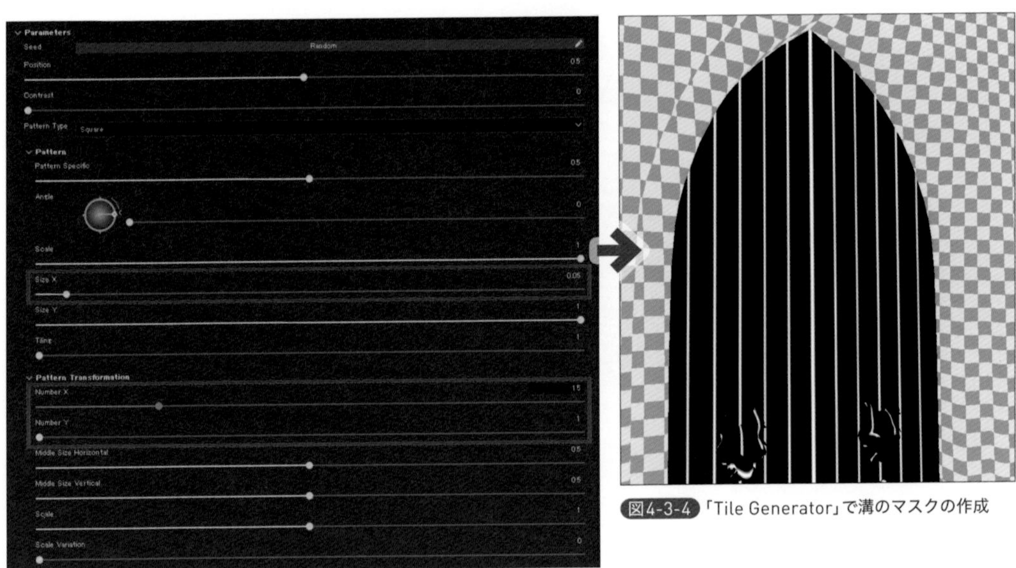

図4-3-4 「Tile Generator」で溝のマスクの作成

扉のかみ合わせ部分をずらす

Tile Generatorだけだと、均等に縦線が並ぶだけです。しかし、今回の扉は両開きなので、中心部分が開くようになっています。前述したように実際に開きはしないのですが、両開きであるということの説得力を出すために、中心の線を少し太くして、扉の板のかみ合わせの部分を表現したいと思います。

Tile GeneratorにX方向にOffsetをかけて少しずらした後、Mirrorフィルタをかけます。Mirrorフィルタを加えることで、たとえOffsetで中心からずれても、常に左右対称な状態を作ることができます。この状態を利用して、中心部がほんの僅かだけ大きな溝になっている状態を作ります。

作成し終わったら、この溝が影響する劣化を表現していくので、アンカーポイントを設定しておきます。

図4-3-5 Mirrorフィルタで扉の中心部のかみ合わせを表現

風雨の劣化を表現する

風雨の劣化を表現するために、Fill Layer を追加します。Base Color は木の色よりもやや明るめにして、Roughness は強くします。これで木が少し削れて、塗装の内側の明るい地肌が見えてきたことを表現します。

図4-3-6 この項目の完成例

図4-3-7 風雨の劣化部分の「Base Color」と「Roughness」の設定

Mask を追加して、風雨の劣化した部分を定義します。風雨の劣化は、ドアに対して一様に起きるわけではありません。板の溝の部分は入り組んでいるため、風雨の影響にはさらされにくいです（図 4-3-8）。

それを表現するために、順番にエフェクトを重ねます。まず、Fill エフェクトを使って先に作っておいた Seam のアンカーポイントを呼び出します（図 4-3-9）。このままでは合成しにくいので、少し Blur フィルタをかけます（図 4-3-10）。

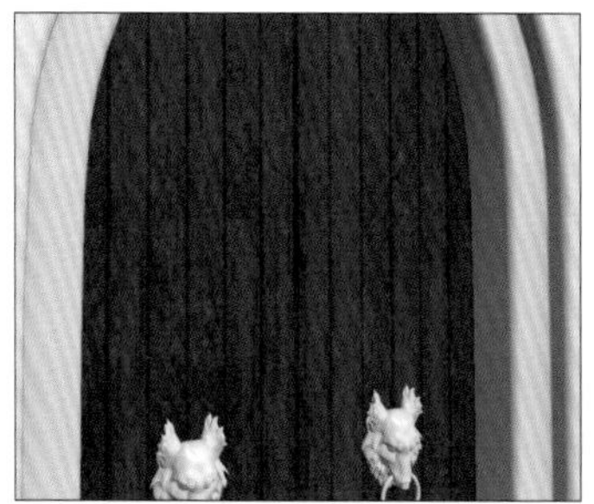

図4-3-8 風雨の劣化具合

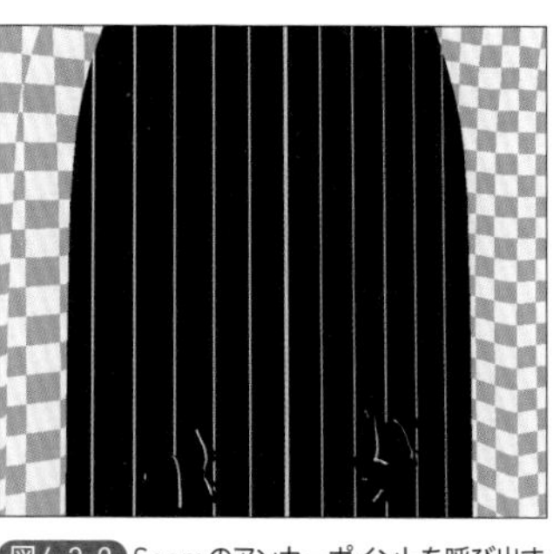

図4-3-9 Seamのアンカーポイントを呼び出す

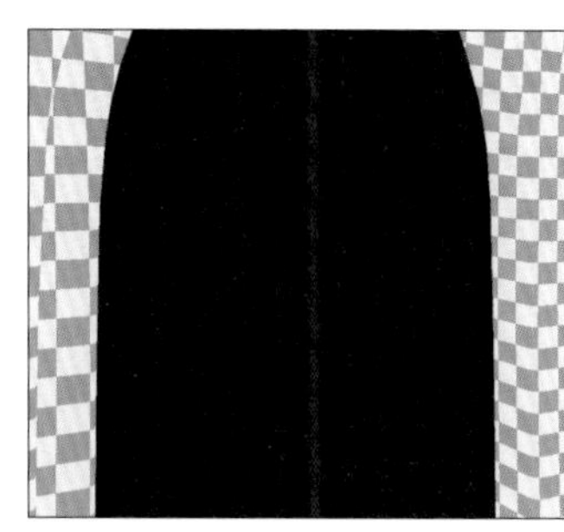

図4-3-10 合成のためのブラーをかける

さらに、レベルフィルタで反転したのちにコントラストを付けます。これで、溝の部分を避けたグラデーションができました（図 4-3-11）。

このままではやや均質さが目立つので、「GrungeMap002」を Multiply（乗算）で合成します。この汚しの要素で、かつ溝を避けた部分だけが明るく残ります（図 4-3-12）。最後に、汚れがぼんやりとしているので、「HistogramScan」フィルタでコントラストを付けます（図 4-3-13）。

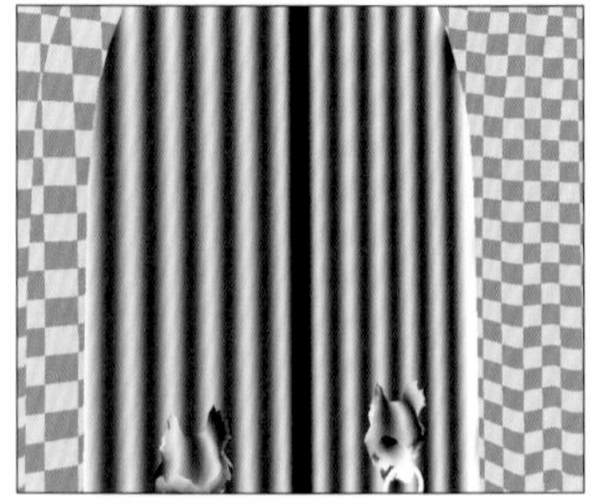

図4-3-11 反転してコントラストを強める

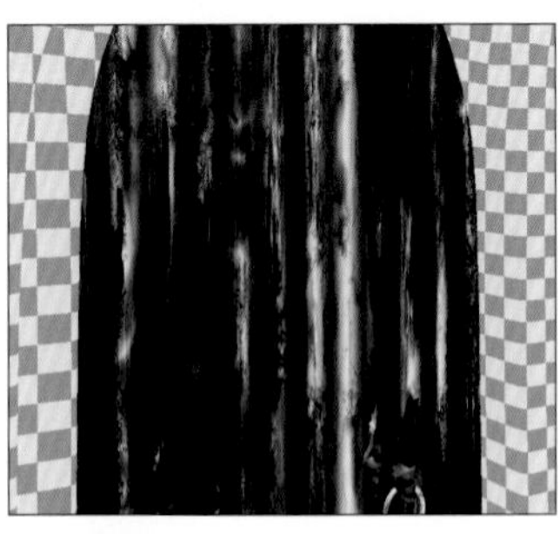
図4-3-12 「GrungeMap002」を乗算で合成

図4-3-13 「HistogramScan」でコントラストを追加

以上の工程で、ランダムでありながらも、板の溝には影響しない自然な劣化を表現することができました。

やや複雑な工程ですが、このように作っておくと板の枚数を変更することになったときに、先ほど作成した溝のタイルの枚数を変更するだけで、汚れは自動的に溝以外の部分に入ります。「なんとなく溝を避けるようにペイントした場合」は、このような恩恵を受けることはできません。

このように、関連し合う要素と要素（板の幅と板の汚れ）の調整を、一箇所にまとめて修正可能にしておくことは、プロシージャルなアプローチで最も大切なことの１つです。

ドアの枠を作る

ドアの枠部分を作ります。ここでは、Fill Layer に「Frame」という名前を付けます。

ドアの枠もドア本体と同じ素材にしたいと思います。しかし、枠は素材は同じでも、ドアとは木目の向きは異なります。コピー＆ペーストして必要な場所だけ変更を加えてもよいのですが、そうしてしまうとドア本体を変更する場合に、枠も変更しなくてはいけなくなってしまいます。変更箇所が多くなるほど修正した際のミスも増えます。

そこで、枠にはマテリアルを直接割り当てるのではなく、先に作ったドアの木目（Wood Rough）のマテリアルを継承して、向きや位置をコントロールし直すことにします。そのためにはまず、Wood Rough レイヤーに「アンカーポイント」を作成します（図 4-3-15）。

ドア枠の Frame レイヤーはマテリアルを直接割り当てずに、マテリアルのスロットでアンカーポイントの Wood Rough（ドア自体のマテリアル）を呼び出します（図 4-3-16）

これで、以前に作成した木の素材感を再利用できるようになったのですが、このままでは一部合成方法がよくないので、Frame レイヤーの Normal と Height の合成方法を変更します。

Normal チャンネルの合成方法を NMdt（NormalMap Detail）から Normal（通常合成）に、Height チャンネルの合成方法を Ldge（Linear dodge）から Normal（通常合成）に変更します（図 4-3-17）。

Substance Painter の Fill Layer のデフォルトの合成方法では、Normal のチャンネルは Normal に詳細なディテールを加えられる合成方法である「NormalMap Detail」が選ばれていて、Height チャンネルの合成方法には高さ成分を足しやすいように「Linear dodge」が選ばれています。しかしこの設定は、レイヤーの下に対して情報を追加する設定です。

このレイヤーでやりたいことは、レイヤー以下の値をすべて上書きしてしまいたいので、「Normal」（通常合成）を選択する必要があるのです。

そして、Transform エフェクトをかけて木目の位置をずらします。こうすることでドア自体の木目を変更した場合、自動的に枠の木目も変わります（図 4-3-18）。

これも「一箇所で修正可能にしておくこと」を重視した作り方の 1 つと言えるでしょう。

図4-3-14 この項目の完成例

図4-3-15 ドアにアンカーポイントを設定

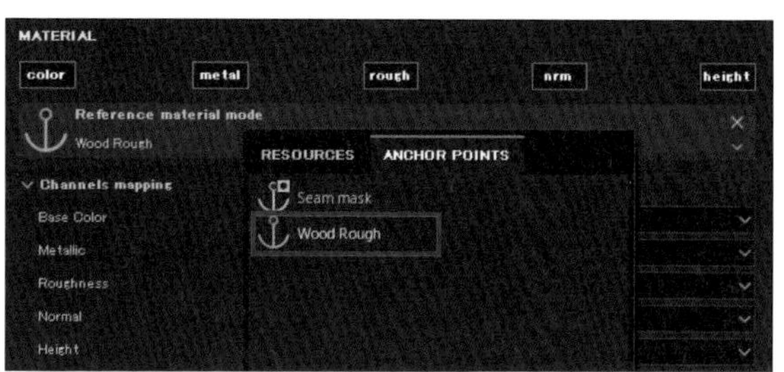

図4-3-16 ドア枠のマテリアルは、アンカーポイントを呼び出す

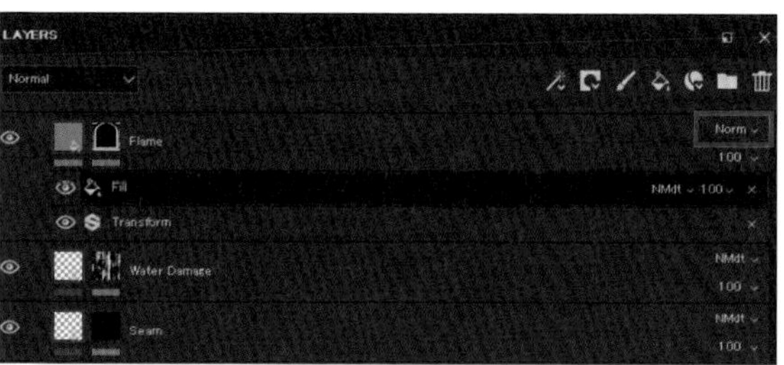

図4-3-17 合成方法を「Normal」に変更

図4-3-18 ドア枠の木目の位置をずらす

Frame レイヤーのマスクですが、アーチ部分を手で書くのはなかなか大変です。そこで「UV Border Distance」というジェネレーターを使います。こちらは、UV の境目か

ら一定の幅を持ったグラデーションを作成してくれる機能です。グラデーションはコントラストを調整できるので、パラメーターを調整して枠のようにしましょう（図 4-3-19）。

図 4-3-20 のように、わずかに段差のある枠ができました。

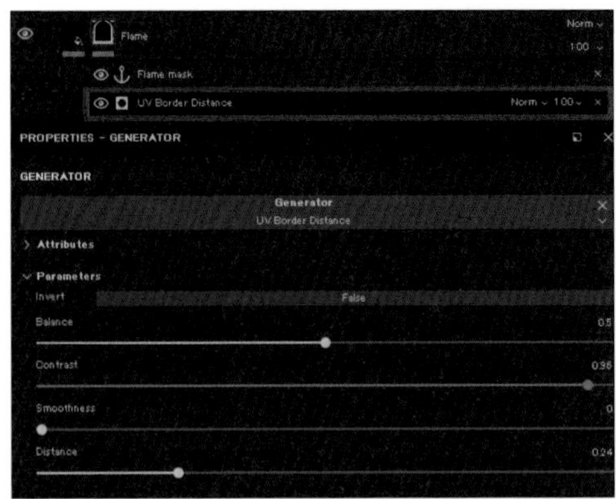

図4-3-19 「UV Border Distance」ジェネレーターの設定

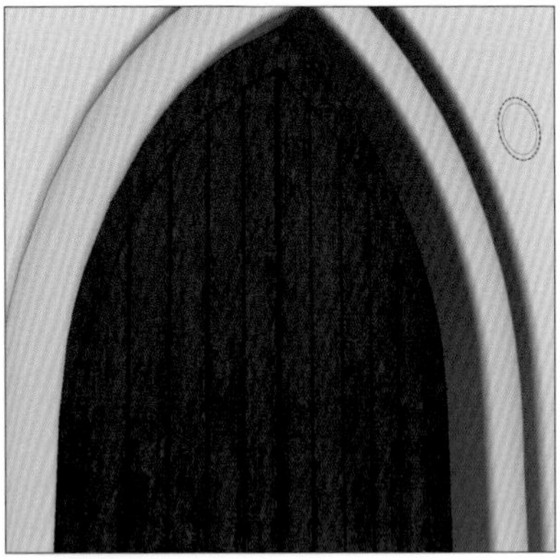

図4-3-20 段差は手で描くのではなく、ジェネレーターで表現

アーチ部分のドアの枠を作る

ドアの枠はできたのですが、枠の上のアーチ部分が形状に合っておらず、やや不自然です。そこで、アーチ部分だけをさらにマスクを分けて、木目の向きを変えてみましょう。

ドア枠のアーチですが、編集前のように木目が縦に走っている場合、図 4-3-22 のように多くの部分が無駄になってしまいます。また樹齢の長い木を探さなければ、このように幅の広い板を確保できません。現実世界でものを作る場合、限られた資源を有効に使いたいので、このように大量の端材が出ることは避けるはずです。

図 4-3-23 のように斜めに使うことで、効率よく木材を使うことができます。木目がどのような向きに走るのかを考える場合には、このように現実世界での効率化の側面からも考えてみるのもよいでしょう。

図4-3-21 この項目の完成例

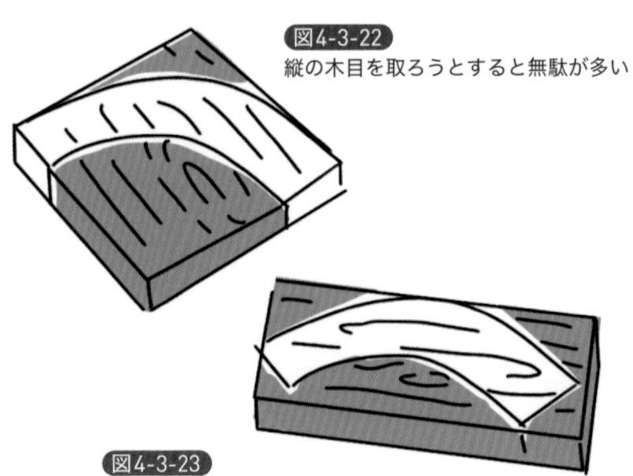

図4-3-22 縦の木目を取ろうとすると無駄が多い

図4-3-23 実際にはこのような木目で取られる

アーチは左右にあるので、「Frame R top」と「Frame L top」という Fill Layer を用意します。こちらのレイヤーですが、レイヤーの合成方法はFrameレイヤーと同じなので、Frameレイヤーを複製するのもありかもしれません。

Frame レイヤーから複製すると、Transform フィルタも付いてくるので、こちらの Rotation を値を変更して斜めにします（図 4-3-24）。

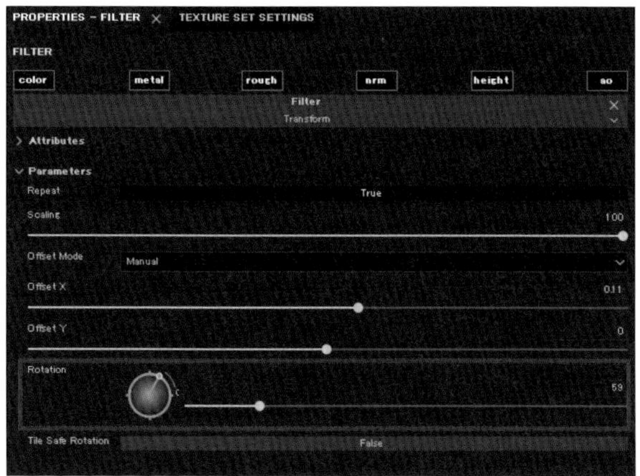

図4-3-24 2つのFill Layer「Frame R top」「Frame L top」を作成

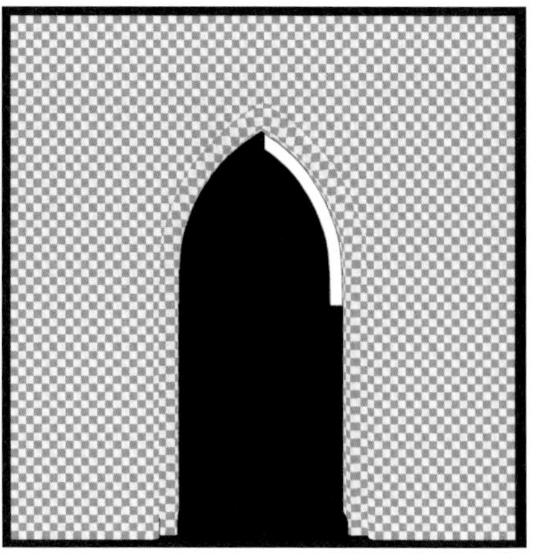

図4-3-25 Frame R topレイヤーのアーチの右上部分のマスク

Frame レイヤーとは異なり、Frame R top レイヤーではアーチの右上部分のマスクが必要です（図 4-3-25）。まずは、Frame レイヤーのマスクにアンカーポイントを作成して、枠のマスクを作ります。そして、Frame R top レイヤーのマスクで Frame レイヤーのアンカーポイントを呼び出して、マスクを再利用します。

次に、Fill エフェクトを作成して Projection を「Planar Projection」に、UV Wrap を「None」に変更してスケールをかけます。設定を変更したことで、バウンディングボックス内だけが塗りつぶされるようになります（図 4-3-26）。このバウンディングボックスと Frame レイヤーのアンカーポイントを合成して、共通部分だけを取り出します。

図4-3-26 バウンディングボックス内を塗りつぶす

図4-3-27 「Levels」で値を下げ、バウンディングボックスの値を加算合成

いろいろな方法があると思うのですが、今回は Frame レイヤーのアンカーポイントを「Levels」で値を下げ、バウンディングボックスの値を加算合成して、コントラストを付けて取り出しました。Frame レイヤーのアンカーポイントを再利用しているので、フレームの太さを変えても、アーチ部分の太さも問題なく変わります。

「Frame L top」は木目の向きとマスクが違うだけなので、Frame R top から複製するのが簡単でしょう。自然にするために Mirror フィルタなどは使わずに、木目の角度は少しずらしてあります。プロシージャルとはいっても左右対称が悪目立ちする場所は、フィルタを使わないであえてずらすのも大切です。

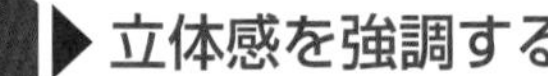

立体感を強調する

立体感を強調するために、アンビエントオクルージョンをベースにした汚しを加えます。このFill Layerの名前を「AO」としておきます。Fill Layerには暗めのBaseColorを入れておくほか、Roughnessを高く設定して、汚れを表現します（図4-3-29）。

AmbientOcclusionというジェネレーターを使えば、文字どおりアンビエントオクルージョンは取得できるのですが、デフォルトでは「MeshMap」のアンビエントオクルージョンしか取得されません。ここでは、これまでの工程で作成してきた板の溝や、ドアの枠の立体感によるアンビエントオクルージョンが欲しいので、「Micro Height」を使い、高さ情報を計算に含めます。

高さ情報をまとめて取得するために、AOレイヤーの下に通常レイヤーを作成して、ハイトの合成方法を「Pass Though（Ptth）」に変更して、レイヤーの名前を「Get Height」と付けます。このように、合成方法をPassThroughにすることで、そのレイヤー以下の情報をそのレイヤーに集約することができます。

この状態でアンカーポイントを作成すると、GetHeightレイヤーの情報をアンカーポイントで使えるようになります（図4-3-30）。

図4-3-28 この項目の完成例

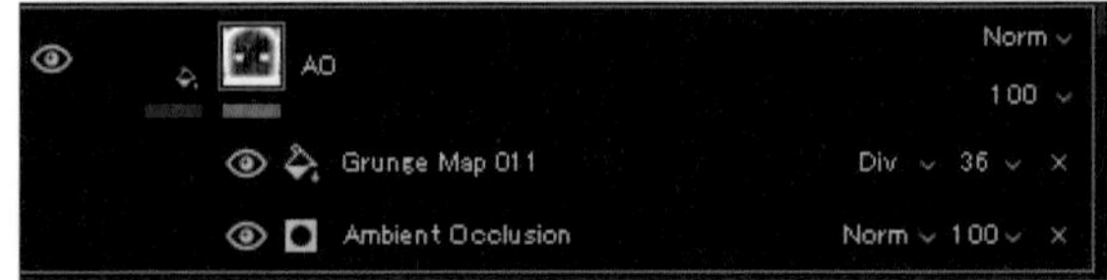

図4-3-29 アンビエントオクルージョン（AO）による汚れの追加の準備

図4-3-30 ドア枠の高さのための情報を追加

再び「AmbientOcclusion」ジェネレーターに戻り、プロパティを設定します。先ほど作成したGetHeightのアンカーポイントをMicro Heightに使用し、Referenced ChannelをHeightに設定して高さ情報を呼び出します。はっきりと溝や木目のオクルージョンが見えるようにレベルを調整します。

図4-3-32が、AOレイヤーのマスクのクローズアップです。MeshMapのアンビエントオクルージョンではなく、木目の凹みや枠の高さなども考慮したアンビエントオクルージョンがくっきりと出ています。

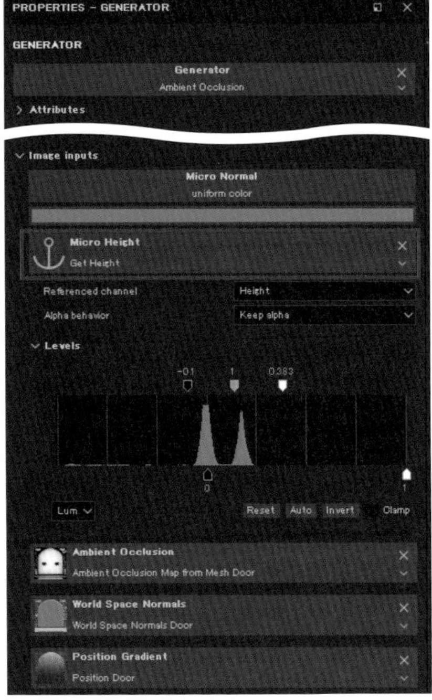

図4-3-31 「AmbientOcclusion」ジェネレーターの設定

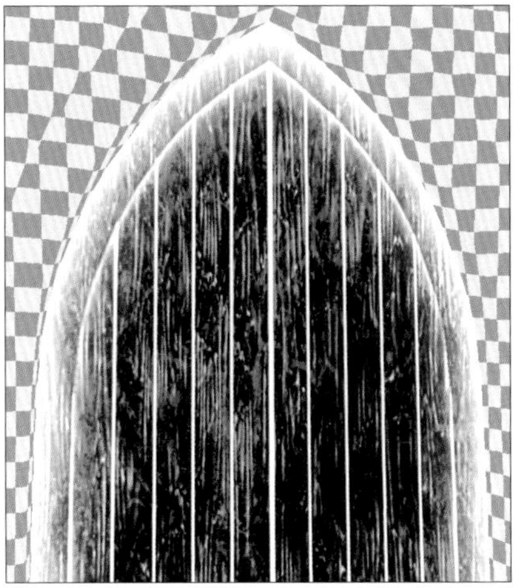

図4-3-32 AOレイヤーのマスクを確認する

足元の泥などの跳ね返りの汚れを作る

ドアに付着した足元の泥などの跳ね上がりを表現するために、「Water Dirt」という名前で Fill Layer を作成します。BaseColor は乗算で合成するので、明るい茶色にし、やや湿った感じを出したいので、Roughness は低くします。

足元の泥の入りそうな場所は、ドアの低い位置です。このように座標の情報を使いたい場合は、MeshMap の「WorldPosition」を使うことができます。「MaskEditor」ジェネレーターを使うと、各種 MeshMap や複数の画像を合成して、マスクを作ることが可能です。

図 4-3-34 が、マスク画像のクローズアップです。テクスチャの「GrungeLeaks」がよい仕事をしてくれたので、いい感じのマスクができました。

図4-3-33 この項目の完成例

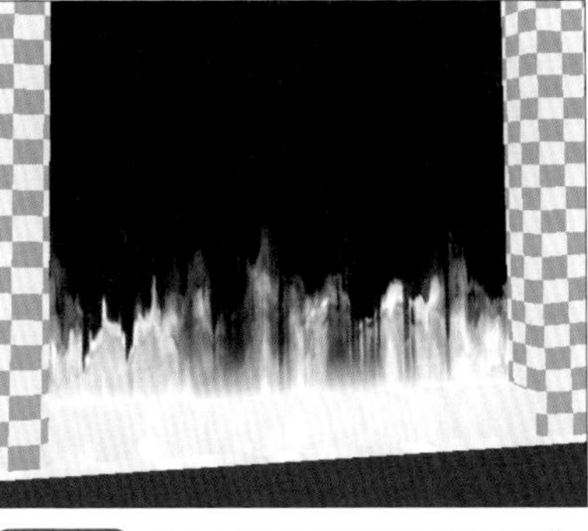

図4-3-34 泥などの跳ね返りの汚れのマスク画像

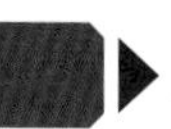

人がドアに触れたことによる汚れや劣化を作る

人が触れた場所の汚れを表現するために、「Hand Dirt」という名前で Fill Layer を作成します。Water Dirt レイヤーと同じように、BaseColor と Roughness で汚れを表現します。

人が触った場所も「ドアノブの近く」とか「人の手の届く範囲」などと、ある程度の法則性を見出すことはできます。しかし、Substance Painter にロジックで組み込むことは難しく、作業量とそこからもたらされる自動化のメリットのバランスが悪いので、ここはハンドペイントでマスクします。完全にプロシージャルで作ることにこだわり過ぎずに、ハンドペイントも折り混ぜることも大切です。

ハンドペイントでマスクを作成するとはいえ、ディテールの入ったブラシは使わず、デフォルトブラシでペイントしたものにノイズを加えてディテールを追加します。

Substance Painter はブラシの設定も豊富で、ディテールの入ったブラシで描くことも可能ですが、ノイズを後から合成する方法は、同じような汚しを入れたものを複数作る場合に有効です。

図4-3-35 この項目の完成例

図4-3-36 ドアノブまわりの汚れを追加するための設定

まずは、Paint エフェクトで雑にペイントします（図 4-3-37）。この時点では仕上がりがわからないので、適当で構いません。次に Blur フィルタをかけて、ペイント情報をぼかします（図 4-3-38）。

最後に、「GrungeMap002」を Fill エフェクトで「Color Burn（Cbrn）」合成して、ぼかしの入ったペイント情報のある場所にだけ、シャープにノイズを合成します（図 4-3-39）。Color Burn ではなく、Subtract でも似たような効果が出ますが、Color Burn はシャープになるのでこちらを選択しました。

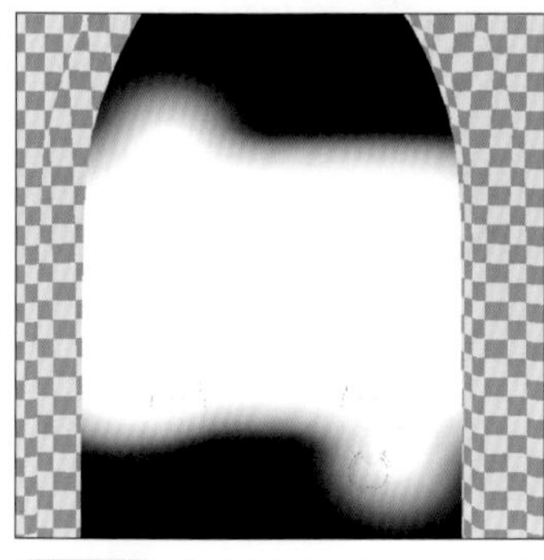

図4-3-37 ざっと汚れをペイントしてみる

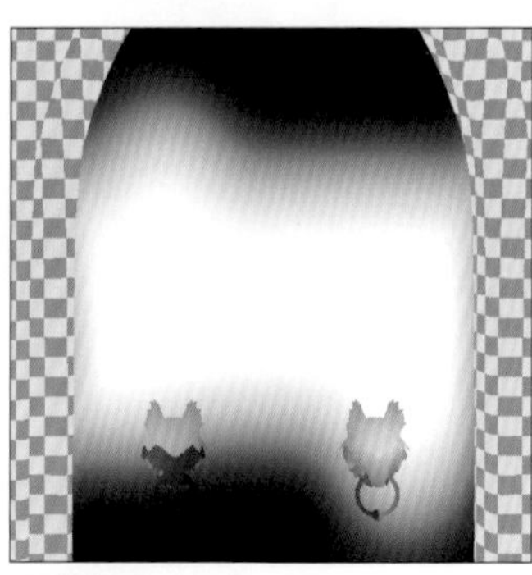

図4-3-38 Blurフィルターでぼかしを追加

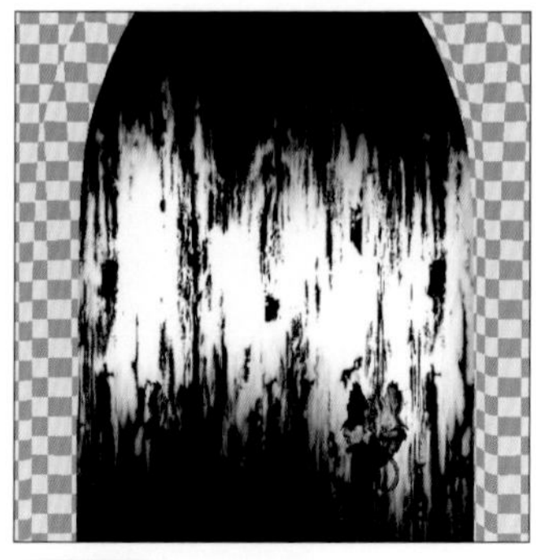

図4-3-39 「GrungeMap002」を「Color Burn（Cbrn）」合成

4-4 金属の留め金を作る

最初に、この節で作成するドアの留め金と、それを配置した完成例を示しておきます。

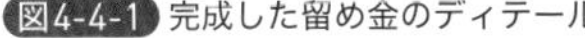
図4-4-1 完成した留め金のディテール

図4-4-2 この節の完成例

▶留め金の高さ情報を作る

図4-4-3 この項目の完成例

留め金の立体感を出すために、「Clasp Height」という Fill Layer を作成します。このレイヤーよりも以前の Height や Normal を無視して値を直接入力したいので、レイヤーの各チャンネルの合成モードを「Normal（通常）」にしてください。また、留め金をまとめているレイヤーフォルダの合成方法も同様に変更してください。

留め金は、Substance Designer で作成したマスクがあるので、そちらを元にペイントします（図 4-4-4）。あとから調整しやすいようにマスクに Fill エフェクトを追加して、Fill の GrayScale のイメージに留め金の画像（IronPattern00）を選択します。Fill エフェクトの UV Wrap は「None」にすることで、模様を繰り返さずに使うことができます。

Fill エフェクトを追加して、ドアの上下に留め金を作成したら、Mirror エフェクトを追加して左右対称に複製します。そして、「Bevel」フィルタを追加して立体感を強調します。

このマスクは、後で使いたいのでアンカーポイントを作成しておきます（図 4-4-5）。

図4-4-4 ドアに留め金をペイント

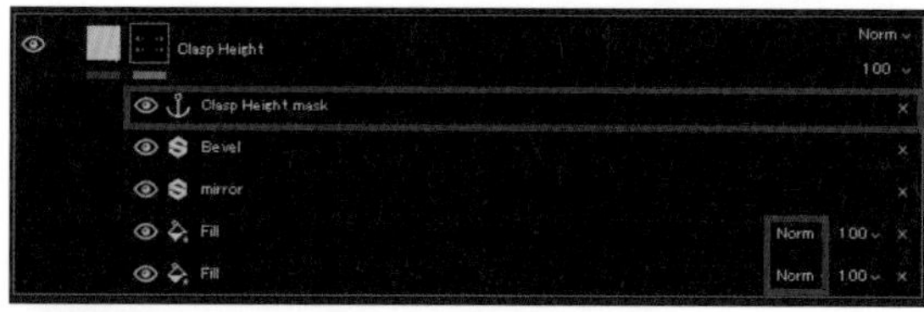

図4-4-5 留め金の立体感を出すため設定

立体を表現するためのベベル

留め金は、実際は図 4-4-6 の上のように垂直に立ち上がっており、図 4-4-6 の下のように斜めになっているわけではありません。今回かけたベベルはリアリティという意味では、かけ過ぎです。

しかし今回は、ゲームエンジンで使用することを前提としており、直接高さを定義できる「Displacement Map」は使えません。代わりに Normal Map だけで高さがあるということを表現する必要があります。Normal Map は面の傾きを示す情報なので、傾いた面を描くためのピクセルが必要です（図 4-4-6 の下）。そのため立体としての不自然さを多少許容してでも、Normal Map でしっかりと変化した情報が描かれることを重視して、このように強めのベベルをかけました。

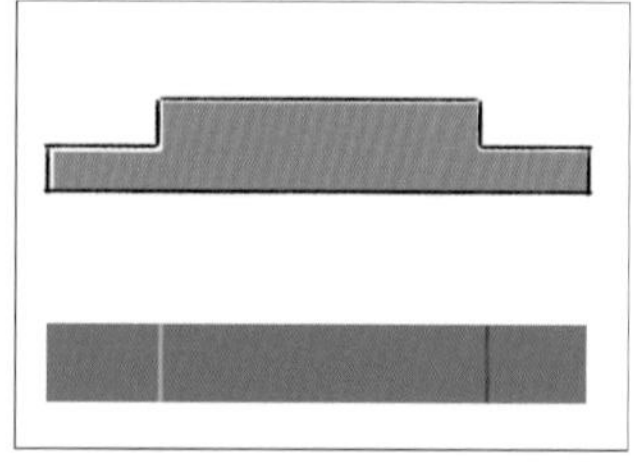

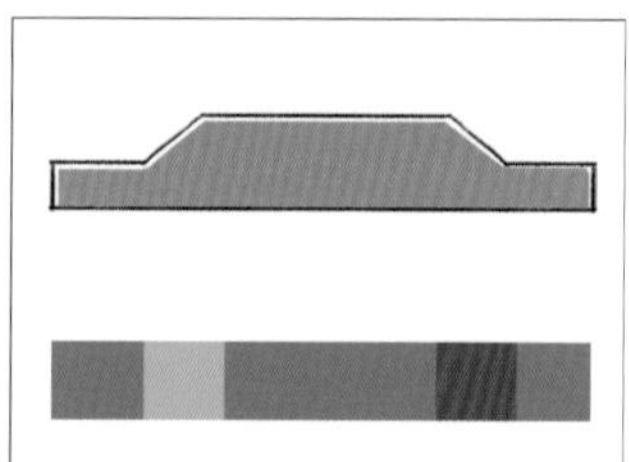

図4-4-6 実際の留め金（上）とベベルをかけた状態（下）

留め金の質感を作る

留め金の質感を付けるには、単純にマテリアルを割り当てます。ここでは Fill Layer に「Clasp」という名前を付け、「Steel Rust and Wear」というマテリアルを割り当てました。そこに Fill エフェクトをマスクに追加して、Clasp Height のアンカーポイントで塗りつぶします。

しかし、Clasp Height のアンカーポイントにマテリアルを割り当てただけでは、ベベルが悪影響して質感にもグラデーションが入ってしまい、見栄えがよくありません（図 4-4-8）。そこで、「HistogramScan」フィルタを追加して、Clasp Height のアンカーポイントの情報をシャープにします。

この工程により、同じ塗りつぶしの情報から十分な高さを感じられるベベルと、シャープな質感の両方を実現することができます。

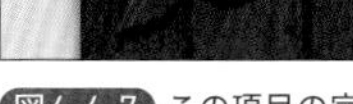

図4-4-7 この項目の完成例

図4-4-8 「Steel Rust and West」マテリアルに、マスクに追加しアンカーポイントで塗りつぶす

図4-4-9 「HistogramScan」フィルタで、高さの立ち上がりをシャープにする

ビスの高さ情報を作る

ビスの高さを付けるために、「Screw」という名前でFill Layerを作成します。このレイヤーは、高さ情報だけを有効にします。Paintエフェクトに、「SharpPyramid」というアルファを適用したブラシで、スタンプするようにペイントします（図4-4-11）。

Substance Painterは、ペイントの機能にもミラーペイントを持っており、シンメトリーペイントが可能なのですが、UV展開もミラーになっている場合は、「Mirror」フィルタで対称にするのも有効です（図4-4-12）。

図4-4-10 この項目の完成例

図4-4-11 「SharpPyramid」ブラシで、ビスをペイント

図4-4-12 「Screw」レイヤーの設定内容

4-5 ドアの周辺の壁をペイントする

この節では、もう１つのマテリアルを使って、ドア周辺の壁をペイントします。最初に、完成例を示しておきましょう。

図4-5-1 「壁のペイントの完成例

高さ情報の調整を行う

壁の汎用素材として、他のチームメンバーから「catsle_brick_03」というマテリアルを受け取りました。この素材とシームレスになるようにペイントすることで、ドアの付いた壁も綺麗に繋がります。このマテリアルを割り当てて、左右のループする部分に影響が出ないように、ドア周辺にモルタルをペイントしていきます。

モルタルのマテリアルを高さでブレンドしたかったので、Height を確認してみました。ですが、Height 情報はかなり偏っていて真っ黒でした（図 4-5-3）。

図4-5-2 「catsle_brick_03」マテリアルを割り当てた状態

今回は、Height は合成のためだけに使うので、このマテリアルの中で自由に変更してしまっても構いません。そこで「Height Adjust」フィルタを使って、Height の値を扱いやすいように調整します（図 4-5-4）。この後、モルタルと合成するため、「castle_brick_03」というアンカーポイントを作成しておきます。

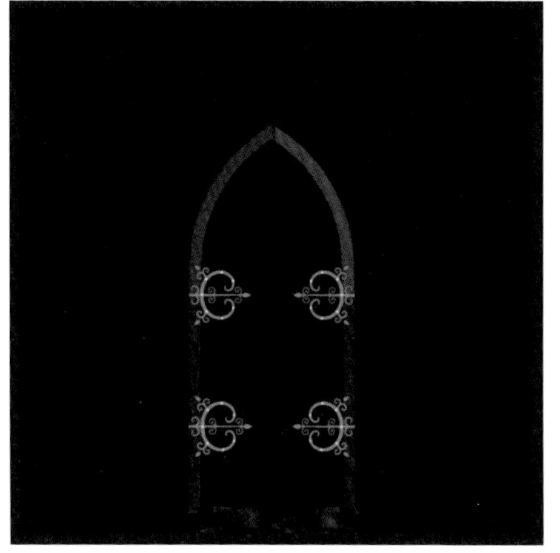
図4-5-3 マテリアルのHeight情報を確認

図4-5-4「Height Adjust」フィルタで、Heightを調整した結果

モルタルの下地を作る

最初に、この項目の完成例を図 4-5-5 に示しておきます。まずは、モルタルのむき出しになった部分のマスクを作成します。「Concrete」というレイヤーフォルダにマスクを付けて、先ほど作成した壁の Height 情報などを織り交ぜながらエフェクトを重ねていきます。

図4-5-5 この項目の完成例

ペイントエフェクトで、雑にこのあたりがむき出しになって欲しいという場所を描きます。この時点では完成の絵が想像でしかないので、かなり適当で構いません（図 4-5-6）。次に Blur フィルタを追加して、ほかの要素と馴染みやすいようにします（図 4-5-7）。

Fill エフェクトで先ほど作ったアンカーポイント「castle_brick_03」を Divide（除算）合成します。ブラーのかかった場所ほど影響を受けやすくなりますので、ペイントした範囲の周辺ほど、レンガの溝から先にモルタルが露出しやすくなります。

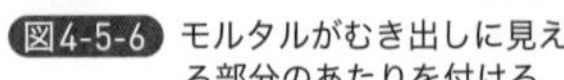

図4-5-6 モルタルがむき出しに見える部分のあたりを付ける

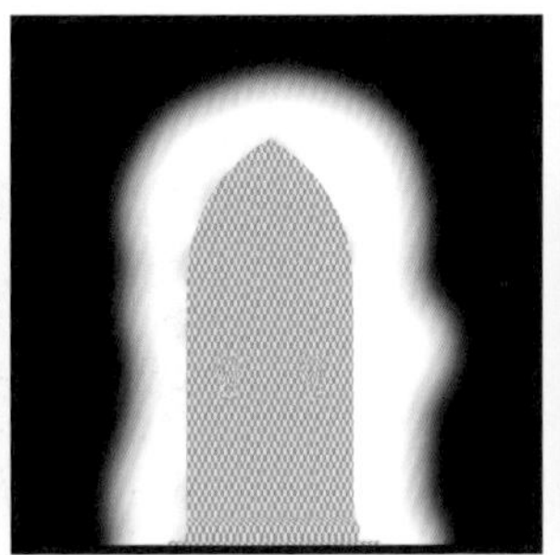

図4-5-6 Blurフィルタで境界をぼかす

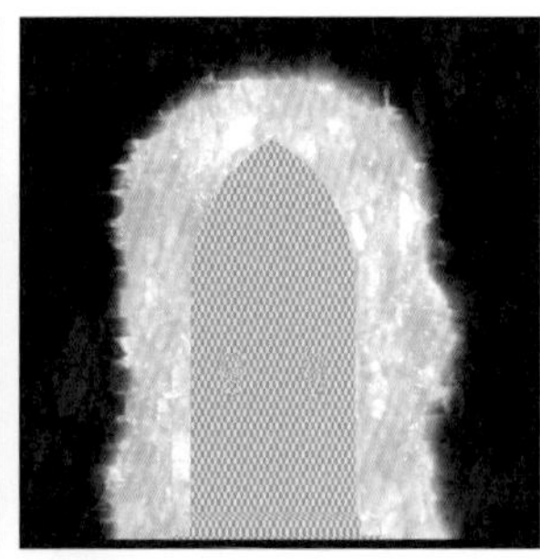

図4-5-8 アンカーポイント「castle_brick_03」をDivide(除算)合成

味付けとして、「GrungeMap013」を薄く合成します(図4-5-9)。薄く合成したままだと、レンガでもモルタルでもない部分が目立ってしまうので、「HistogramScan」フィルタでコントラストを高めて整えます(図4-5-10)。

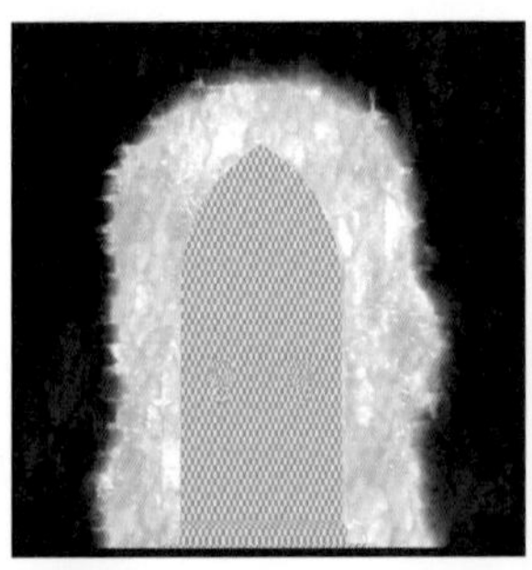

図4-5-9 「GrungeMap013」を薄く合成

図4-5-10 「HistogramScan」でコントラストを調整

モルタルの表現には、標準マテリアルの「Concrete Dusty」を割り当てました。エフェクトを合成した結果、図4-5-11のように見えています。形が面白くなく、まだ調整の必要がありますが、雑なペイントの割りにレンガの隙間が露出している感じがして、それなりに説得力があります。

エフェクトの重なりを有効にしたまま、ペイントエフェクトに書き加えて調整します。このように先に効果の重なり合いを組んでしまってから、完成形を見ながら調整できるというのも、プロシージャルワークフローの優れた点です。

Height情報は重ね合わせの際に重要

多くのゲームでは、Height情報をそのままDisplacement Mapとして使用することはできません。ですが、この章の作例のように、Substanceマテリアルに Heightの情報を取っておくと、素材の重ね合わせに非常に役立つため、Heightは必ずていねいに管理するようにしましょう。

図4-5-11 モルタルに「Concrete Dusty」マテリアルを割り当て

図4-5-12 ペイントして、見た目を調整

モルタルのカケを表現する

強風で小石が当たったり、雨にさらされたすることによるモルタルのカケを表現するために、「Clip Damage」という名前でFill Layerを作成します。Fill Layerは、低いHeightと明るめのBaseColorを設定します。そして、もうそろそろおなじみのエフェクトを重ねた作り方で調整します。今回はマスクではなく、マテリアルビューで変化の推移をお見せします。

図4-5-13 この項目の完成例

ドア枠の角の部分など、劣化しやすそうな部分に雑にペイントエフェクトを加えます（図4-5-14）。さらに、Blurフィルタを加えて馴染みやすくします（図4-5-15）。そして、「Grunge Dirt Large」をFillエフェクトで合成し（図4-5-16）、「HistogramScan」フィ

ルタでコントラストを整えます（図 4-5-17）。

図4-5-14 カケの部分にペイントであたりを付ける

図4-5-15 Blurフィルタで馴染ませる

図4-5-16 「Grunge Dirt Large」の合成

図4-5-17 「Histogram Scan」でコントラストの調整

▶モルタルのつなぎ目の溝を表現する

モルタルに溝を表現します。「Seam」という名前で Fill Layer を作成して、Height を低めに、BaseColor を暗めに設定します。溝のラインは、Fill エフェクトを真っ白で塗りつぶした状態（GlayScale を 1.0 にした状態）で表現します（図 4-5-19）。

図4-5-18 この項目の完成例

図4-5-19 溝のラインは白で表現

図 4-5-20 にあるように、Projection をデフォルトの UV Projection から、「Planar Projection」に変更します。こうすることで、3D 空間で自由な方向からの投影した貼り方に変更できます。デフォルトでは UV Wrap が Repeat になっていますが、ここを「None」に変更することで繰り返しが行われなくなります。

Y 方向のスケールの値を極端に小さくすると、細い線として使えます。斜めの線に関しても、同様の Fill エフェクトを作成します。線は直接ペイントで書いてしまってもよいのですが、ラインの位置を変更したくなったときなどに効果を発揮します。この章のテーマである修正しやすい作り方の一環として、応用してもらえればと思います。

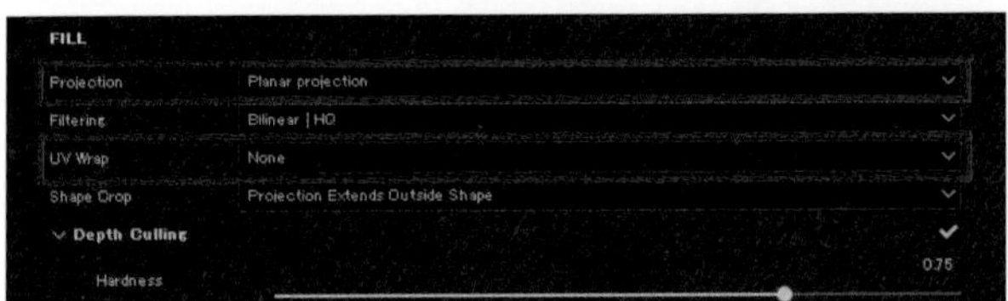

図4-5-20 FILLエフェクトの設定

ラインは、真っ直ぐすぎると自然さが欠けて見えるので、「Blur Slope」フィルタを追加してノイズを元に歪めます。

図4-5-21 「Blur Slope」フィルタの効果

苔を生やす

モルタルの下部は水分が浸透しやすいので、最後にモルタルの下部に苔を生やして完成させましょう。

「Moss」という名前でFill Layerを作成し、マテリアルに「Rust Fine」を割り当てます。名前からすると本来はサビのマテリアルですが、色を調整して苔の代わりに使います。もし、Substance Designerを使えるのであれば、もっとよい苔の素材を作成して利用するのもよいでしょう。

図4-5-22 この項目の完成例

図4-5-23 苔部分の拡大

苔のマスクにはMask Editorを使い、World PositionのY方向やアンビエントオクルージョンなどを使って、地面に近く平らな面に出やすくなるように設定しました。

図4-5-24 苔のマスク

4-6 ゲームエンジンでの作例の確認

この章の作例を、Unreal Engine4で使用した画面です。メッシュはかなり簡易的ながらも、ディテールがしっかりとあるドアを作成することができました。

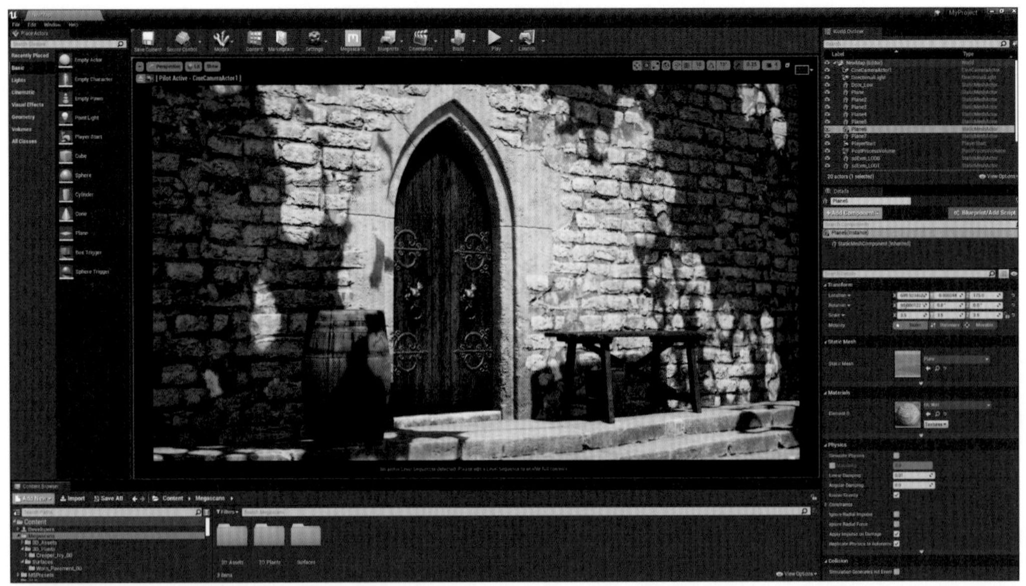

図4-6-1 作例をUnreal Engine4で使用した画面

ノードベース事始め

ぼくの仕事のメインツールは、Unreal EngineやSubstance Designerで、いわゆる「ノードベースアプリケーション」を中心に使っています。数年前は、PhotoshopとMayaがメインツールでした。

Photoshopで制作していた時代にも、1つのマテリアルごとに用意する画像の種類が、現在のPBRよりもデータ数の多いプロジェクトを担当したこともありましたが、とてもあの頃の制作環境に戻りたいとは思いません。

Substance PainterはPhotoshopに比べると、複数のチャンネルの編集と管理をすることに関して遥かに優れた機能を持っており、『なんとなくいい感じの汚れを付けてくれるツール』として使うだけでは、あまりにもったいないです。なかでも「アンカーポイント」はまさに欲しかった機能で、ノードベースとレイヤーベースの中間に存在する機能とも言えます。

ノードになんとなく抵抗を感じてしまうという方のために、アンカーポイントを中心にアプリケーションごとの表現の違いを見ていこうと思います。Substance

Painter は「Substance Designer」が加わることによって、その力を何倍にも発揮します。このコラムが、Substance Designer の学習の入り口になれば幸いです。

ここでは例として、アルファチャンネル付きの画像に、白い枠をつけ、余白にミント色を塗った画像を作成する手順を示します。

● Photoshop の場合

Photoshop の作例は、一見シンプルに見えます。ただし、それは作業の履歴が残っていないためです。

べた塗り白のマスクには、アイコンのマスクから選択範囲を作成して、それを反転してアサインします。べた塗りミントのマスクには、アイコンのマスクから選択範囲を作成して選択範囲を拡張し、それを反転してアサインします。その作業工程は、レイヤーを見ただけでは何もわかりません。

図 Photoshpで作成した場合の画面

● Substance Painter の場合

Substance Painter の場合は、一見複雑に見えますが作業工程は Photoshop とほぼ同じです。そして Photoshop と比べて、大きな利点が 2 つあります。1 つはアンカーポイントを用いて、どこのマスク情報を使用したということを明示的にできること。そしてもう 1 つは、アンカーポイントの元の画像を変更すると、白い枠やミント色の枠も自動的に変更されることです。

これは Photoshop を使った場合に比べて、変更などがあった場合の作業を軽減できるという大きなメリットがあります。

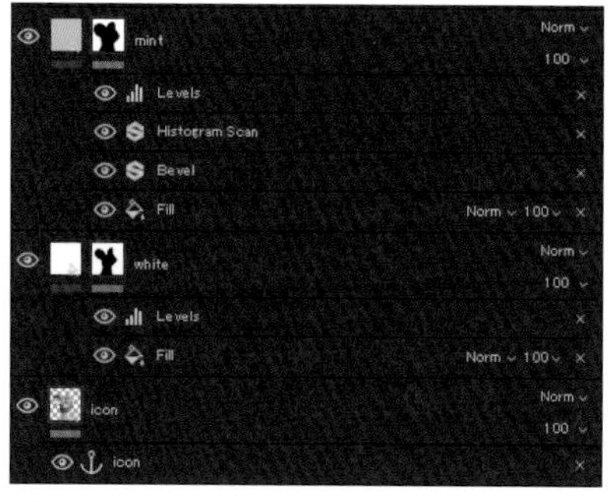

図 Substance Painterで作成した場合の画面

● Substance Designer の場合

Substance Designer は一番異色な見た目をしていますが、考え方は Substance Painter とほぼいっしょです。アンカーポイントはレイヤーベースのワークフローで自由な場所から情報を取ってくる画期的な方法ですが、ノードベースはそもそもレイヤーのような階層に依存せずに、自由に情報にアクセスできます。

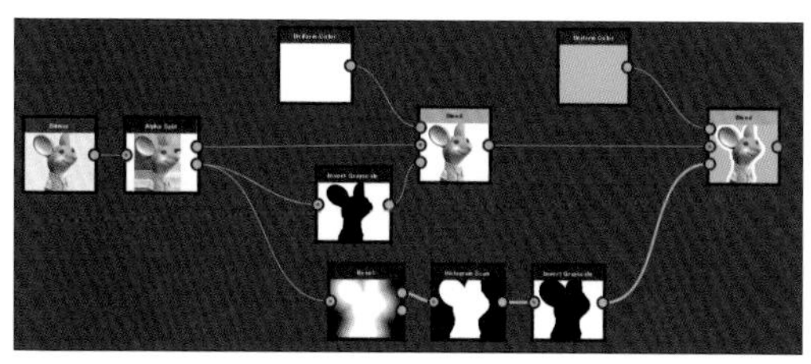
図 Substance Designerで作成した場合の画面

Substance Painter の画面と比べて見ると、おおよそ何をやっているのかがわかるのではないでしょうか？

作例編

CHAPTER 5

さまざまなイメージのロボットを仕上げる

大澤 龍一［作例・解説］

この章では、本書で学んだ数々の知識を実践する機会として、「ロボット」のモデルデータを用意しました。作例編ではありますが、皆さんの自由な発想でこのロボットを仕上げてもらいたいと思います。ここでは、高品質なロボットを仕上げていただくために、使えそうな表現とその設定方法、意識する点やヒントをいくつか紹介しますので、参考にしながらイマジネーションを膨らませて、カッコよくあるいは可愛らしく、楽しく素敵に仕上げてくださいね。

5-1 ロボットの過去を想像する

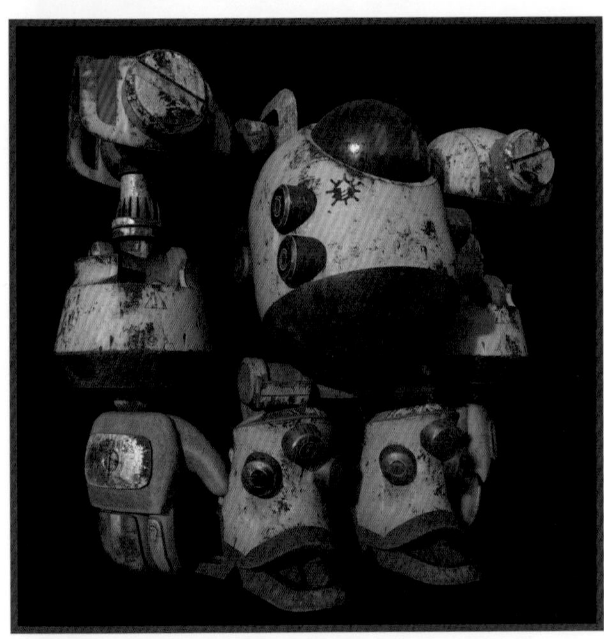

図5-1-1 物語に沿ったロボットの仕上げの例

さて、あなたの「ロボット」を仕上げていくために、まず最初にやるべきことがあります。配色や質感、その後の劣化の仕方を考えるために、何に使われるロボットか、どんな環境に居たのか、過去の出来事を想像しましょう。

教材モデルのロボットは、さまざまな用途が想像できるようにデザインしました。最初にやることはSubstance Painterを操作することではなく、対象の背景を考えることです。あなたのロボットは、どんな役割を持って作られ、どのような時間を過ごしたのでしょうか？

人を助けるロボット…、作業に使われるロボット…、

暴動を鎮圧するロボット…、兵器として戦うロボット…

あるいは途中から役割を変えられた、という可能性も考えられます。たとえば、以下のような物語を想像してみましょう。

「土木作業用ロボットとして作られたが、紛争が起こり兵器へと転用され、その後屋外で放置され機能を停止して数十年。変わり者の大学生がこのロボットを発見し、サークルメンバーで修理して蘇らせることになり…」

Substance Painterの仕事は、その物語の背景を質感として描くことです。

具体的に考えてみると、下地は重機をイメージした配色で、その上に攻撃的なデカール、あるいは迷彩的なペイントを加え、汚れや傷も描きます。そして最後にサビや退色、土埃の堆積などで時間の流れを表現して仕上げます。これらのイメージに沿って加えた情報は、すべて完成したマテリアルに残るので、見る側も背景の深みを楽しむことができるのです。

この章では、全体を通した手順は示しませんし、色も質感も数値も指示しません。役に立ちそうな機能や使い方、表現のコツだけを紹介しますので、本書で学んだ技術を応用して、ぜひご自身のアイデアで空想を形にしてみてください。

5-2 ベースカラーの考え方

最初に、全体の配色や質感を作ります。ここで作るのは、新品かそれに近い色質感です。

「人を助けるロボット」なら、硬そうな質感は避けて、安全そうな材質を表現します。「警備ロボット」なら、暗めのグレートーンでコントラストをつけるでしょうか。「兵器ロボット」なら、固くて重そうな質感で、活躍の場に溶け込む色や迷彩にしたいです。あるいは、世界を救う「スーパーヒーロー」なら、力強く元気で映える配色もよいですね。

Substance Painterのレイヤーは色だけではなく、1つ1つが色と質感を表現します。色を考えるときは、材質もセットで考えましょう。

IDを作成する

新規プロジェクトを作成後は、最初にMesh Mapsのベイクを行いますが、このタイミングで「ID Color Map」を作成して、後の作業をしやすくしましょう。

図5-2-1 ロボットのパーツによる色分け

色を変更したい箇所は、モデリングの段階で「ID Color Map」用の色分けをしておきます。教材モデルでは ID 作成のために頂点カラーを使っていますので、Bake Mesh Maps では、ID の Color Source を「Vertex Color」に変更してください。

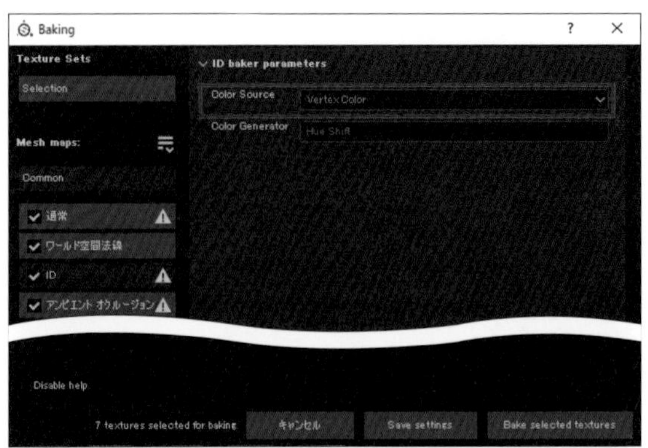

図5-2-2
本章のモデルは「Vertex Color」で色分けされている

色質感を分ける

各色質感ごとにフォルダ分けをすると、傷や汚しなどの加工をその部分だけに設定できるので便利です。ID マップを使用して、それぞれフォルダと塗りつぶしレイヤーを作りましょう。

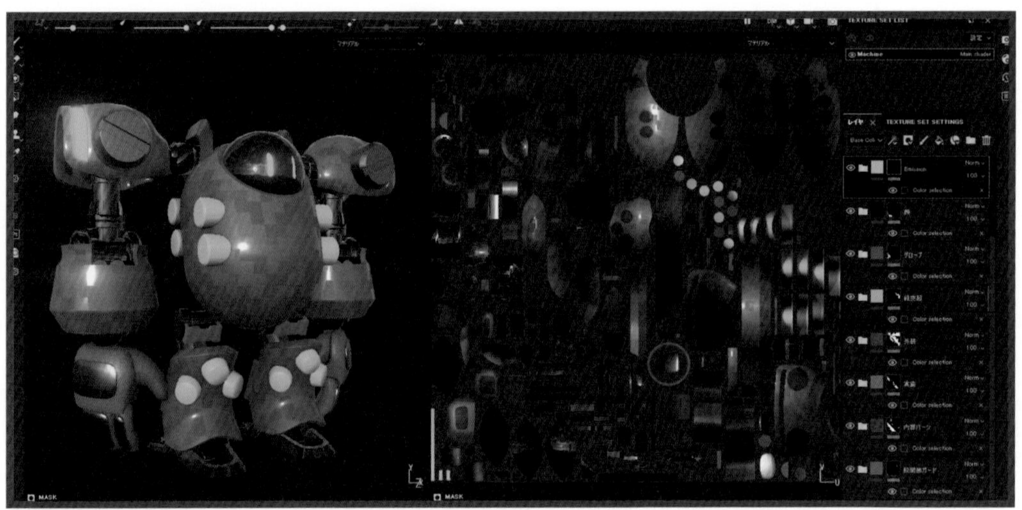

図5-2-3 ベースカラーの塗りつぶしの完成例

簡単に、操作手順を解説しておきます。塗りつぶしレイヤーを作成して、Ctrl+G キーでフォルダを作成し、右クリックから「Add mask with Color Selection」を選択します（図 5-2-4）。

「Pick color」ボタンを押して、選択したい色をクリックすることで、このフォルダ内のマテリアルは、選択した ID 部分しか表示されなくなります（図 5-2-5）。塗りつぶしレイヤーに、仮の色をつけておくとわかりやすくなります。

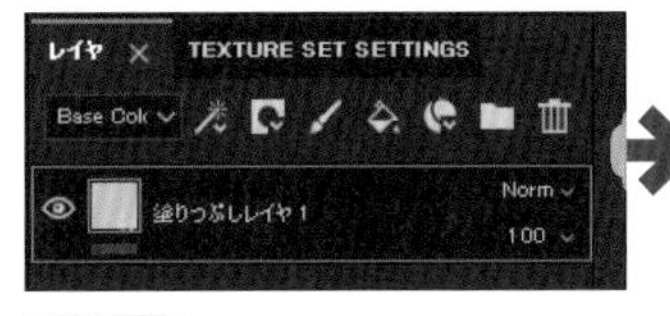

図5-2-4
塗りつぶしレイヤーとフォルダを作成

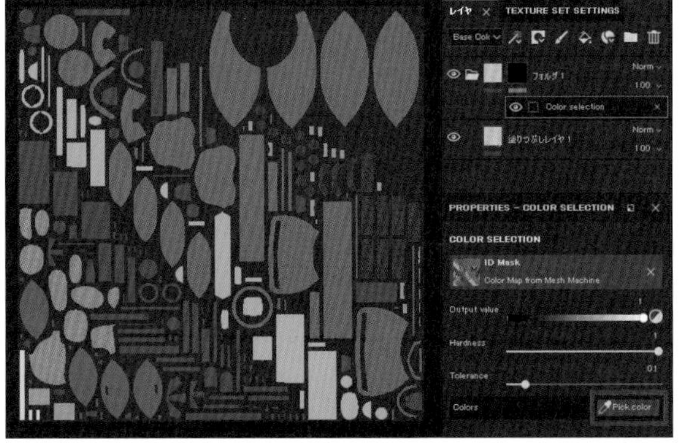

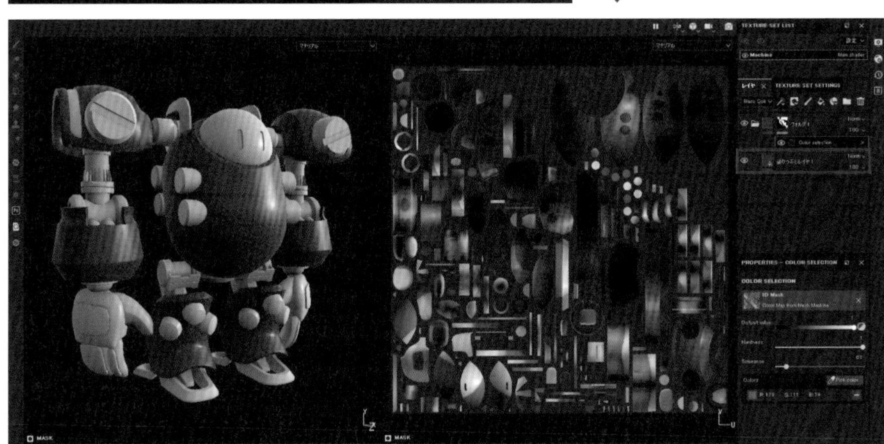

図5-2-5 色を選択し、その部分に色質感を設定

表面に細かい凹凸をつける

素材表面の細かな凹凸を再現します。たとえば、鋳造で作られた表面に塗装したのだと想像するなら、細かい凸凹が見えるようにすることで、触れた時のザラザラ感、硬さや冷たさが想像できるようなマテリアルになります。

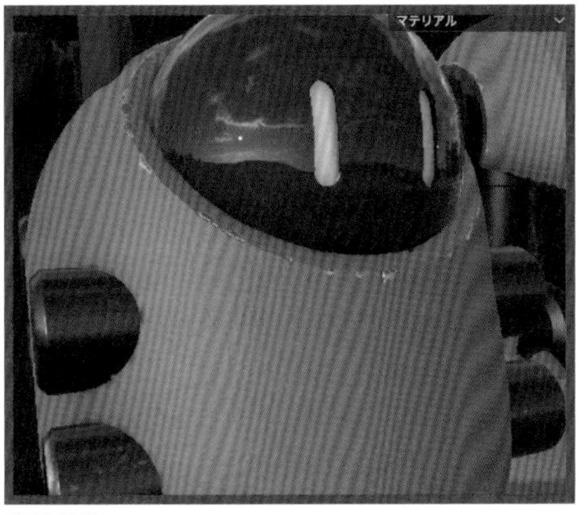

図5-2-6 素材に細かい凹凸をつけた例

簡単に、操作手順を解説しておきます。塗りつぶしレイヤーの「Height」にテクスチャを貼ります。シェルフの「Procedurals」フォルダに使いやすい素材がたくさん用意されているので、こちらから探すのがオススメです。凹凸が強すぎる場合、レイヤーの要素選択でHeightを選び、塗りつぶしレイヤーの不透明度を小さな値にします。

図5-2-7
「Height」にテクスチャを貼って、凹凸を調整

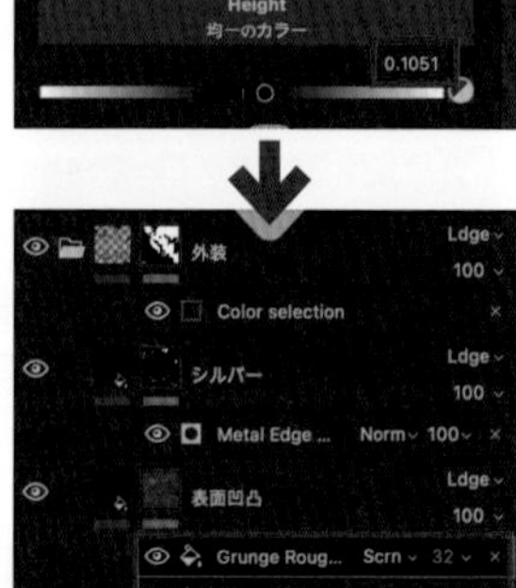

図5-2-8
質感を高めるためにテクスチャを重ねる場合の設定例

また、Heightに限らずテクスチャは2重3重に重ねると深みが出ますが、その場合はHeightだけの塗りつぶしレイヤーを作成して一定の値にし（図5-2-8の上）、マスクにFillを重ねます（図5-2-8の下）。合成モードや不透明度を変更しないと、下のFillが完全に隠れてしまうので注意しましょう。

ディテールを作る作業は、観察が何よりも大切です。どの柄をどの程度乗せるとそれらしく見えるか、資料と見比べながら作り込みましょう。

Substance Sourceの活用

Substanceのライセンスをサブスクリプション契約すると、Substance Sourceという素材集からダウンロードするためのポイントが与えられます。Substance Sourceから目的に合う質感を見つけてダウンロードし、塗りつぶしレイヤーのMaterial modeにドラッグ＆ドロップするだけで質感が仕上がるので、上手く使えばスピードと品質の両方を高めることができるでしょう。

気に入ったマテリアルが見つかったら、マウスカーソルを重ね一番左のアイコン（Send to Substance Painter）をクリックすると、ポイントと引き換えにシェルフのマテリアルへと追加されます（図5-2-9）。また、過去にダウンロードしたマテリアルには「OWNED」と表示され、次回以降ポイントを消費しません。

Substance Sourceには、写真から作られたマテリアル、Substance Designerで作られたマテリアルが混在していますが、多くのマテリアルは色違いのプリセット選択や、数値設定でのアレンジに対応しています。

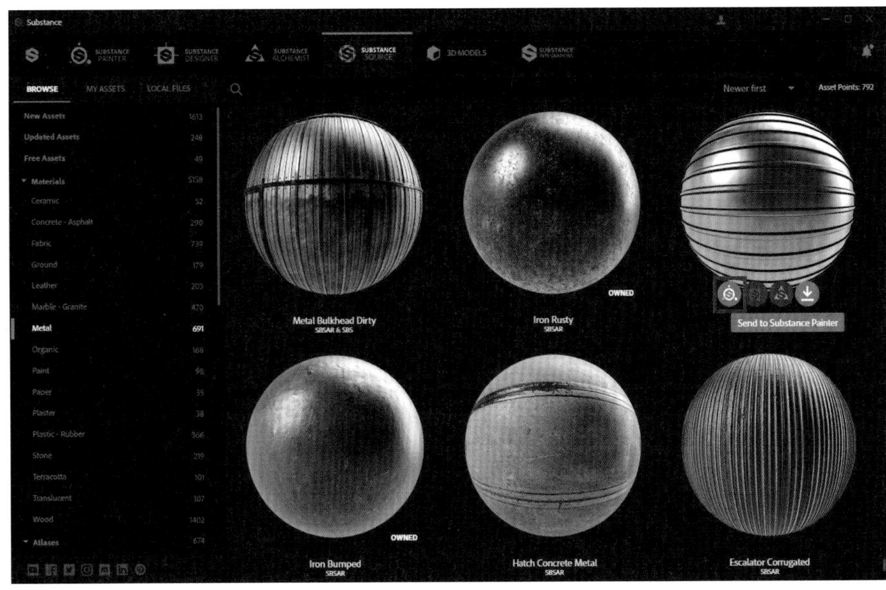

図5-2-9 Substance Sourceからマテリアルをダウンロードして活用

5-3 発光表現の追加

ロボットのようなSF作品は、カッコよく発光させたい場合も多いと思います。初期設定では、発光の効果が設定できませんので、必要に応じて有効化します。

図5-3-1 発光表現の完成例

作例編

1 2 3 4 5 6 7 8 9 10

簡単に、操作手順を解説しておきます。Texture Set Settingsのチャンネルに、＋ボタンから「Emissive」を選択すると、チャンネルの一番下にEmissiveが追加されます。さらに、マテリアルにemissの項目が追加されます。発光させたいマテリアルは「emiss」を有効にして、光の色を設定します。さらにBaseColorを黒にすることで、発色がコントロールしやすくなります。

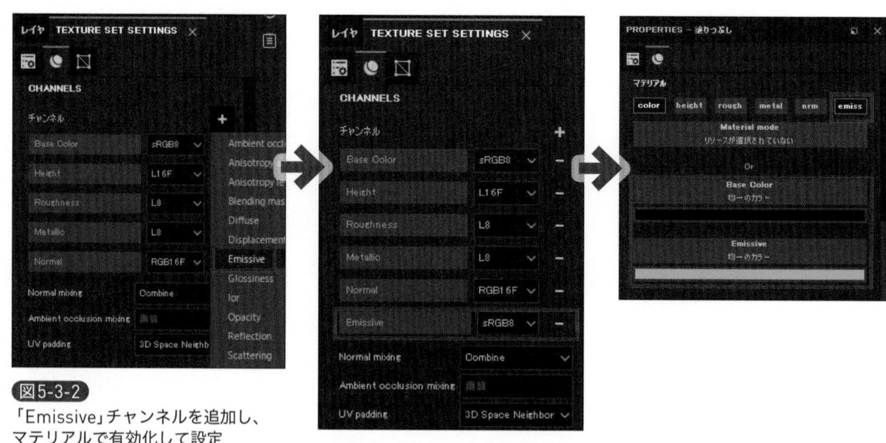

図5-3-2
「Emissive」チャンネルを追加し、マテリアルで有効化して設定

発光の効果を強調させたいので、Shader Settingsから「Emissive Intensity」を高めます（図5-3-3の左）。これはビューポートの結果を見ながら調整してください。

エフェクトを追加することで、より発光を強調することができます（図5-3-3の右）。Display Settingsから「Activate Post Effects」を有効化し、「グレア」にチェックを入れます。シェイプを変更すると、発光部分のエフェクトが変わります。ここで輝度を上げると、鏡面反射の効果も強くなってしまいますので、数値を変更するときは、様子を見ながらにします。基本的には、初期設定でも十分です。

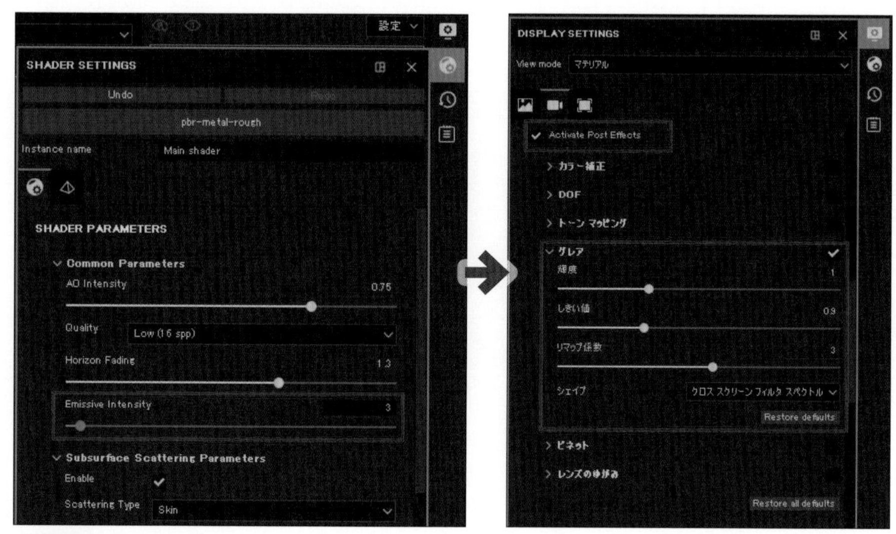

図5-3-3 発光の効果の調整

5-4 さまざまの質感のロボットの作例

ここでは、これまでとは少し趣向を変えて、ロボットの作例を 2 つほどお見せします。イメージを膨らませる際に、参考にしてもらえればと思います。

安全なロボット

人がぶつかっても怪我をしないようなロボットであれば、樹脂やゴムなどの比較的安全な素材が多く使われるでしょう。しかし、金属パーツを一切使用しないとプラモデルのような仕上がりになってしまうため、たとえば内部の構造部分にだけ重くて硬いメタリックを設定するなど、全体の質感にコントラストをつけます。

外装はプラスチック素材の光沢感、膝の突起部にはゴムのようなマットな質感を、手には滑り止めの凹凸を施して、物をていねいに扱える印象に仕上げた例です。

図5-4-1 安全なロボットの完成例

設定のポイントを解説しておきます。次ページの図 5-4-2 にあるように、Metallic の値は「金属か、金属ではないか」の 2 択なので、「0」か「1」しか使いません。Roughness の値では光沢感を調整します。Roughness でおおまかに素材の違いを描きますが、数値を覚えるのではなく、資料を観察して似た印象に仕上げましょう。

同じプラスチック素材と言っても、塗装を施して光沢感が出ているかもしれませんし、つや消しに仕上げられているかもしれません。どのような質感が「らしく」見えるか、多くの資料をよく観察してみましょう。

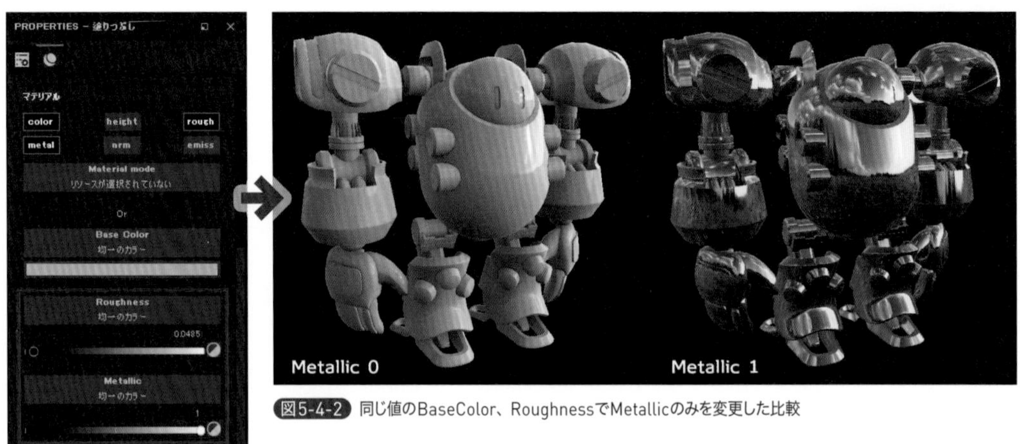

図5-4-2 同じ値のBaseColor、RoughnessでMetallicのみを変更した比較

▶頑丈なロボット

戦闘メカや重機のような用途をイメージするなら、全体的に金属を用いて、重たく頑丈な仕上がりにしたいですね。目立つ色を使うかどうかも、目的次第です。たとえばそのロボットが兵器だとしても、ヒーローの装備ならばド派手で力強いカラーリングをして目立たせます。

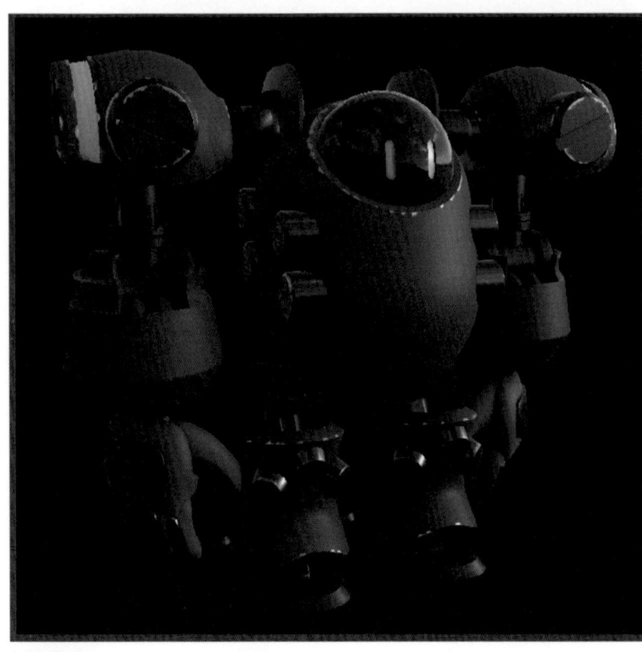

図5-4-3 頑丈なロボットの完成例

図5-4-3の完成例は、目立たないアースカラーで、つや消し塗装をした例です。配色に暗い色を使うと、それだけで重い印象を与えます。外装部分で表現するのは塗料の質感なのでMetallicは使いませんが、金属であること描くためにエッジ部分の塗装を剥がして金属色を見せています。

このような表現は、どちらかと言えば「らしさ」の表現で、形をわかりやすくする、情報量を増すなどの目的もあります。Generatorの「Metal Edge Wear」を使うと気軽にこの表現ができますが、作品として仕上げるにはもっと出来事を想像して作り込みたいところです。

5-5 ディテールの付与

ステッカーを貼り込んだり、3D モデルに作られていない細かなディテールを NormalMap で追加したり、傷や汚しといったウェザリングを行ったりと、「らしさ」を描くとても楽しい工程です。最初に考えた背景を描くため、さまざまな表現を組み合わせて仕上げましょう。

ここでは、ステッカーやステンシルを使って、モデルをカッコよくペイントしていきます。自作の素材や Substance Painter にあらかじめ含まれている素材を使う方法を紹介します。

ステッカーの追加

PhotoShop などのペイントソフトで素材を自作する場合は、必ず正方形の画像を作ります。レイヤーの透過部分は Substance Painter に反映されるので、png 形式で保存します。

図5-5-1 自作のステッカーを使った完成例

ステッカー素材は、保存場所から Substance Painter のシェルフへとドラッグ＆ドロップしてインポートします。この画像の用途は何か、いつまで保持するかの 2 つを設定します。ここでは texture として、project に保持するようにします。

図5-5-2 素材は正方形で作成し、シェルフへインポート

読み込まれたテクスチャは、シェルフのプロジェクトで探すと見つけやすいです（次ページの図 5-5-3）。

ペイントレイヤーを追加し、シェルフから Base Color へステッカー素材をドラッグ＆

ドロップします。color以外の要素は外しておくのが無難です。さらに、ブラシのアルファも解除します（図5-5-4）。丸い輪郭のブラシでは、ステッカーの四隅が消えてしまうためです。

クリックすると、ステッカーのようにペイントすることができます。カーソルのサイズや角度を調整して、理想どおりに仕上げます（図5-5-5）。

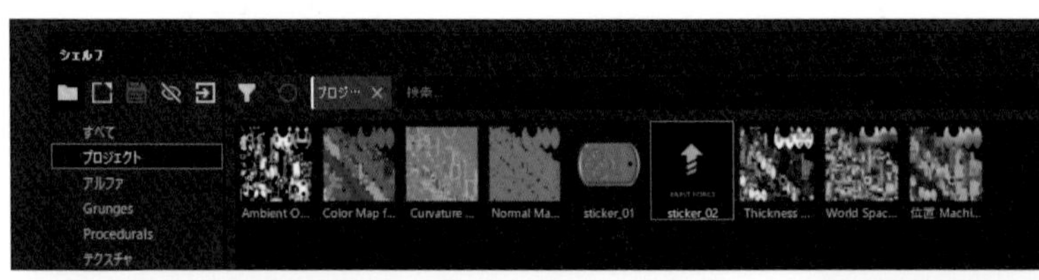

図5-5-3
シェルフのプロジェクトから素材を選択

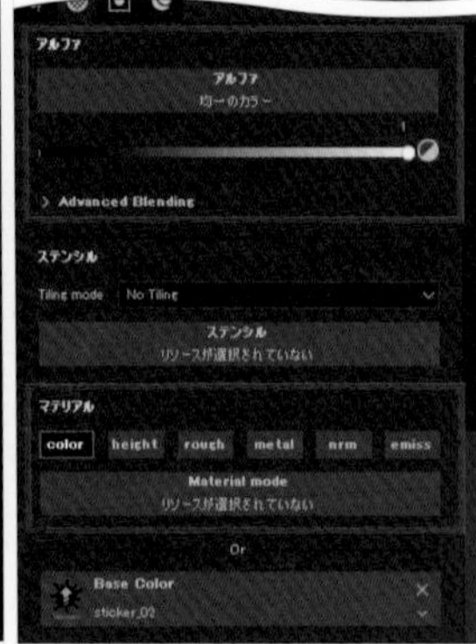

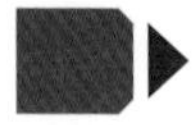

図5-5-4 素材をペイントレイヤーに追加して設定

図5-5-5 クリックでステッカーをペイントして設定

デカールの追加

次に、デカールを紹介します。シェルフから素材を探すため、検索に「decals」と打ち込み抽出します（次ページの図5-5-7）。

図5-5-6
シェルフの素材を使ったデカールの完成例

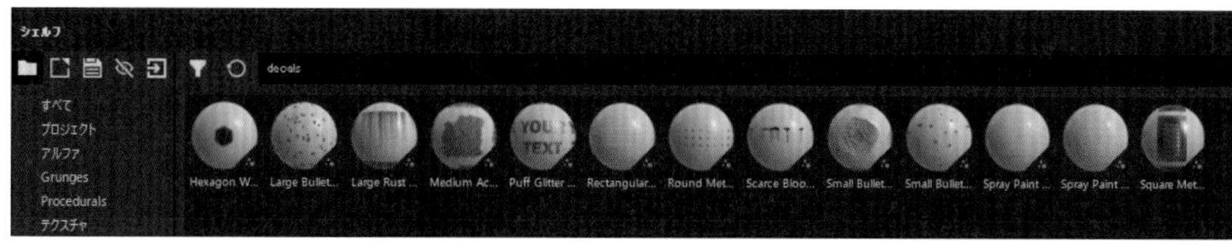

図5-5-7 シェルフからデカールの素材を検索

デカールを追加するには、シェルフからAlt キーを押しながら、ドラッグ&ドロップします（図 5-5-8）。これにより、追加すると新しいレイヤーが作られ、ドラッグで移動したり、パラメーターを操作して変化を加えることができます。

より多くのデカールを使いたければ、前述した「Substance Source」で Decals のカテゴリを探してみましょう。

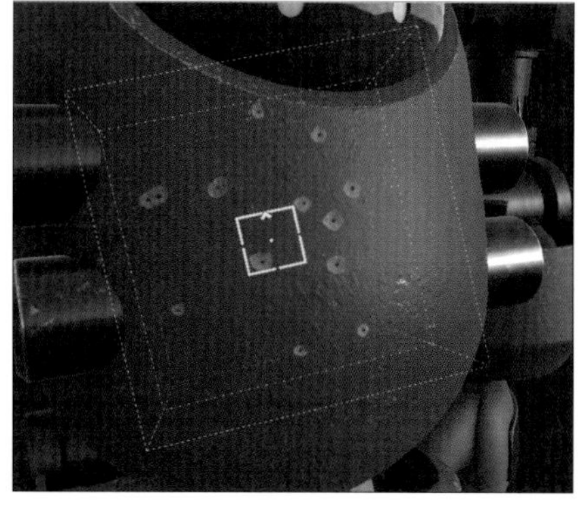

図5-5-8 デカールをシェルフから直接追加

ステンシルの追加

引き続き、ステンシルを紹介します。ステンシルは、型でマスキングしてスプレーを吹くようなイメージでテクスチャを描きます。

図5-5-9 シェルフの素材を使ったステンシルの完成例

シェルフのアルファから素材（もしくは alpha として読み込まれた自作のグレースケール画像）を、ペイントレイヤーのステンシルへとドラッグ & ドロップすると、3D/2D 画面に大きくステンシルが表示されます（次ページの図 5-5-10）。

図5-5-10 シェルフのアルファから素材を選択

図5-5-11 「S」キーで位置やサイズの調整

「S」キーを押しながら、マウスボタンで位置やサイズを調整します（図5-5-11）。「S」キーを押しっぱなしにすると、左下に操作説明が出るので確認してください。

次に、好みのブラシや色で、上からなぞるようにペイントします（図5-5-12）。現実のステンシルを意識するなら、「Paint Spray」ブラシを使い、少し塗り残しを作るとリアル感が出ます。

もちろん、もっと華やかに色柄を加えることにも使えます（図5-5-13）。あるいは胴体などに一周ぐるっと直線を引きたいときにも、ブラシではズレの調整が難しいので、Orthographic View（平行投影）でステンシルを使うと仕上げやすいです。作業後はステンシルを解除して、画面を見やすく戻しましょう。

図5-5-12 ブラシでなぞるようにペイント

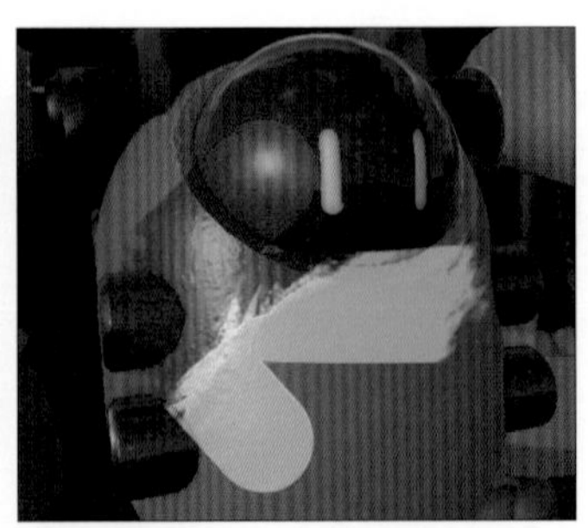

図5-5-13 華やかな色柄を加えた例

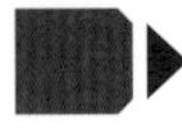

凹凸ディテールの追加

図5-5-14 凹凸ディテールの追加例

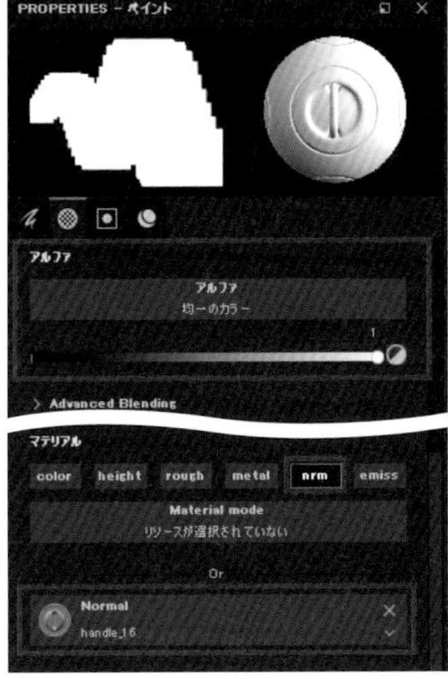

図5-5-15 ペイントレイヤーの設定

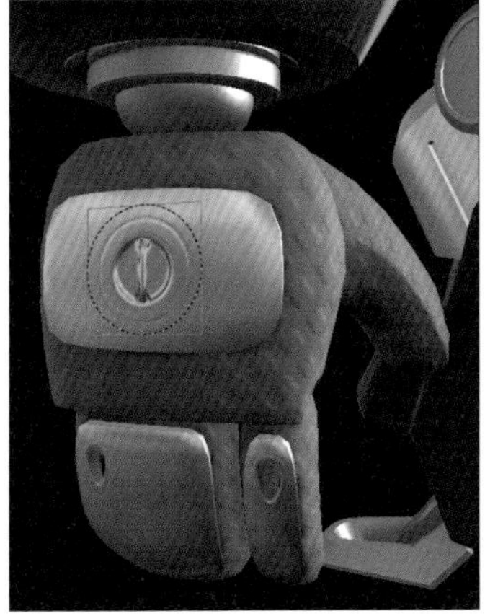

図5-5-16 NormalMapのペイントで凹凸ディテールを追加

NormalMapを使用して、モデル表面に細かな形状を追加することができます。用意された素材を使うのも楽しいですし、自分でカッコいい素材を作って使うことも可能です。

ペイントレイヤーを作成し、「nrm」だけ有効にします。シェルフのHardSurfaces（もしくは自作のNormalMap素材）から、好みの素材を「Normal」へとドラッグ＆ドロップします。ブラシのアルファを外して、輪郭が欠けるのを防ぎます（図5-5-15）。

モデルの上からクリックすることで、もともとモデルに存在しなかったディテールを追加できます（図5-5-16）。なお、NormalMapは、面の表面を凹凸に見せかけているだけなので、輪郭が変わるようなディテールを追加したい場合は、モデルを修正する必要があります。

▶追加した凹凸にGeneratorを反映させる

Substance PainterのGeneratorは、最初にベイクして生成したMesh Mapsを参照しているため、追加したディテールはマスクを作る際に反映されません。これを解決するのが、「アンカーポイント」機能です。下のレイヤーで作られた凹凸情報をアンカーポイントとして登録し、上のレイヤーで設定するマスクに反映させることができます。

図5-5-17 凹凸ディテールにGeneratorを適応した例

手順を解説しておきます。凹凸を描き込んだレイヤーを右クリックし、「Add anchor point」を選択します（図 5-5-18 の左）。図 5-5-18 の右は、Generator に NormalMap の凹凸を反映させたい場合の設定です。

MicroNormal を「True」に変更し、Image Inputs の MicroNormal に ANCHOR POINT タブから反映させたいアンカーポイントの名前を選択します。そして、Referenced channel から「Normal」を選択します。

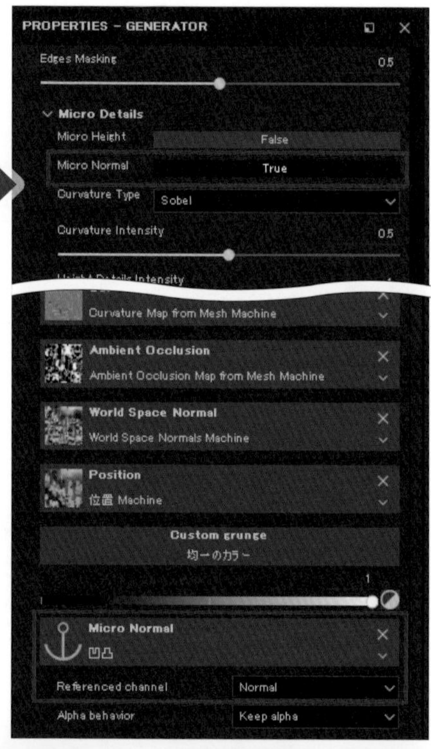

図5-5-18 アンカーポイントの使用例

図 5-5-19 の左は何もしなかった場合、右はアンカーポイントとマイクロディテールを使用した場合です。本来は Mesh Maps を元に機能する Generator ですが、アンカーポイントを作っておくことで、レイヤーに追加した Normal や Height をこのようにして反映させることができます。

図5-5-19 アンカーポイントとマイクロディテールの適用例

5-6 傷や劣化を描く

接触により塗装がハゲた様子を描くことで、荒々しい使われ方をした過去が想像できます。傷がきっかけでサビが広がるため、新しい傷でなければサビも同時に描くとよいでしょう。また、サビの周辺や陽の当たる箇所には、色褪せた表現も加えます。

図5-6-1 傷や劣化を描いた完成例

傷をつけるには、Generatorの「Metal Edge Wear」が使いやすいです。Wear Levelは上げると全体にGrungeの影響が出てきますが、ここでは量の調整ではなく、Triplanarの境目が目立たないように調整します。

Grungeの影響量を調節するのは、Custom grungeのParametersです。BalanceとContrastを調整すると、より自由に加減することができます。たくさん傷が見えると派手で楽しくなりますが、ぐっとこらえて控えめくらいがちょうどよいです。

色は、シェルフのマテリアルから「RustFine」を使用し、Rust Colorを暗く濃くしています。サビの質感が入る分、単色よりも情報量が増します。

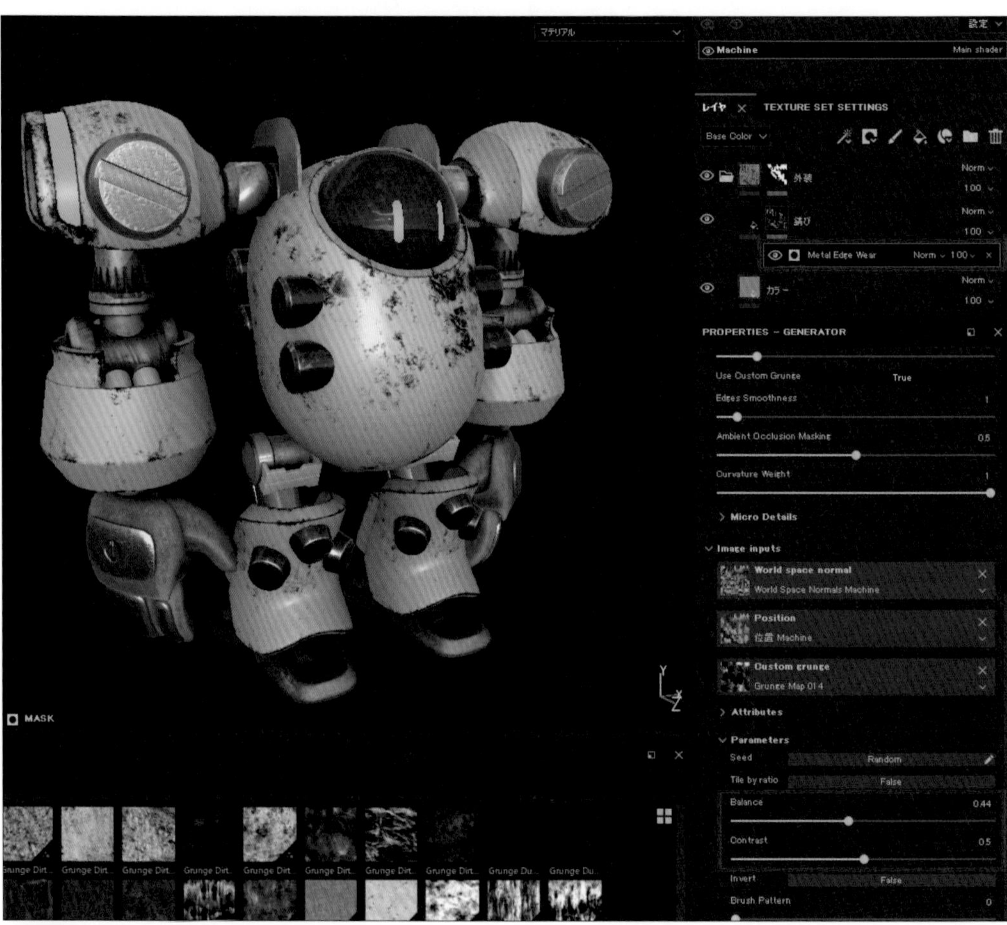

図5-6-2「Metal Edge Wear」ジェネレーターの適用

もう１つ、小さな点から発生したサビを描くのに便利なGeneratorの「Dripping Rust」もおすすめです。これもやはり多すぎるとうるさいので、Rust Spreadingは控えめの値に設定して、SeedのRandomを何度か押して、好みの密度、位置に設定します。部分的不要な箇所がある場合は、ペイントを追加してブラシで削ります。

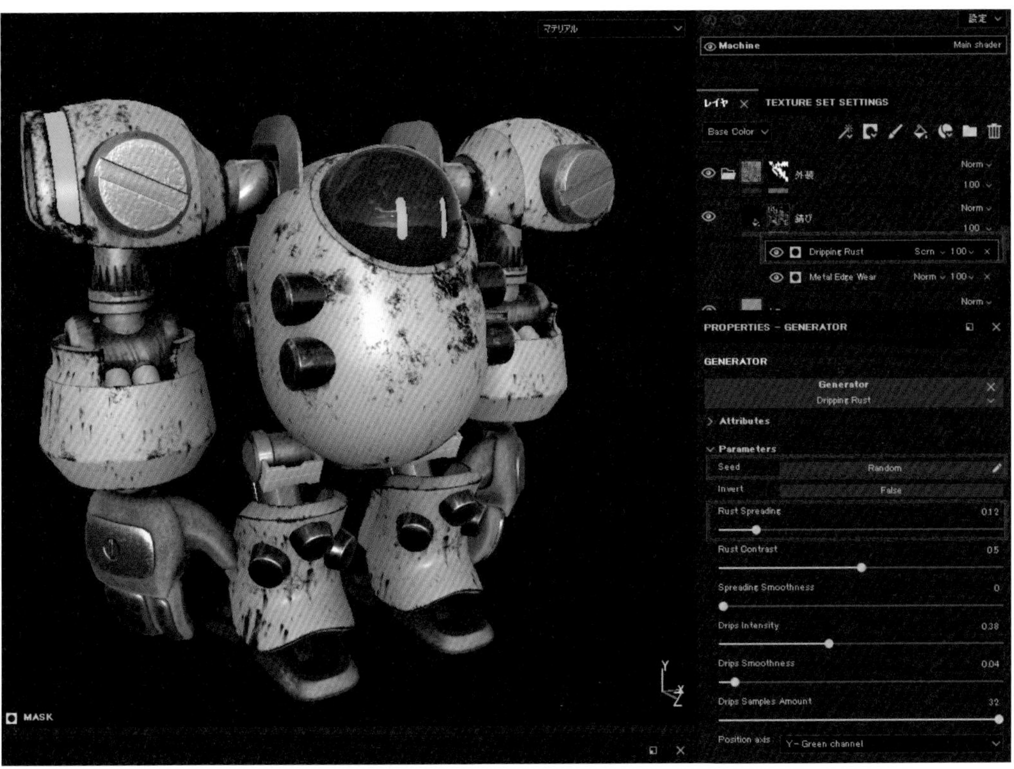

図5-6-3 「Dripping Rust」ジェネレーターの適用

サビのレイヤーを複製（Ctrl+D キー）して、順序を下に入れ替えます。錆色を明るく赤めに変更して、「Metal Edge Wear」の Custom grunge から Balance を調整してサビの範囲を少々広げます。

サビにもいろいろ種類があるようですが、観察して見るとサビの進行した中心部が黒に近く、比較的サビの浅い周辺部分が赤みを帯びている様子が見られます。赤いサビのレイヤーには filter を追加して、Blur をわずかに設定することで、柔らかくサビを広げるのもよいでしょう。

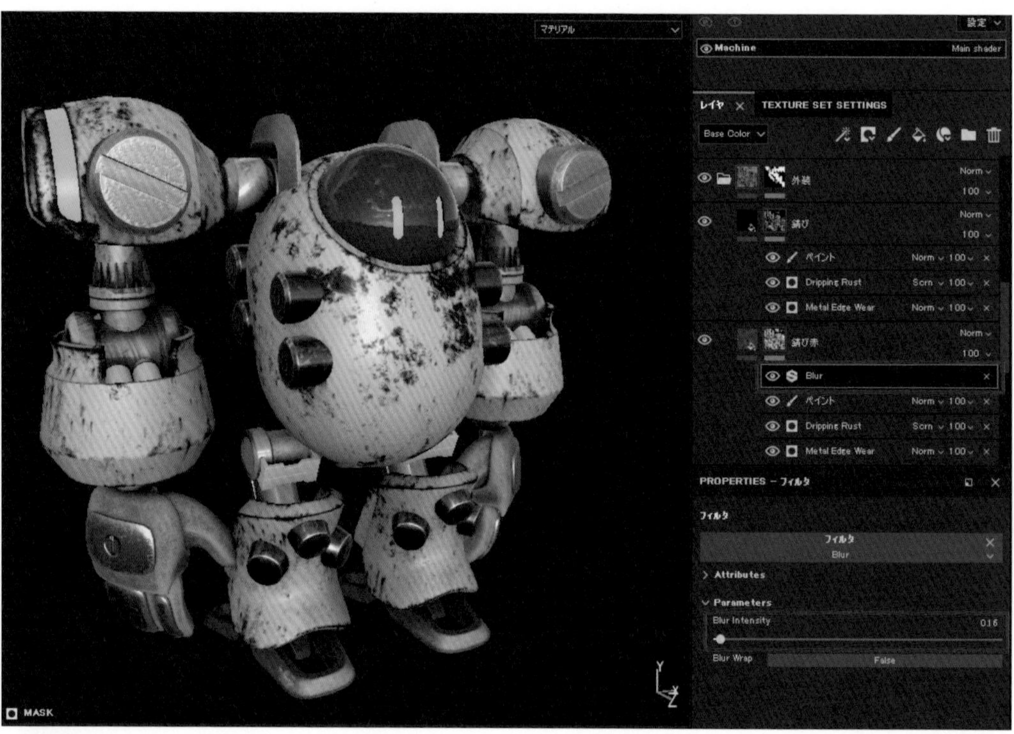

図5-6-4 サビのレイヤーを複製して、赤いサビを追加

サビ周辺に広がる色あせを表現するため、赤いサビレイヤーを複製（Ctrl+D キー）して順番を下に入れ替えます。ここでは複製されたマスクだけが欲しいので、マテリアルモードを使用していれば解除して、color、height などの要素もすべて解除します。

Base Color のレイヤー合成モードを「Passthrough」に設定します。Add filter から「Color Correct」を選択して、Shadows や Midtones（設定されている色次第）の Luminosity を上げ、Saturation を下げます。ここにも filter の Blur を追加すると、色褪せが柔らかく広がる印象になります。

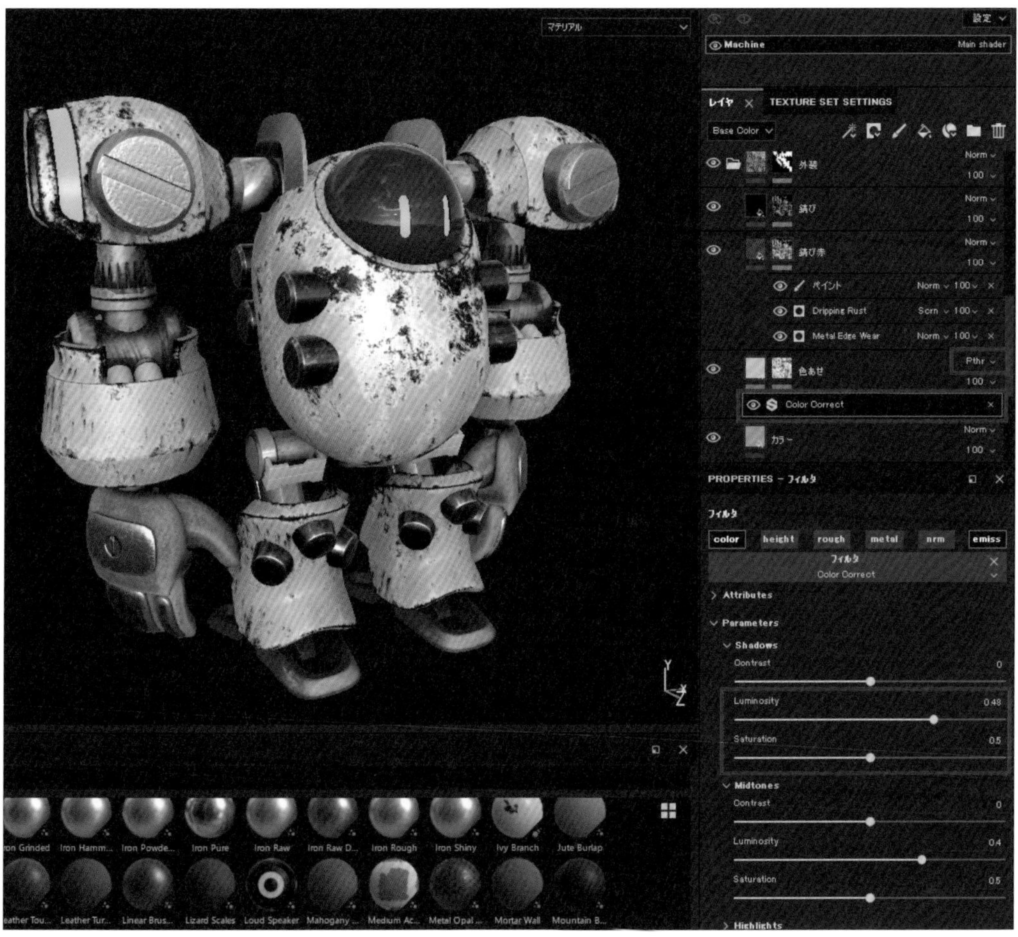

図5-6-5 サビ周辺の色褪せの表現

長い年月、屋外で太陽光を浴びると、塗装された色が褪せていきます。退色しやすい色、しにくい色もあるので、調べて意識するとリアリティが増します。自動車の塗装の退色などを参考にするとよいでしょう。

先ほど作った色褪せレイヤーを複製（Ctrl+D キー）して、順番を下に入れ替えます。ここでは filter の効果だけが欲しいので、黒のマスクを追加することでマスクを一度初期化します。マスクの設定は Generator の「Light」を使うと簡単なので、方向やボケ加減を調整しましょう。色の褪せ加減は、設定済みの Color Correct を調整します。

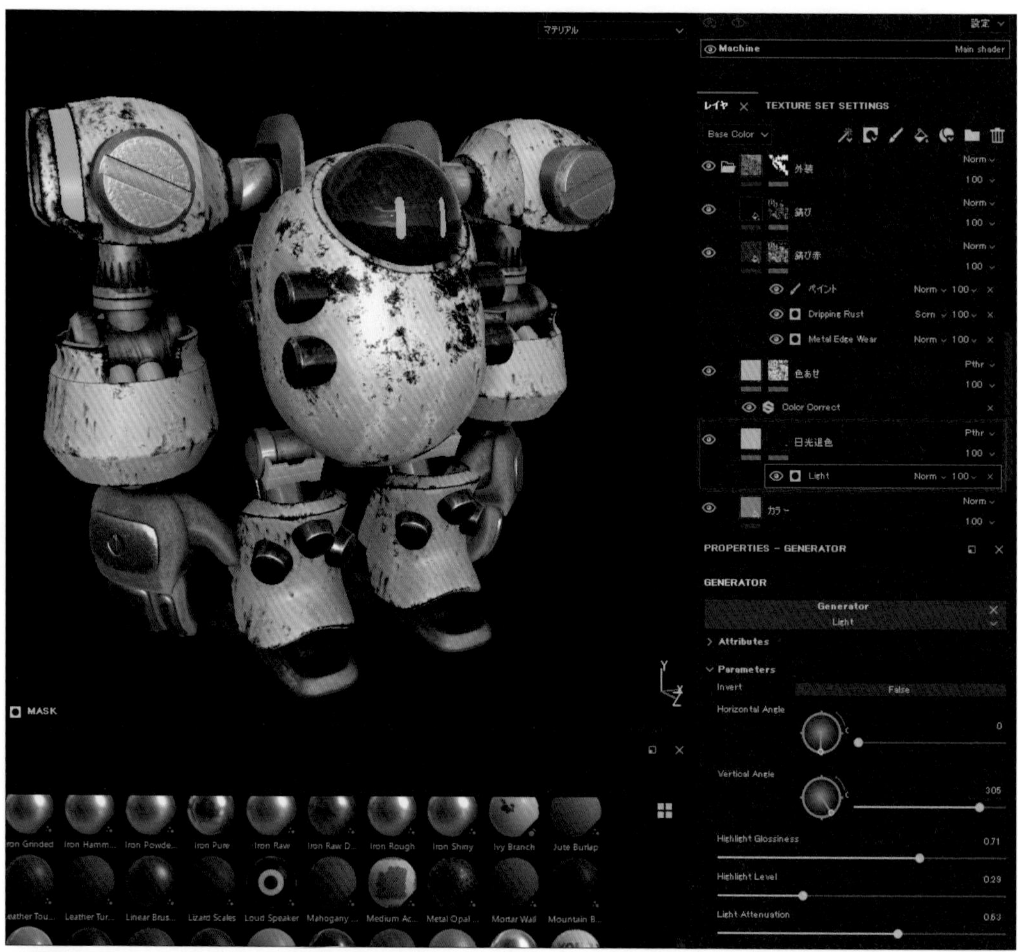

図5-6-6「Light」ジェネレーターでの塗装の色褪せの表現

この節で紹介した手順の欠点は、サビの模様を変更したい場合に、すべてのレイヤーを同じように設定し直す必要があることです。

今後、ほかのオブジェクトにも使い回せるような smart material を作るのであれば、アンカーポイントを上手く使って、サビの調整は 1 つのレイヤーだけで済むように組み立てると効率的です。パズルのように頭を使いますが、大量のアセットを作る必要のある方には、挑む価値があるでしょう。

5-7 積もる汚れ、濡れた地面から来る汚れの追加

汚しで伝わる情報も有効に活用しましょう。上向きの面に蓄積した砂埃を積もらせることで、時間経過や環境を描いたり、地面の近くだけ汚すことで、使われている環境を想像させたりすることができます。

本来は、Generatorの「Mask Editor」や「Mask Builder」で作ることができる表現ですが、パラメーターが多く覚えるのが難しいため、ここではシンプルな単機能の組み合わせも合わせて紹介しましょう。

図5-7-1 汚しを追加した完成例

好みの土、泥の質感を施した塗りつぶしレイヤーのマスクに、Generatorの「3D Linear Gradient」を追加します。これは、オブジェクト全体の上下方向へグラデーションを作るマスクで、BalanceとContrastの調整だけで、好みの位置、好みのボケ幅のグラデーションを作ることができます。上下を反転したい場合は、InvertをTrueにするだけです。

方向を上下以外にしたい場合は、3D Position Start、Endの色相を変えますが、あまり直感的とは言えません。そこまで凝ったことをしたい場合は、素直に「Mask Editor」を覚えましょう。

図5-7-2 「3D Linear Gradient」ジェネレーターの適用

境目がなめらかなグラデーションでは違和感がありますので、Fillを追加して好みのGrungeを設定します。乗算（Mul）で重ねることで、グランジの暗い色だけが反映され、まばらに剥がれ落ちた印象になります。

また、焼き込みカラー（Cbrn）で重ねると、グラデーション部分を重点的に削り、塗りつぶされたところはほぼそのまま残すこともできます。

図5-7-3 グラデーションに汚しを追加

次に、上から積もる砂埃を紹介します。「Mask Editor」を使った例ですが、Top/Down Gradientで上下方向のグラデーションを作り、さらにAOで溝部分へも影響を与え、Grungeでまばらな模様を与えています。これらを1つのGeneratorで設定できるのが利点です。

図5-7-4 「Mask Editor」ジェネレーターの適用

さらに要素を重ねて、複雑さを出します。この作例では、雨の跡を想像して、Fillを追加し「Grunge Leak Small」を重ねました(次ページの図5-7-5)。

図5-7-5 「Grunge Leak Small」ジェネレーターの適用

このように、思いついた順で作業しているときに気をつけたいポイントですが、物事の起こった順序でレイヤーを重ねるのを忘れないようにします。

作例の足元に付いた泥は、湿った色で付着したばかりで、かぶった埃は雨でも簡単に落ちないくらい頑固に定着しています。ということは、時間経過の長い砂埃レイヤーを下に、最近ついた汚れの泥レイヤーは上にするのが正解です。つまり、図 5-7-5 のレイヤー順は実は間違っています。

最初に想像した設定を忘れて作業すると、付着したばかりの泥に、長年堆積した砂埃が付着している、なんてことになりがちです。ツールに振り回されないようにしましょう。

また、レイヤーの合成モードは、結果が理想的なら手当たりしだい試して見てよいと思いますが、マスクは「白～黒」の明るさで「表示～非表示」をコントロールしていることを頭に入れておきましょう。これを意識するだけで、理解の速度が違ってきます。

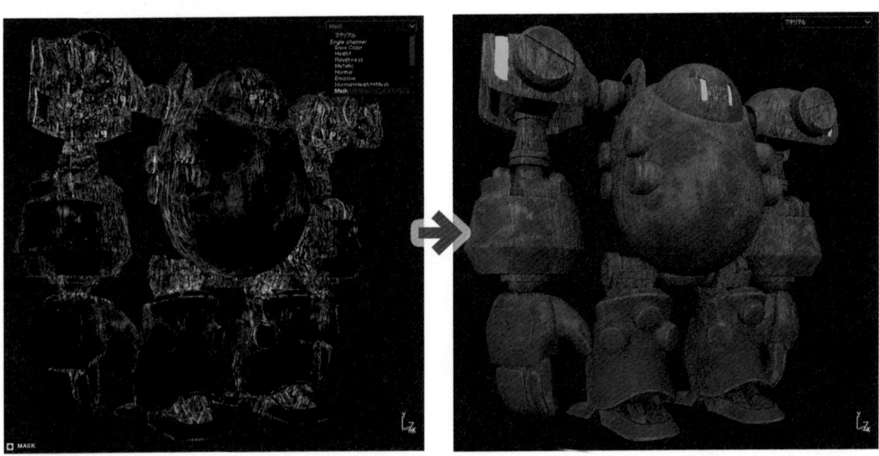

図5-7-6 「白～黒」で表現されたマスク（左）が適用された結果（右）

5-8 完成したら作品を発表しよう！

カッコよく仕上がったら、ぜひハッシュタグ「# サブスタンスロボ」で完成画像をツイートしてくださいね。自分の想像したロボットの物語背景を見てもらうのも、自分とはぜんぜん違う発想に出会うのも、きっと楽しいと思います。

もちろん手を動かさなければ何も身に付きませんので、本書を積ん読にしないためにも、成果を公開することを目標にして、完成までがんばりましょう！

私も、自分の作ったモデルがどのような仕上がりになるのか楽しみにしています。

図5-8-1 自分なりの作品を仕上げたら、ぜひ発表しましょう！

INDEX

数字

A

B

C

D

E、F

G

H

I、J、L

M

N

O

P

Q、R

S

T

U

V、W、X

あ行

か行

さ行

た行

な行

は行

ま行

や行、ら行、わ行

著者紹介

鬼木 拓実（おにき たくみ）／フリーランス ゲームキャラクターアーティスト

入門編 応用編 作例編[1章]

1993年生まれの福岡県出身。専門学校卒業後に上京してゲーム会社に就職し、転職も経て2017年3月まで会社員として活動。2017年4月からは、ゲーム系のフリーランスキャラクターアーティストとして活動を始め、リアル、デフォルメ問わずコンシューマーゲームのモンスターと人間キャラを得意としており、スピード感と提案力を武器に仕事を請け負っている。
現在は、ブログやYoutube、Twitterを中心に情報発信にも力を入れているので、ぜひチェックしてください！

Twitter：@oniking0719
Youtube：「魁!!鬼木塾」
ブログ：鬼木の3DCGフリーランスサバイバルブログ

また、ボーンデジタルのオンライン講座にて、以下も好評配信中です。

・CGWORLD +ONE ONLINE「実践的 Substance Painter 入門」
https://tutorials.cgworld.jp/set/703

お仕事のご相談はコチラに！
oniki0719@gmail.com

玉ノ井 彰祥（たまのい あきよし）／3Dモデラー 作例編[2章]

都内ゲーム会社に所属、10年以上に渡り国内の有名AAAタイトルにコアメンバーとして多数参加。ハードサーフェスモデリング、武器アセットモデリングを得意とし、銃火器への深い造詣をもとにした正確な武器モデリングには定評がある。
趣味：ドラムと模型制作、特技：英語
ボーンデジタルのオンライン講座にて、以下も好評配信中。

・CGWORLD +ONE ONLINE「Maya と SubstancePainter で作るゲーム向けアサルトライフル」
https://tutorials.cgworld.jp/set/829

大澤 龍一（おおさわ りゅういち） **作例編[5章]**

「CGで描きたいものがある」という方には、ツールに悩まず表現を楽しんで欲しいという思いがあり、私が楽しんで身に付けた技術を必要な方に伝えるため、専門学校の非常勤講師、技術書の執筆などを行っております。

- 無料ではじめる Blender CG イラストテクニック（技術評論社）
- 無料ではじめる Blender CG アニメーションテクニック（技術評論社）
- マッハで学ぶ SubstancePainter 和牛先生のサブスタ攻略本（BOOTH）
  https://blender.booth.pm/items/2020470
- マッハで学ぶ BlenderCycles プロシージャルマテリアル（BOOTH）
  https://blender.booth.pm/items/865959
- マッハで学ぶ BlenderCycles フォトリアルライティング（BOOTH）
  https://blender.booth.pm/items/1069236

黒澤 徹太郎（くろさわ てつたろう） **作例編[4章]**

いくつかのゲーム会社でリードモデラー、アニメーターなどの経験を経て、現在アートディレクター兼テクニカルアーティストとして従事。Unreal Engineを使用したゲーム開発に携わっています。
BOOTHにて、「理論と実践で学ぶ Substance Painter Cookbook 理論編／実践編」を販売しています（理論編は、無償公開です）。

- the-saurus
  http://www.the-saurus.net/wordpress/
- 理論と実践で学ぶ Substance Painter Cookbook 理論編（BOOTH）
  https://booth.pm/ja/items/2135449
- 理論と実践で学ぶ Substance Painter Cookbook 実践編（BOOTH）
  https://booth.pm/ja/items/2135613

留目 貴央（とどめ たかお）／Environment Artist **作例編[3章]**

2021年、日本工学院専門学校 CG映像科 卒業後、株式会社SAFEHOUSEにModeler/Cinematic Artistとして就職予定。
背景、プロップモデリングを得意としていて、高校時代に学んだ建築の知識を活かし、より構造を意識した制作を心がけている。猫と和が好き。

https://twitter.com/wimperCG

■カバー：宮嶋 章文
■本文 DTP：辻 憲二

作りながら覚える
Substance Painterの教科書

2021年2月25日　初版第1刷発行
2021年3月25日　初版第2刷発行
2023年6月25日　初版第3刷発行
2024年12月25日　初版第4刷発行

著者　鬼木 拓実、玉ノ井 彰祥、大澤 龍一、黒澤 徹太郎、留目 貴央

発行人　新 和也

編集　佐藤 英一

発行　株式会社ボーンデジタル
〒102－0074
東京都千代田区九段南1丁目5番5号 九段サウスサイドスクエア
Tel：03-5215-8671　Fax：03-5215-8667
https://www.borndigital.co.jp/book/
E-mail：info@borndigital.co.jp

印刷・製本　シナノ書籍印刷株式会社

ISBN978-4-86246-496-5
Printed in Japan